普通高等教育"十一五"国家级规划教材

新工科建设·计算机类系列教材

计算机系统结构

（第4版）

◆ 沈文枫　徐炜民　编著

电子工业出版社
Publishing House of Electronics Industry
北京·BEIJING

内 容 简 介

本书是普通高等教育"十一五"国家级规划教材。全书共 6 章。第 1 章简要介绍计算机系统结构的基本概念，以及计算机系统结构的形成和发展过程。第 2 章到第 6 章以现代计算机系统结构和并行处理为主线，本着计算机系统结构中硬中有软、软中有硬、相互转换、彼此渗透的观点，从原理、结构、分析、设计和实现等方面，对 CPU 及加速部件、存储系统结构、流水线结构、并行处理机、多处理机系统、RISC 结构、集群、网格、云计算及虚拟化技术等进行了比较深入的分析和探讨。

本书是高等学校计算机专业本科生"计算机系统结构"课程的通用教材，也可作为有关专业研究生的教材和科技工作者的参考书。

未经许可，不得以任何方式复制或抄袭本书之部分或全部内容。
版权所有，侵权必究。

图书在版编目（CIP）数据

计算机系统结构/沈文枫，徐炜民编著. —4 版. —北京：电子工业出版社，2021.7
ISBN 978-7-121-41477-0

Ⅰ. ①计… Ⅱ. ①沈… ②徐… Ⅲ. ①计算机体系结构-高等学校-教材 Ⅳ. ①TP303

中国版本图书馆 CIP 数据核字（2021）第 125447 号

责任编辑：章海涛　　文字编辑：牛晓丽
印　　刷：保定市中画美凯印刷有限公司
装　　订：保定市中画美凯印刷有限公司
出版发行：电子工业出版社
　　　　　北京市海淀区万寿路 173 信箱　邮编　100036
开　　本：787×1092　1/16　印张：16.5　字数：422.4 千字
版　　次：1997 年 7 月第 1 版
　　　　　2021 年 7 月第 4 版
印　　次：2021 年 7 月第 1 次印刷
定　　价：59.80 元

凡所购买电子工业出版社图书有缺损问题，请向购买书店调换。若书店售缺，请与本社发行部联系，联系及邮购电话：(010) 88254888，88258888。

质量投诉请发邮件至 zlts@phei.com.cn，盗版侵权举报请发邮件至 dbqq@phei.com.cn。
本书咨询联系方式：192910558（QQ 群）。

前　言

本书是在 1997 年出版的"九五"国家级规划教材《计算机系统结构》、2003 年出版的普通高等教育"十五"国家级规划教材《计算机系统结构（第 2 版）》和 2010 年出版的普通高等教育"十一五"国家级规划教材《计算机系统结构（第 3 版）》的基础上，吸取了计算机系统结构和并行处理发展的新理论、新成果和国外同类教材的优点，并对《计算机系统结构（第 3 版）》进行较大修改和增补后编写而成的。

"计算机系统结构"是一门非常注重教授思想和方法的课程。计算机系统结构以功能和性能为目标，紧密围绕计算、存储、网络三方面来提高系统性能，以满足社会不断增长的需求。

本书非常注重理论联系实践，读者通过学习 OpenMP，CUDA，MPI 等并行编程及性能调优方法将有助于理解和掌握系统结构的基础理论和方法，并建立系统级的思想。

本书包括 6 章内容。

第 1 章简要介绍计算机系统结构的基本概念，以及计算机系统结构的形成和发展过程。

第 2 章到第 6 章以现代计算机系统结构和并行处理为主线，本着计算机系统结构中硬中有软、软中有硬、相互转换、彼此渗透的特点，从原理、结构、分析、设计和实现等方面，对 CPU 及加速部件、存储系统结构、流水线结构、并行处理机、多处理机系统、RISC 结构、集群、网格、云计算及虚拟化技术等进行了比较深入的分析和探讨。

本书的建议学时数为 40～60 学时。

本书力求文字精练、内容具体、准确，反映现代计算机系统结构的发展水平。希望通过本书的出版，听取各方面意见，为今后本书质量进一步提高并成为精品教材打下良好基础。

与第 3 版相比，本书主要有如下特点：

第一，反映了国内外计算机系统结构方面比较成熟的研究成果和最新发展。

第二，增加了较多的新内容，凡属于计算机系统结构的主要内容均有涉及。

第三，对许多关键知识点的陈述更加深入，吸取了国外同类教材的部分量化研究方法，力求从系统定量分析和系统设计的维度来介绍计算机系统结构的基本概念和基本分析方法。

本书各章内容相对独立，教师使用时可以根据不同要求任选其中的章节组织教学。

非常感谢刘宝化、王陈星宇、邓荣、陆唯佳、赵爱华、丁淋、曾庆威、徐扬、陈璐瑶、李钦、顾文君在本书编写过程中提供的帮助。

由于编者水平有限，书中难免存在一些缺点和错误，希望广大读者批评指正，以便在重印时及时改正。需要指出的是：本书中"处理机"和"处理器"并没有刻意统一，因为一般早期的称为"处理机"，后期随着技术的发展称为"处理器"，本书尽量按照业界习惯使用，不做严格区分。本书为读者提供配套的教学资料（含教学课件等），有需要者请登录华信教育资源网（www.hxedu.com.cn），注册之后免费下载。

作　者

目 录

第1章 计算机系统结构导论 1
  1.1 计算机系统的基本概念 1
  1.2 计算机系统的发展 1
      1.2.1 冯·诺依曼体系结构的特点 2
      1.2.2 器件发展对系统结构的影响 3
      1.2.3 应用对系统结构的影响 4
      1.2.4 算法对系统结构的影响 5
      1.2.5 价格对系统结构的影响 5
      1.2.6 功耗对系统结构的影响 5
  1.3 计算机系统的功能和结构 6
      1.3.1 计算机系统的层次结构 6
      1.3.2 计算机系统结构定义 8
      1.3.3 计算机组成与实现 9
      1.3.4 计算机系统结构、组成和实现三者的关系 9
      1.3.5 计算机系统的特性 10
  1.4 计算机系统设计的方法 12
      1.4.1 软、硬件取舍的基本原则 12
      1.4.2 计算机系统设计的定量原则 12
      1.4.3 计算机系统的设计任务 14
      1.4.4 计算机系统的设计步骤 15
  1.5 现代计算机系统结构的研究领域 16
      1.5.1 计算机系统结构分类 16
      1.5.2 现代计算机系统结构研究方向 19
      1.5.3 计算机系统结构发展趋势 19
  1.6 小结 21
  习题 22

第2章 处理器及其相关技术 24
  2.1 CPU组成 24
  2.2 数据表示 25
  2.3 指令优化 26
      2.3.1 指令格式优化 26
      2.3.2 指令系统分析 28
  2.4 指令集 29

    2.4.1 RISC 和 CISC ·· 29
    2.4.2 RISC-V ··· 30
 2.5 时钟频率 ·· 31
 2.6 并行 ·· 31
    2.6.1 指令级并行 ·· 31
    2.6.2 线程级并行 ·· 32
    2.6.3 数据并行和 SIMD 指令集 ·· 32
 2.7 多核技术 ·· 33
 2.8 CPU 内部互连 ··· 34
    2.8.1 早期的星形总线与跨 Socket 互连 ··· 34
    2.8.2 Intel 环形总线架构 ··· 35
    2.8.3 Intel Mesh 总线架构 ·· 37
    2.8.4 AMD CCX 架构和 Infinity Fabric 总线 ······································ 37
 2.9 CPU 外部互连 ··· 39
 2.10 OpenMP 多线程并行编程 ·· 41
    2.10.1 编译制导语句 ··· 41
    2.10.2 API 函数 ··· 42
 2.11 GPU ·· 44
    2.11.1 GPU 概述 ·· 44
    2.11.2 GPU 硬件结构 ·· 46
    2.11.3 GPU 的存储层次 ··· 48
 2.12 CUDA ·· 48
    2.12.1 CUDA 简介 ·· 48
    2.12.2 线程管理 ··· 49
    2.12.3 CUDA 编程 ·· 49
 2.13 OpenMP-CUDA 混合编程 ·· 51
 2.14 多核 CPU-GPU 计算平台任务调度 ·· 54
 2.15 小结 ·· 57
 习题 ·· 58
第 3 章 存储系统结构 ·· 61
 3.1 地址映像和变换 ··· 61
    3.1.1 程序的定位 ·· 61
    3.1.2 全相联映像及其变换 ··· 66
    3.1.3 直接映像及其变换 ·· 67
    3.1.4 组相联映像及其变换 ··· 68
    3.1.5 段相联映像及其变换 ··· 71
 3.2 替换算法及其实现 ·· 72
    3.2.1 替换算法的分析 ··· 72
    3.2.2 LRU 替换算法的实现 ·· 75

- 3.3 并行主存系统 ·· 77
  - 3.3.1 并行主存系统频宽分析 ··· 77
  - 3.3.2 单体多字存储器 ·· 78
  - 3.3.3 多体交叉存储器 ·· 79
  - 3.3.4 地址空间的划分和访问周期的控制 ···································· 81
- 3.4 高速缓冲存储器（Cache）··· 84
  - 3.4.1 Cache 基本结构和工作原理 ··· 84
  - 3.4.2 Cache 的替换算法分析 ·· 86
  - 3.4.3 Cache 的透明性 ·· 87
  - 3.4.4 任务切换对失效率的影响 ·· 88
  - 3.4.5 多处理机系统的 Cache 结构 ··· 89
  - 3.4.6 Cache-主存层次性能分析 ·· 90
  - 3.4.7 Cache 性能计算 ·· 92
- 3.5 虚拟存储器 ·· 97
  - 3.5.1 虚拟存储器基本结构和工作原理 ······································ 97
  - 3.5.2 虚地址和辅存实地址的变换 ·· 98
  - 3.5.3 多用户虚拟存储器 ·· 99
  - 3.5.4 加快地址变换的方法 ·· 102
  - 3.5.5 虚拟存储器性能分析 ·· 105
- 3.6 主存保护与控制 ··· 108
  - 3.6.1 主存保护 ·· 108
  - 3.6.2 主存控制部件 ·· 111
  - 3.6.3 磁盘冗余阵列 ·· 112
- 3.7 小结 ··· 115
- 习题 ·· 116

第 4 章 流水线结构ᐧᐧ 118

- 4.1 流水线结构原理 ··· 118
  - 4.1.1 重叠方式 ·· 118
  - 4.1.2 先行控制 ·· 121
  - 4.1.3 流水线技术 ·· 123
- 4.2 线性流水线性能指标 ··· 126
  - 4.2.1 吞吐率 ·· 126
  - 4.2.2 加速比 ·· 127
  - 4.2.3 效率 ·· 127
  - 4.2.4 流水线段数选择 ·· 128
- 4.3 非线性流水线 ··· 130
  - 4.3.1 预约表和等待时间分析 ·· 130
  - 4.3.2 无冲突调度 ·· 133
  - 4.3.3 流水线调度优化 ·· 135

- 4.4 流水线相关处理 ········· 138
  - 4.4.1 局部相关及处理 ········· 138
  - 4.4.2 全局相关及处理 ········· 139
  - 4.4.3 流水线中断处理 ········· 139
- 4.5 超级流水处理机 ········· 140
  - 4.5.1 超标量处理机 ········· 140
  - 4.5.2 超流水线处理机 ········· 143
  - 4.5.3 超长指令字处理机 ········· 144
- 4.6 小结 ········· 146
- 习题 ········· 147

第5章 并行处理机与多处理机系统 ········· 150

- 5.1 系统结构中的并行性概念 ········· 150
- 5.2 并行处理机基本结构 ········· 151
  - 5.2.1 分布式存储器结构 ········· 153
  - 5.2.2 共享式存储器结构 ········· 159
  - 5.2.3 并行处理机特点 ········· 160
- 5.3 并行处理机互连网络 ········· 160
  - 5.3.1 互连网络基本概念 ········· 161
  - 5.3.2 单级互连函数 ········· 162
  - 5.3.3 互连网络特性 ········· 165
  - 5.3.4 静态互连网络 ········· 166
  - 5.3.5 动态互连网络 ········· 171
  - 5.3.6 多级互连网络 ········· 173
  - 5.3.7 互连网络寻径 ········· 177
- 5.4 多处理机系统 ········· 182
  - 5.4.1 多处理机系统的定义 ········· 183
  - 5.4.2 多重处理对处理机特性的要求 ········· 183
- 5.5 多处理机结构 ········· 185
  - 5.5.1 多处理机的基本结构 ········· 185
  - 5.5.2 多处理机的互连网络 ········· 186
  - 5.5.3 多处理机系统的存储器结构 ········· 192
  - 5.5.4 多处理机系统的特点 ········· 196
- 5.6 多处理机的软件 ········· 197
  - 5.6.1 算术表达式的并行算法 ········· 197
  - 5.6.2 程序并行性分析 ········· 198
  - 5.6.3 并行程序语言 ········· 199
  - 5.6.4 多处理机的操作系统 ········· 202
- 5.7 多处理机系统实例 ········· 205
  - 5.7.1 C_m^* 多处理机 ········· 205

  5.7.2 C_{mmp}多处理机 207
5.8 小结 209
习题 210

第6章 集群、网格和云计算 212
6.1 集群概述 212
6.2 集群系统的软硬件组成 214
  6.2.1 计算节点 214
  6.2.2 网络 215
  6.2.3 存储节点 216
  6.2.4 管理节点 218
  6.2.5 MPI并行编程 220
6.3 集群系统的设计和维护 224
  6.3.1 集群系统的设计 224
  6.3.2 集群系统的维护 228
6.4 集群系统的性能测试 230
  6.4.1 性能评价和测量 230
  6.4.2 Linpack测试 232
6.5 高性能集群计算机系统实例 233
6.6 网格 235
  6.6.1 网格概述 235
  6.6.2 网格技术简介 235
6.7 云计算 237
  6.7.1 云计算概述 237
  6.7.2 云计算的关键技术 240
  6.7.3 OpenStack开源虚拟化平台 245
6.8 大数据 247
6.9 小结 249
习题 250

参考文献 251

第1章 计算机系统结构导论

计算机系统结构又称为计算机体系结构。本章重点讨论计算机系统的功能、结构及设计方法，兼叙现代计算机系统结构的研究和发展方向。

1.1 计算机系统的基本概念

计算机系统由紧密相关的硬件和软件组成。怎样从整体上来认识和分析它呢？系统（System）一词来自希腊文，是由部分组成整体的意思。从技术的角度看，可以给出如下定义：为完成特定任务而由相关部件或要素组成的有机整体称为系统。

我们经常使用计算机系统（Computer System）这个术语，它虽不难理解但却容易混淆，我们常听到如下三种说法。

第一种说法是：计算机系统由运算器、控制器、存储器、输入设备、输出设备五个部件组成。其中，运算器和控制器合称中央处理器（CPU），存储器分为内存储器（简称内存，又称主存，Memory）和外存储器（简称外存，又称辅存，Storage）两种，所以这种说法又可简化为I/O-CPU-M/S 模式，如图 1-1 所示。

第二种说法是：计算机系统由硬件（Hardware）和软件（Software）两部分组成。由于技术飞速发展，昨天的软件（如现代操作系统的许多关键模块都已固化）今天已经变成了硬件，今天的硬件明天又会演变为软件，确实是硬中有软、软中有硬、相互转换、彼此渗透，这就是当今软、硬件结合的现实。事实上，对于软、硬件功能的分配及其界面的确定正是计算机系统结构（Computer Architecture）研究的内容之一。第二种说法如图 1-2 所示。

第三种说法是：计算机系统由人员（People）、数据（Data）、设备（Equipment）、程序（Program）、规程（Procedure）五部分组成，只有把它们有机地结合在一起才能完成各种任务，我们称它为计算机系统的广义说法，如图 1-3 所示。

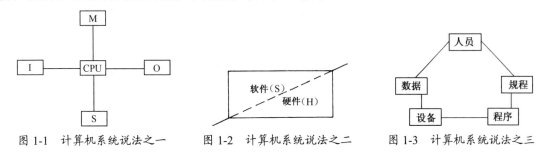

图 1-1 计算机系统说法之一　　图 1-2 计算机系统说法之二　　图 1-3 计算机系统说法之三

1.2 计算机系统的发展

计算机系统结构是最活跃和最具革命性的，社会需求发展会推动计算机相关的技术发展，而这些技术发展又会促进计算机系统结构的发展。因此，计算机系统的发展历史不仅是一系列计算机系统的发展史，也是人类创造的宝贵精神财富的结晶。从最初的算盘、机械式计算装置、机电式解算装置到图灵机、冯·诺依曼结构及其 EDVAC，再到近代运用各种不同元器件组成的各种类型的计算机系统，都是为了适应社会技术发展的进程而产生的，反过来又促进了社会与科学技术的发展。

1.2.1 冯·诺依曼体系结构的特点

存储程序概念最早由匈牙利籍数学家冯·诺依曼（Von Neumann）于 1946 年提出。他同时提出了一个完整的现代计算机雏形——由运算器（ALU）、控制器（CU）、存储器（MEM）和输入/输出设备（IN/OUT）组成，如图 1-4 所示。

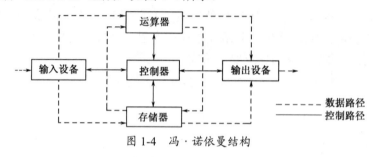

图 1-4 冯·诺依曼结构

冯·诺依曼型计算机系统结构的基本特点可归纳如下：

① 存储器是按地址访问的顺序线性编址的一维结构，每个单元的位数是固定的，目前均为 8 位，称为 1 字节。计算机的运算速度与访问存储器的次数有关。

② 指令由操作码和地址码组成。操作码确定本指令的操作类型和操作数的数据类型，操作数本身判定不了它是何种数据类型（如定点数或浮点数等）。地址码指明操作数的地址。

③ 指令在存储器中是按其执行顺序存储的，由程序计数器指明每条指令所在单元的地址。一条指令由 1 字节至若干字节的信息组成，每取 1 字节信息，程序计数器加 1，指令取全，程序计数器指向下一条指令的地址。虽然执行顺序可以根据指令执行的结果予以改变，但从整体上来看，程序算法仍然是且也只能是顺序型的。

④ 在存储器中指令和数据被同等对待。由于它们本身是无法区分的，所以指令同数据一样可以运算，即由指令组成的程序是可以修改的。

⑤ 计算机系统结构以运算器、控制器为中心，输入/输出设备和存储器的数据传送都途经运算器、控制器；运算器、存储器、输入/输出设备的操作以及它们之间的联系都由控制器集中控制。

⑥ 指令、数据均以二进制编码表示，采用二进制运算。

冯·诺依曼提出的这种结构的巨大贡献在于，它奠定了计算机发展的基础。虽然当时的计算机是为解非线性微分方程而设计的，但采用这种基本结构的计算机，却成功地应用到其他各种数值计算以及信息处理系统、事务数据处理和工业控制等广泛领域，这是冯·诺依曼当时所没有想到的。由于当初设计时既没有考虑要采用高级语言，也没有顾及会有操作系统以及广泛的应用领域的各种要求，由此而引起的矛盾在目前变得日益突出。这些矛盾说明了冯·诺依曼型结构的局限性，主要有以下五点：

① 由于冯·诺依曼结构以数值计算为主,因而对自然语言、图像、图形和符号处理的能力较差,不能满足上述领域的应用需求。

② 由于程序算法从整体上来说是顺序型的,从而限制了并行操作的发挥,使计算机的运算速度不能在现有基础上取得根本性的突破。

③ 在冯·诺依曼结构上发展起来的软件系统越来越复杂,正确性无法保证,软件生产率低下。

④ 该结构的硬件投资较大,可靠性差,在体系结构发展上受到限制。

⑤ 使用该结构的计算机应用人员需要既懂专业知识,又具备编程技巧。

传统的冯·诺依曼体系结构,为计算机的发展铺平了道路,但"集中的顺序控制"又常常成为计算机性能进一步提高的瓶颈。因此,计算机科学技术工作者不断探索和努力,寻求解决这种瓶颈的途径。

1.2.2 器件发展对系统结构的影响

计算机硬件使用的器件从电子管、晶体管、小规模集成电路迅速发展到大规模、超大规模集成电路。从电子管到小规模集成电路经历了 19 年,而到大规模集成电路(LSI)只用了 8 年。目前的超大规模集成电路(VLSI)更是以 18 个月翻一番的速度发展着。器件的速度、集成度、体积、可靠性等随时间以指数型模式得到改进,对提高计算机的性能价格比影响显著。无论是过去、现在还是将来,器件的发展都是推动计算机系统结构发展的主要因素之一,而系统结构的发展也会对器件提出新的更高的要求,促使其迅速发展,两者是相辅相成的。

1. 器件的功能和使用方法对系统结构的影响

按照功能和使用方法,可将芯片分为非用户片、现场片和用户片。

非用户片的功能由制造厂商在生产时定制,使用者(即机器系统设计者)不能改变其内部功能,只能使用。这类芯片适用于各种结构,也称通用片,它有逻辑类和存储类两类。逻辑类芯片指门、触发器、多路开关、寄存器、计数器、加法器等。要提高此类芯片的集成度,势必要增加若干芯片引脚。存储类芯片容量增加一倍,仅需增加地址线引脚一根,易制造。因此,在 20 世纪 60~70 年代,系统结构设计有意识地使用存储器件,尽量采用存储器件代替逻辑器件的功能。例如,用微程序控制器取代组合逻辑控制器,用 ROM 实现乘法运算、码制转换等操作(输入为地址,ROM 读出内容就是结果,类似于查表),体现"硬件软化"的某些思想。

现场片指用户可在机器组装的现场设置(或更改)其内容的芯片,如 PROM,EPROM,FPGA 等。此类芯片灵活性好,替代硬联组合网络效率更高,加上寄存器和反馈逻辑可构成时序部件。现场片都是存储类芯片,规整通用,适合采用高集成技术。

完全按照用户要求设计的芯片称为用户片。对用户而言,此类芯片是全优化的,但设计周期长、通用性差、成本高。为此,出现了半用户片 PAL 和 GAL,芯片厂商大规模批量生产,可使成本大幅下降;而用户根据自己的需求,通过软、硬件结合的编程器对其进行"烧结"(即可编程),最终成为用户所需的芯片。

通常，同一系列的各档机器可以分别用通用片、现场片、用户片实现。就性能而言，用全用户片实现的最优，用半用户片的次之，用通用片的最差。然而，从芯片设计难度、设计费用、设计周期来看，其次序正好相反。但是有一个趋势必须明确：今后，不用用户片（包含半用户片），高速、高性能计算机是做不出来的，新型计算机系统结构也无法实现。

随着 VLSI 的发展，产生了微处理器（MPU），将计算机系统结构、组成、实现融为一体。VLSI 的发展在很大程度上取决于集成电路逻辑技术的发展，即芯片上集成的晶体管数的增加。晶体管的密度以线宽减小速度的平方增加，晶体管性能随着线宽的减小线性提高，所以晶体管数目增加的速度是性能线性提高速度的平方。这对计算机系统结构设计和发展来说既是挑战也是机会。尽管线宽减小使晶体管性能提高，但集成电路中的连线却并不如此，特别是连线上的信号延迟时间与连线的电阻和电容的乘积成正比。当线宽减小时，连线会变短，但单位长度上的电阻和电容却会增加，因此连线延迟的改进与晶体管性能的改进相差甚远。连线延迟已经成为 VLSI 的主要设计难题。当集成度达到一定规模时，功耗问题凸现出来。集成电路分配功耗、散发芯片热量、降低温度已经成为越来越大的难题。

2. 器件的发展对系统结构的影响

由于芯片的集成度和速度迅速提高，机器的主频提高很快。提高主频和改进系统结构是提高机器速度的两大因素，其中系统结构改进产生的速度效应明显高于机器主频提高，但是不能否认器件速度提高的重要性和必要性。如果没有高速、廉价的半导体存储器芯片，则 Cache（高速缓冲存储器）和早在 20 世纪 60 年代提出的虚拟存储器是无法真正实现的。没有 PROM(EPROM)芯片的出现，早在 20 世纪 50 年代初就已提出的微程序控制技术也无法真正得到广泛使用。器件发展也使系统结构"下移"速度加快，大型机的数据表示、指令系统、操作系统甚至网络拓扑出现在小型机、微型机甚至嵌入式系统上。器件的发展还影响到算法、语言和软件的发展，由多个处理器构成并行处理系统，为了充分发挥它的高速运算能力，必须研究并行算法、并行语言、并行处理的操作系统和应用软件。

1.2.3 应用对系统结构的影响

应用对系统结构的发展有着重要的影响。不同的应用会对计算机系统结构的设计提出不同的要求，其中有些要求是共同的，例如高性能价格比、界面友好、高可靠性、检测维护方便、程序可移植性和兼容性等。但是不同应用领域也有其特殊要求，因此计算机系统结构的演变与应用领域拓宽和发展有密切关系。

20 世纪 50 年代初的冯·诺依曼型计算机原本是为计算弹道、解非线性微分方程而设计的，但也适合计算其他题目，满足了当时的应用需求。20 世纪 50 年代末期，其应用从科学计算扩大到商业领域的事务处理。由于当时的器件是电子管、晶体管，计算机体积大、成本高、可靠性低，因此只能按不同应用需求设计成相应的专用机结构。

用户总希望计算机应用范围越广越好，能同时支持科学计算、事务处理和实时控制。多功能通用机概念源于功能强大的大、中型机，后来随着技术发展下移至小、微型机。从系统结构观点来看，各档（型）计算机的性能随时间下移，实质上就是在低档机上引用或照搬高档机的系统结构和组成。例如，原先在巨、大型机上采用的 Cache、虚拟存储器、I/O 处理机、浮点运算协处理器、复杂的寻址方式和多种数据表示等均出现在 PC 上。

1.2.4 算法对系统结构的影响

算法是应用项目研制软件的基础，也可以是计算机系统结构设计中为解决某个具体问题而建立的一套方法，例如替换算法、互连算法等。一个好的算法不仅能高质量地为一个或一类具体应用项目提供研制、开发基础，而且能充分利用系统结构的高性能。系统结构设计者需要了解各种应用问题。但是算法与系统结构之间总是会有不协调的地方，实际应用时要解决两者之间的矛盾，充分发挥计算、存储和通信性能，提高系统速度或者效率，例如本书第 2 章中的多线程调度。

为了改进系统的性能，设计师可以采用改进算法、在基本系统结构上增加辅助硬件部件、设计并行系统结构三种方法。这三种方法都很重要，可根据具体情况综合应用这三种方法，以取得最佳效果。

1.2.5 价格对系统结构的影响

计算机是用来处理数据的，用户对于计算机的第一个直观认识是速度，是否满足应用需求；其次是价格，是否买得起。因此，如果需要较全面地评价一台计算机的系统结构，就必须考虑性能价格比。性能价格比能比较好地反映系统之间的相对性能，从用户的角度分析有两个特点：① 用户总是希望以相同价格获得性能更高的系统；② 大多数用户更愿意获得更高性能的系统。例如，如果多花 10%的费用，却能获得高出 20%甚至更高的性能，很多用户会愿意购买。其实，这就是价格对系统结构的影响，也就是市场对系统结构的影响。价格对系统结构影响的例子比较多，例如二十多年前，很多企业用的是多 CPU 的小型机。这种系统通常是由一家大公司设计和生产的，购买和维护价格昂贵。集群的出现，逐渐替代了小型机市场。集群的每个节点甚至每个部件都是可以直接购买的商用产品，由于是社会化的大生产，因此集群的性能价格比更高，能更快融入新技术。

1.2.6 功耗对系统结构的影响

计算机的功耗和电压有关，降低电压可以减少功耗。CPU 的延迟与供电电压成反比关系，即供电电压越高，单元的延迟越低。因此，为了满足时序的要求，对于使用频率高的模块，使用供电电压高的电源，以降低时序路径中单元的延迟，从而降低整条时序路径的延迟。随着计算机、移动设备的普及，人们对计算能力的需求不断增长。随着网络技术、集群技术和云计算的发展，计算开始大量汇聚在云端，这对于当地的能耗造成很大压力，系统运营的能耗费用也高。功耗问题越来越引起了人们的关注。这些云端的计算机设备的数量巨大，减少功耗对于提高系统稳定性、降低能耗有好处。这就对系统结构产生了影响，例如，一些有实力的云供应商提出对服务器进行定制化，甚至部分模块改用高效能的专用部件，例如 GPU、FPGA、TPU 等。同时，嵌入式系统、便携式设备的大量涌现和广泛应用，对功耗也提出了特殊要求，功耗又反过来影响着这些设备的设计和使用。

1.3 计算机系统的功能和结构

1.3.1 计算机系统的层次结构

1. 计算机系统的功能模型

计算机系统由硬件和软件组成，二者是不可分割的整体。硬件是计算机系统中的实际装置，是系统的基础和核心，一般由 CPU、MEM、I/O 接口、BUS 和外部设备等组成，它以机器语言（即指令系统）提供给程序员使用。软件指操作系统、汇编程序、编译程序、文本编辑程序、调试程序、数据库管理系统、文字处理系统、诊断程序以及各种应用程序等，基本上与硬件的实现无关。

信息的处理过程可用控制流程的概念来描述，控制流程的实现有以下三种方法。

（1）全硬件方法：用组合逻辑设计方法设计硬件逻辑线路，实现控制流程。

（2）硬件与软件相结合的方法：一部分流程由微程序实现，而另一部分流程由硬件逻辑实现。

（3）全软件方法：用某种语言、按流程算法编制程序，实现控制流程。

用来描述控制流程的、有一定规则的字符集合称为计算机语言。计算机使用的语言并不专属于软件范畴，而分属于计算机系统各个层次，而且有不同的作用：

- 微指令是机器内部最基层的一级语言。
- 机器指令称为机器语言，是面向用户的最基层一级的语言。
- 操作系统命令从应用角度来看，也可以看作提供给用户使用的某种"语言"，用于建立一个用户应用环境。
- 符号化的机器指令（包括功能扩充的宏汇编）称为汇编语言。
- 再上一级就是用户通用的高级语言。
- 各种应用领域还有适合自己专用的语言。

用户可以在不同层次上用不同语言描述信息处理过程，但是各种语言必须翻译或解释成机器指令才能执行，所以编译或解释程序是计算机系统不可分割的一部分。基于对语言广义的理解，可以把计算机系统看成是由多级虚拟计算机组成的，从内向外，层层相套，形成"洋葱"式结构的功能模型，如图 1-5 所示。

该模型的每一层次都是一个虚拟计算机，其组成如图 1-6 所示。所谓"虚拟计算机"，是指只对观察者而存在的计算机，它的功能体现在广义语言上，对该语言提供解释手段，然后作用在信息处理或控制对象上，并从对象上获得必要的状态信息。从某一层次的观察者看来，他只能通过该层次的语言来了解和使用计算机，至于内层如何工作和实现功能他就不必关心了。简而言之，虚拟计算机就是由软件实现的机器。

2. 计算机系统的功能层级

用上述虚拟计算机的观点来定义计算机系统，就得到了如图 1-7 所示的功能层级（在各层次注有观察者身份）。

M0 级为硬联逻辑，是实现微指令本身的控制时序。

M1 级为微程序控制，对机器指令进行译码，对应一个微指令序列，给出微操作信号。

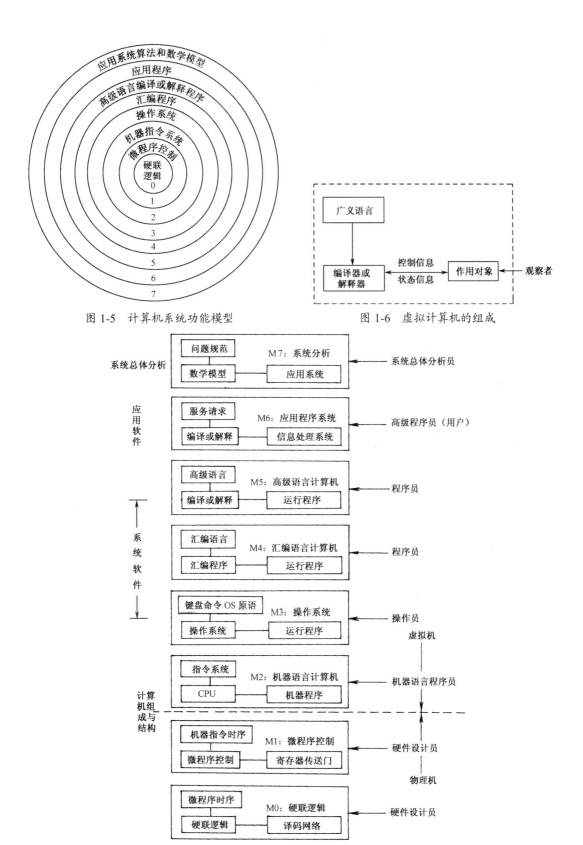

图 1-5 计算机系统功能模型

图 1-6 虚拟计算机的组成

图 1-7 用虚拟计算机观点定义计算机系统的功能层级

M2 级为机器语言计算机，面向用户的计算机指令系统。

M3 级为操作系统，为用户提供一个操作环境，提高了计算机系统的功能和资源利用效率。

M4 和 M5 级为语言类计算机，供程序员使用，基本上脱离了物理计算机。

M6 级为应用程序系统，是供非专业人员使用的计算机。

M7 级为系统分析，建立数学模型和算法，确定系统配置。

从学科领域划分看，M0～M2 级属于计算组成与结构的范围，M3～M5 级属于系统软件的范围，M6 级属于应用程序的范围，M7 级属于系统总体分析的范围。当然，级与级之间存在某些交叉。例如，M2 级涉及汇编语言程序设计，M3 级由硬件向软件过渡，M6 级由系统软件向应用系统过渡。此外，在特殊计算机系统中，有些层级可能不存在。

总之，我们强调把计算机系统当作一个整体，既包含硬件，也包含软件，软件和硬件在逻辑功能上是等效的，即某些操作由软件实现，某些操作由硬件实现。因此，软、硬件之间没有固定不变的分界面，主要受实际应用需要及系统性能价格比所支配，图 1-7 所示的 M1 级为物理机（硬件）与虚拟机（软件）的分界面，它仅对一般情况而言，从用户角度来看，机器的速度、可靠性、可维护性是主要的硬件技术指标。具有相同功能的计算机系统，其软、硬件之间的功能分配可以有很大差异，随着组成计算机的基本器件的发展，其性能不断提高，价格不断下降，因此硬件成本下降。与此同时，随着应用的不断发展，软件成本在计算机系统中所占比例上升。这就造成了软、硬件之间分界面的推移，某些以前由软件完成的工作改由硬件去完成（即软件硬化），同时也提高了计算机的实际运行速度。

1.3.2　计算机系统结构定义

计算机系统结构（Computer Architecture）也称为计算机体系结构，由 G. M. Amdahl 在 1964 年介绍 IBM 360 系列机时提出，20 世纪 70 年代得到广泛应用。由于器件技术迅速发展，计算机软、硬件分界面不断动态变化，因此人们对计算机系统结构定义的理解也不尽一致。

Amdahl 提出：计算机系统结构是程序设计者所看到的计算机属性，即概念性结构和功能特性，这实际上是计算机系统的外特性。然而，从计算机系统的层次结构概念出发，不同级的程序设计者所看到的计算机属性显然是不一样的，如图 1-7 所示。因此，所谓"系统结构"，是指计算机系统中对各级之间界面的定义及其上、下级的功能分配。所以，各级都有自己的系统结构。各级之间存在"透明性"。所谓"透明性"，一是指确实存在，二是指无法监测和设置。在计算机系统中，低层的概念性结构和功能特性对高层来说是"透明"的。本书讲述的计算机系统结构是指图 1-7 中的 M2 级——机器语言计算机，其界面之上是所有软件功能、之下是所有硬件和固件功能。这个界面实际上是软件和硬件的分界面。所以，计算机系统结构是指对机器语言计算机的软、硬件功能分配和界面的定义。

计算机系统机构的研究对象是计算机物理系统的抽象和定义，具体包括：

数据表示——定点数、浮点数编码方式，硬件能直接识别和处理的数据类型和格式等。

寻址方式——最小寻址单位、寻址方式种类、地址计算等。

寄存器定义——通用寄存器、专用寄存器等的定义、结构、数量和作用等。

指令系统——指令的操作类型和格式、指令间的排序和控制（微指令）等。

存储结构——最小编址单位、编址方式、主存和辅存容量、最大编址空间等。

中断系统——中断种类、中断优先级和中断屏蔽、中断响应、中断向量等。

机器工作状态定义和切换——管态、目态等定义及切换。

I/O 系统——I/O 接口访问方式，I/O 数据源、目的、传送量，I/O 通信方式，I/O 操作结束和出错处理等。

总线结构——总线通信方式、总线仲裁方式、总线标准等。

系统安全与保密——检错和纠错、可靠性分析、信息保护、系统安全管理等。

1.3.3 计算机组成与实现

计算机组成（Computer Organization）是指计算机系统结构的逻辑实现，包括机器级内的数据通道和控制信号的组成及逻辑设计。它着眼于机器级内各时间的时序方式与控制机构、各部件功能及相互联系。

计算机组成还应包括：数据通路宽度；根据速度、造价、使用状况设置专用部件，如是否设置乘法器、除法器、浮点运算协处理器、I/O 处理机等；部件共享和并行执行；控制器结构（组合逻辑、PLA、微程序）、单处理机或多处理机、指令先取技术和预估、预判技术应用等组成方式的选择；可靠性技术；芯片的集成度和速度的选择。

计算机实现（Computer Implementation）是指计算机组成的物理实现，包括：处理器、主存等部件的物理结构，芯片的集成度和速度，芯片、模块、插件、底板的划分与连接，专用芯片的设计，微组装技术，总线驱动，电源、通风降温、整机装配技术等。它着眼于芯片技术和组装技术，其中，芯片技术起着主导作用。

1.3.4 计算机系统结构、组成和实现三者的关系

计算机系统结构、组成和实现是三个不同的概念。计算机系统结构是计算机系统的概念性结构与功能特性，计算机组成是计算机系统结构的逻辑实现，计算机实现是计算机组成的物理实现。它们各自有不同的内容，但又有紧密的联系。

例如，指令系统功能的确定属于系统结构，而指令的实现，如取指、取操作数、运算、送结果等具体操作及其时序属于组成，而实现这些指令功能的具体电路、器件设计及装配技术等属于实现。

又如，是否需要乘、除指令属于系统结构，乘、除指令是用专门的乘法器、除法器实现还是用加法器累加配上右移或左移操作实现属于组成，而乘法器、除法器或加法器的物理实现（如器件选择及所用微组装技术等）属于实现。

再如，主存、主存容量与编址方式（即按位、按字节还是按字访问）的确定属于系统结构，主存的速度、逻辑结构、性能价格比等属于组成，存储器芯片选定、片选译码电路设计、主存部件组装连接等则属于实现。

由此可见，具有相同系统结构（如指令系统相同）的计算机可以因为速度要求不同等因素而采用不同组成。例如，取指、译码、取数、运算、存结果可以顺序进行，也可以采用时间上重叠的流水线技术以提高执行速度。又如，乘法指令可以采用专门的乘法器实现，也可以采用加法器通过累加、右移实现，这取决于机器要求的速度、程序中乘法指令出现的频度

及所采用的乘法算法：若出现频度高、要求的速度快，可用乘法器；若出现频度低，用后一种方法对机器整体速度影响不大，却可显著降低价格。

同样，一种计算机组成可以采用多种不同的计算机实现。例如，主存可用 TTL 芯片或 MOS 芯片，也可用 LSI 工艺芯片或 VLSI 工艺芯片，这取决于器件技术和性能价格比。

总而言之，系统结构、组成和实现之间的关系应符合下列原则：系统结构设计不要对组成、实现有过多和不合理限制；组成设计应在系统结构指导下，以目前能实现的技术为基础；实现应在组成的逻辑结构指导下，以目前器件技术为基础，以优化性能价格比为目标。

1.3.5 计算机系统的特性

计算机系统从功能到结构都具有明显的多层次性质，此外，从不同角度看计算机系统，还具有许多其他重要特性。

1. 计算机等级

通常把计算机系统按其性能与价格的综合指标分为巨型、大型、中型、小型、微型等若干级。其中，微型计算机是个相对的概念，因为当时的微型计算机（即 PC 机）相对于其他类型的机器已经非常微小了。随着计算机的发展，后来又出现了便携式的笔记本电脑、瘦客户端、嵌入式系统等更小的设备。随着这几十年的技术进步，各级计算机的性能指标都在不断提高，以至于 30 年前的一台大型机的性能甚至比不上当今一台微型计算机。可见，划分计算机等级的绝对性能标准是随时间变化的。假定以不变的绝对价格标准来划分计算机等级，可得到如图 1-8 所示的计算机等级与价格、性能的关系示意图。

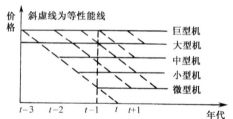

图 1-8 计算机等级与价格、性能的关系示意图

计算机等级的发展遵循以下三种不同的设计思想：

① 在本等级范围内以合理的价格获得尽可能高的性能，逐渐向高档机发展，称为最佳性能价格比设计。

② 只求保持一定的合用的性能而争取最低价格，称为最低价格设计，其结果往往是从低档向下分化出新的计算机等级。

③ 以获取最高性能为主要目标而不惜增加价格，称为最高性能设计，由此产生当前最高等级的计算机。

第①类设计思想主要针对大、中型计算机用户的需要，生产主计算机以及超级小型机；第②类设计思想以普及应用计算机为目标，生产数量众多的微、小型计算机；第③类设计思想只满足少数用户的特殊需要，在数量上不占主流。图 1-8 中的斜虚线代表等性能线，反映了较高等级计算机技术措施向较低等级计算机推广及转移的趋势。

2. 计算机系列

系列机概念是指先设计好一种系统结构，然后按这种系统结构设计它的系统软件，按器件状况和硬件技术研究这种结构的各种实现方法，并按照速度、价格等不同要求，分别提供不同速度、不同配置的各档机器。系列机必须保证用户看到的机器属性一致。如 IBM AS400 系列机，其数据总线有 16 位、32 位、64 位之分，而数据表示方式一致。系统软件必须兼容，系列机软件兼容指同一个软件（目标程序）可以不加修改地运行于系统结构相同的各机器上，而且所得结果一致。软件兼容有向上兼容和向下兼容两个含义：向上兼容指低档机器的目标程序（机器语言级）不加修改就可以运行于高档机器；向下兼容指高档机器的目标程序不加修改就可以运行于低档机器。一般不使用向下兼容方式。软件的前后兼容指按系列机投放市场先后实现软件兼容。一般是向后兼容。

计算机系列化有以下优点：

① 在使用共同系统软件的基础上解决程序兼容性问题。
② 在统一数据结构和指令系统的基础上，便于组成多机系统和网络。
③ 使用标准的总线规程，实现接插件和扩展功能卡兼容，便于实现 OEM（由各厂生产功能卡，然后组装成系统）。
④ 扩大计算机应用领域，提供用户在同系列的多种机型内选用最合适的计算机的可能性。
⑤ 有利于计算机的使用、维护和人员培训。
⑥ 有利于计算机升级换代。
⑦ 有利于提高劳动生产率，增加产量，降低成本，促进计算机的发展。

3．模拟与仿真

系列机能实现程序移植，其原因在于系列机有相同的系统结构。如果要求程序能在具有不同系统结构的机器间相互移植，就要做到在某系统结构之上实现另一种系统结构，即实现另一种机器的属性，从指令系统角度看，就是在该系统结构上实现另一种指令系统，即另一种机器语言。前面已述，计算机系统可按功能划分成不同层次，如把上述一种机器语言也作为虚拟计算机语言看待，就可以用相似的层次结构来实现，如图 1-9 所示。图中要求原在 B 机器运行的程序能移植于 A 机器，因此在 A 机器语言级上，用虚拟机的概念实现 B 机器的指令系统。B 机器的每条机器指令由一段 A 机器语言程序去解释执行。这种用机器语言程序解释实现程序移植的方法称为模拟，B 机器称为虚拟机，A 机器称为宿主机。

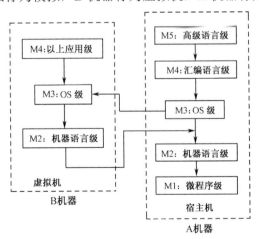

图 1-9　在 A 机器语言级上实现 B 机器指令系统

若机器采用微程序控制，则 B 机器指令需通过二重解释。显然，如果直接用微程序去解释 B 机器指令，就会加快解释过程。这种用微程序直接解释另一种机器的指令系统称为仿真。

仿真与模拟的主要区别在于解释用的语言。仿真是用微程序解释，其解释程序在微程序存储器；模拟是用机器语言程序解释，其解释程序在主存储器。

为了模拟 B 机器的全貌，除了模拟指令系统，还要模拟 B 机器的存储系统、操作系统、I/O 系统等，这些模拟程序的编制十分复杂，由于 B 机器的一条指令不是由硬件直接执行的，而是经多条 A 机器指令的软件模拟实现的，故速度显著下降。所以，模拟只适合移植运行时间不长、使用次数少的程序。仿真可提高速度，但难以仿真存储系统及 I/O 系统，且只能在系统结构差距不大的机器间运用。在开发系统中，模拟和仿真往往并用，以增强开发系统的功能。

模拟方法灵活性大，从原理上，它可以实现程序在任何机器间的相互移植，然而其效率很低，速度损失很大。仿真方法在速度上损失要小得多，但目前只能在系统结构差别不大的机器之间采用，否则效率也会降低，还需与模拟方法结合才能真正实现。随着软件工程技术的发展、软件工具和环境的建立，越来越多的应用软件采用高级语言编制，就不一定非要将汇编语言级的兼容放在首位了。这时就提出了操作系统的兼容性要求。目前，众多微机系统使用的操作系统集中在少数几种，就反映了这个要求。

1.4 计算机系统设计的方法

系统结构设计是整个计算机系统设计的基础，因此，如何确定系统结构与计算机系统的设计方法有很大关系。

1.4.1 软、硬件取舍的基本原则

系统结构设计的主要任务是进行软、硬件功能分配和给用户提供机器级软/硬件界面。相同功能的计算机系统，其软、硬件功能分配的比例可以在很大的范围内变化。一般来说，提高硬件功能比例可以提高运算速度，减小存储容量，但硬件成本会上升，硬件利用率和系统的灵活性与适应性会降低；而提高软件功能比例可以降低硬件成本，提高系统的灵活性与适应性，但运算速度会下降，存储容量和软件研发费用会增加。因此，进行软、硬件功能分配时，应在现有硬件和芯片条件下，争取使系统有较高的性能价格比。

1.4.2 计算机系统设计的定量原则

下面介绍计算机系统设计中经常用到的几个定量原则。

1. 加快经常性事件的速度（make the common case fast）

这是计算机设计中最重要且应用最广泛的设计原则。使经常发生的事件的处理速度加快能明显提高整个系统的性能。例如，CPU 进行加法运算时，结果可能产生溢出，但更多时候是无溢出的。因此，加快无溢出时的处理速度，对溢出处理不过多优化，这样可产生最佳效益。

2. Amdahl 定律

如何确定经常性事件以及如何加快处理它，是 Amdahl 定律需要解决的问题。Amdahl 定

律如下：系统中某部件采用某种更快的执行方法后，整个系统性能的提高与这种执行方法的使用频率或占总执行时间的比例有关。

Amdahl 定律定义了加速比：

$$\text{加速比} = \frac{\text{采用改进措施后的性能}}{\text{采用改进措施前的性能}} = \frac{\text{采用改进措施前执行某任务的时间}}{\text{采用改进措施后执行某任务的时间}}$$

加速比与两个因素有关：

$$F_e = \frac{\text{可改进部分占用时间}}{\text{改进前整个任务执行时间}} \quad (F_e < 1)$$

$$S_e = \frac{\text{改进前改进部分执行时间}}{\text{改进后改进部分执行时间}} \quad (S_e > 1)$$

由此得到下列结论。

① 改进后整个任务的执行时间：

$$T_n = T_o \left[(1 - F_e) + \frac{F_e}{S_e} \right]$$

式中，T_o 为改进前整个任务的执行时间。

② 改进前后整个系统的加速比：

$$S_n = \frac{T_o}{T_n} = \frac{1}{(1 - F_e) + \dfrac{F_e}{S_e}}$$

式中，$1 - F_e$ 表示不可改进部分，当 $F_e = 0$，即无改进部分时，$S_n = 1$，所以性能提高幅度受改进部分所占比例限制。当 $S_e \to \infty$ 时，则 $S_n = \dfrac{1}{1 - F_e}$，获取的性能改善极限值受 F_e 的约束。

【例 1-1】 假设我们准备更换用于 Web 服务的服务器系统的 CPU。新的 CPU 在 Web 服务应用程序中的计算速度比原来的 CPU 快 10 倍。假设原来 CPU 忙于计算的时间占整个服务时间的 40%，而等待 I/O 的时间占 60%，使用新 CPU 后整个系统的性能提高多少？

解答： 由题意可知 $F_e = 0.4$，$S_e = 10$，则

$$S_n = \frac{1}{0.6 + \dfrac{0.4}{10}} = \frac{1}{0.64} \approx 1.56$$

【例 1-2】 设求浮点数平方根 FPSQR 的操作占整个测试程序执行时间的 20%。一种实现方法是采用 FPSQR 硬件，使其速度加快 10 倍；另一种实现方法是使所有浮点数指令 FP 速度加快 2 倍，同时设 FP 指令占整个程序执行时间的 50%。请比较两种实现方法的优劣。

解答： 硬件方案 $F_e = 0.2$，$S_e = 10$，则

$$S_n = \frac{1}{(1 - 0.2) + \dfrac{0.2}{10}} = \frac{1}{0.82} = 1.22$$

FP 加速方案 $F_e = 0.5$，$S_e = 2$，则

$$S_n = \frac{1}{(1 - 0.5) + \dfrac{0.5}{2}} = \frac{1}{0.75} = 1.33$$

可见，FP 加速方案更好。但需注意，前提是程序量的 50%是 FP 指令。

1.4.3　计算机系统的设计任务

计算机系统设计涉及系统结构、组成和实现的方方面面。要设计出优化的方案，还需要熟悉编译器和操作系统等方面的技术。计算机系统设计的主要任务有下列三方面。

1．确定用户对计算机系统的功能、价格和性能要求

计算机系统的功能是根据市场需求而定的。应用软件或应用市场往往对功能确定起决定性作用。如果某一类应用软件是基于某一指令子集的，那么在进行新的系统结构设计时要包容并实现该指令子集。如果某一类应用有很大市场，那么新的系统设计必须考虑适用于这类应用。具体功能要求包括：

① 应用领域。首先明确是专用机还是通用机。专用机应用于特定领域，特殊性能要求会很高。通用机适应各种应用场合，要求有比较平衡的性能。其次确定面向科学计算还是面向事务处理。科学计算应用领域应增强浮点运算性能，而事务处理应用领域要求系统支持数据库。

② 软件兼容层次。如要求在程序设计语言层次兼容，只需有新的编译器即可，对于系统结构设计而言，最具灵活性。若要求目标代码层次兼容，则系统结构完全确定，灵活性差，如系列机，但不需要在软件或程序移植方面进行投资。

③ 操作系统需求。主要集中于存储系统设计，如直接寻址空间范围（即主存容量）某种程度上决定应用程序的大小，又如存储管理部件（MMU）设置和存储保护等。

④ 标准。运算方面的，如浮点数标准，已有 IEEE，DEC，IBM 等格式和算法；底板上系统总线标准，如 ISA、EISA、MULTIBUS Ⅰ、MULTIBUS Ⅱ、VME、MCA、PCI 等；I/O 总线标准，如 SCSI、IEEE 488、USB、IEEE 1394、RS-232C、RS-422A、IEEE 1284 等；网络标准，如 TCP/IP、X.25、X.21、IEEE 802、Novell Netware、ARPANET、NSFNET 等，适用于 Ethernet、ATM、ISDN、ADSL、DDN、FDDI 及帧中继等网络；程序设计语言标准，如 ANSI C、FORTRAN 77、ANSI COBOL 等。为适用不同标准，在进行计算机系统设计时，应做相应的处理。

2．软、硬件平衡

一旦待设计机器的功能确定下来，下一步必须考虑设计的优化。最优方案的选择取决于衡量标准的选择，通常用性能价格比来考核。应用领域确定后，可用该领域中具有代表性的应用程序来衡量计算机性能。优化设计必须考虑软、硬件合理分配。对于一种功能，用软件实现和用硬件实现各有长处。用软件实现设计容易，修改方便；用硬件实现速度快，有较好性能。但并非硬件实现一定比软件实现速度快，算法在其中起重要作用，一个先进算法用于软件实现体现的速度可快于较差算法用于硬件实现体现的速度。对于特殊需求的计算机应该配以相应的硬件以满足其性能要求，例如用于科学计算的计算机，就应该配以浮点协处理器，以提高运算速度，若以软件实现浮点运算将使速度明显下降，严重影响整机性能。以事务处理为主的计算机系统则在指令系统中必有二–十进制数（BCD）、字符串操作等指令。所以，协调软、硬件分配使之达到平衡是得到最佳性能价格比的重要途径之一。

同时，在方案选择中，设计的复杂性也是必须考虑的一个因素，复杂设计花费时间长，因此这样的设计必须有较高性能才有竞争力。一般而言,用软件实现复杂设计较容易。另外,指令系统和组织结构设计会影响实现的复杂性和编译器、操作系统的复杂性。因此,软、硬件平衡也应该包含软、硬件实现的难易程度平衡。

3. 系统结构设计应符合今后发展的方向

一个成功的系统结构设计应能承受软、硬件发展和应用的变化。因此,设计时必须注意计算机技术和计算机应用的发展趋势,这样才能延长机器的使用寿命。芯片技术发展促进了软件硬化,在硬件设计中必须考虑可扩性、兼容性,以便今后机器升级换代。应用发展使程序和数据飞速膨胀,因此存储系统(尤其是主存)必须有可扩性。软件的发展趋势是普遍用高级语言代替汇编语言,这就要求系统结构对编译器的支持进一步提升。面向对象程序设计技术的推广,要求系统结构设计有相应的措施。

1.4.4 计算机系统的设计步骤

计算机系统从概念和功能上可看成一个由多级构成的层次结构(如图 1-7 所示),从哪一层开始设计是有影响的。通常有"由上往下""由下往上"和"由中间开始"三种设计方法。

"由上往下"设计方法首先考虑如何满足用户要求,即先确定面向用户的虚拟机器的基本特性和环境,再逐级往下设计,直到硬件执行那一级为止。在每级设计过程中,要考虑怎样使上一级能优化实现。这样设计的计算机系统的应用效能必然是很好的。这种方法适用于某些专用机的设计,对于通用机设计往往不适用,因为"由上而下"设计出来的机器在应用对象或应用范围发生变化时,软、硬件功能分配就会很不适应,导致系统效率急剧下降。

"由下往上"设计方法根据当时的器件,参照、吸收各种已有机器的特点,从微程序机器级(如果采用微程序控制)及传统机器级开始研制,再配以不同应用领域的多种操作系统和编译器,是一种通用机的设计方法。但是,由于它是在硬件已定情况下被动地设计软件的,因此,尽管某些硬件设计对于软件实现不利,也无法加以改变。这样势必会造成软、硬件脱节,软件因得不到硬件支持而无法优化。而且,这样研制出来的机器的某些性能指标还可能是虚假的。例如,传统机器级的"每秒运算次数"指标就是如此。如果指令系统中有面向操作系统和编译的指令,则其效果往往比单纯将"运算次数"提高 10%~20%效果还要明显。这种设计方法在芯片技术飞速发展的今天,很难适应系统设计要求。

"由中间开始"的设计方法从层次结构中的软、硬件分界面开始,即从传统机器级与操作系统级之间(即机器语言级)出发,合理地进行软、硬件功能分配,既考虑芯片,又考虑应用算法和数据结构等。定义该分界面后,才分别往上、往下进行软件和硬件设计。软件和硬件的设计可分别同时进行,有利于缩短设计周期,也有利于软、硬件交互协调,因此它是一种较好的设计方法。它要求设计人员有丰富的软、硬件和芯片、应用等方面的知识。为了能在硬件研制出来之前开展软件设计调试,还应选择有效的软件设计环境和开发工具,如进行模拟或仿真。随着 VLSI 的迅速发展,硬件价格不断下降,软件却日益复杂,其设计时间和费用不断增加,加上对软件基本模块操作的不断深入认识,软、硬件分界面有上升的趋势,即有更多的软件功能由硬件实现,或者为软件提供更多的硬件支持。

系统结构设计步骤如下:

① 需求分析。对系统的应用环境（实时处理、分时处理、网络、远程处理、事务处理、科学计算、容错、高保密性等），所用语言的种类和特性，对操作系统的要求，所用外部设备的特性进行技术分析、经济分析和市场分析。

② 需求说明。包括设计准则（造价、可靠性、可行性、可扩性、兼容性、速度、安全性、灵活性），功能说明，所用芯片说明，引入新结构成功的把握性以及程序设计方便性等。

③ 概念设计。根据上述已确定的准则进行软、硬件功能分析，确定机器级界面。

④ 具体设计。对机器级界面的各个方面进行详细、具体的定义，包括数据表示、指令系统、寻址方式、存储结构、中断系统、I/O 方式、总线结构等。该阶段可提出几种方案供选择。

⑤ 设计优化和评价。可反复进行，以期获得尽可能高的性能价格比。

1.5 现代计算机系统结构的研究领域

1.5.1 计算机系统结构分类

计算机系统的基本工作过程是执行一组指令序列，对一组数据进行处理，因此 Michael. J. Flynn 于 1966 年提出了基于指令流和数据流的多倍性的计算机系统结构分类方法。

关于计算机系统结构有下列名词术语：

① 指令流（Instruction Stream）——机器执行的指令序列。

② 数据流（Data Stream）——由指令流调用的数据序列（包括输入数据和中间结果）。

③ 多倍性（Multiplicity）——在系统最受限的部件上，同时处于同一执行阶段的指令或数据的最大个数。

按指令流所具有的多倍性，Flynn 将计算机系统结构分类如下：单指令流单数据流（SISD），单指令流多数据流（SIMD），多指令流单数据流（MISD），多指令流多数据流（MIMD）。图 1-10 分别显示了它们的基本结构（不包括 I/O 设备）。

1. SISD 系统结构

这种系统结构表示了大多数串行计算机，如图 1-10(a)所示。指令顺序执行，在指令执行阶段如采用流水线处理则可有重叠。在这类结构中，有的可能设置多个并行存储体和多个执行部件，但是只要指令部件一次只对一条指令进行译码，并且只对一个执行部件分配数据，则它仍属于 SISD 系统结构。所以，SISD 单处理机系统可以是流水线的，可以有一个以上的功能部件，所有功能部件均由一个控制部件管理。

2. SIMD 系统结构

这种系统结构以并行处理机（阵列处理机）为代表，如图 1-10(b)所示。在同一个控制部件管理下，有多个处理部件 PU，所有 PU 均接收从控制部件送来的同一条指令，但操作对象却来自不同数据流的数据组，共享存储器的子系统可以有多个模块。这类计算机还包括相联处理器。从处理数据的并行性角度分析，还可分成位片式（位串行字并行）和字片式（位、字全并行）。

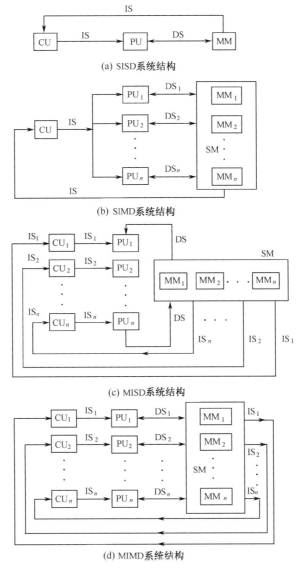

CU—控制部件；PU—处理部件；MM—存储器模块；SM—共享存储器；IS—指令流；DS—数据流

图 1-10　Flynn 分类法的系统结构

实现了 SIMD 的技术主要有 Intel 的 MMX（MultiMedia eXtensions）、SSE（Streaming SIMD Extensions）、AVX（Advanced Vector eXtensions）以及 ARM 的 SVE（Scalable Vector Extensions）等技术。

MMX 是由 Intel 开发的一种 SIMD 多媒体指令集，于 1996 年集成在 Intel 奔腾（Pentium）MMX 处理器上，以提高其多媒体数据的并行处理能力。SSE 是旨在取代 MMX 的技术，在处理器的更新换代中发展出了 SSE2、SSE3 / SSE3S 和 SSE4，每次迭代都带来了新的指令和更高的性能。AVX 是 X86 指令集的 SSE 延伸架构，支持了三运算指令（3-Operand Instructions），减少了在编码上需要先复制才能运算的动作。

SVE 是用于 ARMv8-A 架构的 A64 指令集的 AArch64 执行模式的向量扩展。与其他 SIMD 架构不同，SVE 没有定义向量寄存器的大小，而是 128 的整数倍，如图 1-11 所示，最小 128 位，最大可达 2048 位。因此，任何 CPU 供应商都可以通过选择适合 CPU 所针对的工作负载的向量寄存器大小来实现扩展。SVE 的设计保证了相同的程序可以在指令集架构的不同实现上运行。

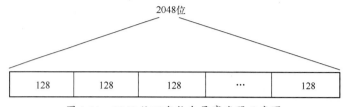

图 1-11　2048 位可变长向量寄存器示意图

3．MISD 系统结构

图 1-10(c)说明了这种计算机系统结构，共 n 个处理部件 PU，各配有相应的控制部件 CU。每个处理部件接收不同的指令，但运算对象是同一个数据流及其派生数据流（如中间结果）。在这个宏观流水线中，每个处理器的输出结果是下一个处理器的输入操作数。这类系统结构无实用价值，目前没有实际的机器与之对应。

4．MIMD 系统结构

大多数多处理机系统和多计算机系统可以划归这一类结构，如图 1-10(d)所示。MIMD 计算机意味着 n 个处理机之间存在相互作用，因为所有数据流均来源于由全体处理机共享的同一个数据空间。如果 n 个数据流来源于共享存储器的不相邻子空间，则可视为多 SISD（MSISD）操作，这只不过是 n 个独立的 SISD 单处理机系统的集合，是松散耦合型。MIMD 系统处理机之间相互作用程度很高，是典型的紧密耦合型。

Flynn 分类法反映了大多数计算机的并行性、工作方式和结构特点，但是基本上只是对冯·诺依曼型计算机进行了分类，没有包括非冯·诺依曼计算机（如数据流计算机）。而对冯·诺依曼型的流水线处理机划归哪一类，现在仍有不同意见。有人认为，把标量流水线处理机划入 SISD、向量流水线处理机划入 SIMD 比较合适。

随着计算机的发展，基于 Flynn 分类法又拓展出了 SIMT 和 SPMD。

5．SIMT

单指令流多线程流（SIMT）源于 SIMD，是 Nvidia 公司针对 SIMD 在 GPU 上的应用和发展变化提出来的。GPU 就是采用这种结构实现的。SIMD 和 SIMT 都能对批量的同种指令进行并行计算。SIMD 将一条指令应用于多个数据通道。SIMT 架构类似 SIMD 设计，不同之处在于 SIMT 将一条指令并行应用于多个独立线程，而不仅仅是多个数据通道。SIMD 指令同时控制多个数据通道的向量并将向量宽度暴露给软件，SIMD 无法执行分支和不同种指令；而 SIMT 指令可以控制一个线程的执行和分支行为。SIMT 在执行分支指令时使用"屏蔽"的方法。例如要处理 IF-ELSE 块，其中处理器的各线程执行不同的路径，所有线程必须执行两个路径（因为处理器的所有线程总以锁定步骤执行），所以使用掩码用于禁用和启用线程。由于需要分两次执行，因此使用"屏蔽"必然会导致 GPU 的利用率降低。当线程都遵循相同的执行路径时，GPU 的效率会很高。

6．SPMD

SPMD 是指单程序多数据流，如图 1-12 所示，这些节点都有计算部件和内存，本身是一台独立的计算机，节点通过网络互连。SPMD 是一种并行计算模式，是指在集群系统上运行 MPI（Message Passing Interface）等并行程序时，所有参加计算的节点运行相同的并行程序，并通过网络发送和接收消息，与其他节点通信，共同完成并行计算任务。SPMD 是基于程序级的，程序中可以有分支等指令，执行路径可以有多条，所以 SPMD 是 MIMD 的一个子类。

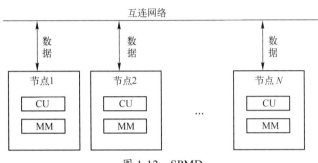

图 1-12　SPMD

1.5.2　现代计算机系统结构研究方向

随着科学技术的进步，计算机技术的应用领域不断扩大与深入，这对计算机体系结构的研究与开发提出了新的要求，原有的冯·诺依曼型结构已经不能满足要求。计算机系统结构的研究与设计、计算机技术应用的扩大与深入、VLSI 技术的新进展、算法与软件研究、硬件价格下降等，使计算机系统的设计者不断通过采用新的器件、改进算法、增加硬件辅助部件、设计并行系统结构等来提高系统的性能，使系统的性能得到较大改善。计算机系统结构的研究工作正向着多种高性能方向发展。当前的研究主要集中在如下 9 方面：① RISC 结构；② Client/Server 结构；③ Mpp 矢量模式（Vector Mode）；④ 并行处理（Massively Parallel Processing）；⑤ 集群计算结构；⑥ Network 结构；⑦ 数据流计算机结构；⑧ 分布计算环境结构，如云计算；⑨ AI 计算。现代计算机系统结构组成的基本模式如图 1-13 所示。

本书仅就计算机系统结构的几种主要类型进行较深入的探讨，对计算机原理及其他有关内容不再重复。

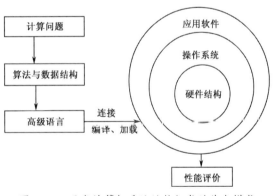

图 1-13　现代计算机系统结构组成的基本模式

1.5.3　计算机系统结构发展趋势

计算机系统结构向并行处理方向发展是一个必然趋势。影响并行计算机体系结构的有三个因素：过去和当前发展趋势所揭示的传统力量、阻碍将来的进程沿原趋势发展的基本限制、中止当前发展并形成新趋势的突破。按照并行性，1998 年形成的并行计算机市场金字塔如图 1-14 所示。单处理器 PC、工作站和服务器台数为千万到亿的数量级。2～4 个并行处理器的机器台数为 10 万到数百万的规模，这些一般是专用服务器。而 5～30 个处理器的机器主要是专用的高端服务器。数十到上百个处理器规模的机器主要是支持大规模数据库、大型科学计算或者大工程设计（如石油勘探、结构模型、流体动力等）的专用计算机。20 世纪 90 年代以来，出现了 1000 个到几万个处理器的高性能计算机系统。

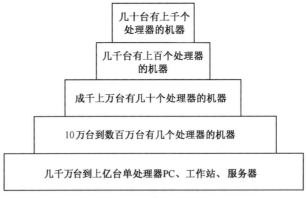

图 1-14 并行计算机的市场金字塔

目前处理器的性能每 10 年增加 100 倍，而组成存储器的主要芯片 DRAM 容量也是每 10 年增加 100 倍，因此并行计算机中节点计算性能与存储容量（MFLOPS/MB）可保持基本平衡。但是微处理器集成的晶体管以每 10 年 30 倍的速度增长。另一方面，DRAM 存取周期的时间改进速度却非常慢，每 10 年大约以 2 倍的速度改进。因此，处理器速度与存储器速度间的差距在继续加大。为了保持处理器的速度增长趋势，在两者速度差距加大的前提下，要求处理器采用更好的避免时延技术和容许时延技术。由于周期时间和并行性的组合，处理器指令速度的增加将对存储器的带宽提出更高要求。由于避免时延和高存储带宽以及芯片上存储容量的增加将导致存储层次结构更加复杂，同时使指令级并行性动态调度增加，存储结构每增加一层都会增加访存的开销，因此提高命中率和缩短命中时间比减少失效时的损失更有效。失效损失也是通信开销的一部分，先进的体系结构和良好的编程能够将不必要的通信量减少到最少。多线程在处理器中得到广泛应用，通过在单处理器内引入线程级并行，可以减少从一个处理器到多个处理器的传输开销，使小规模的 SMP（机群系统处理）更具吸引力。

构建并行计算机体系结构的重要部分之一是通信网络，选择光纤是构建高速链路的必由之路。千兆位以太网使用光纤为物理链路。具有小物理截面的、灵活的高性能光纤已成为相当好的链路技术，通过增加光纤收发器的数量可使成本下降。许多系统设计已通过要求所有部件传输整个高速缓存（Cache）的行来使总线效率更高。I/O 设备接口（适配器）也要按照 Cache 的一个块来构造，同时还要支持 Cache 一致性协议。总线逐渐地被交换机所替代，总线侦听协议（CSMA/CD 协议）逐渐被目录替代。即使使用总线，也采用分组交换技术。高性能的互连网络已在大量并行计算机设计中被采用。

并行计算的发展不断推动云计算和高性能计算的发展。AI 的大规模应用加速推动市场对性能的渴求，传统通用 CPU 已无法满足需求，大量专用高性能的加速卡应用在云平台和智能系统中，这些系统中的主要算力是加速卡提供的。系统的性能不再由 CPU 的核数来决定。随着 AI 的发展，甚至出现了针对某些计算领域的通用指令集、通用智能芯片和专用计算系统，随之性能评测指标也不再以双精度浮点运算为主，而和应用领域更相关。

1.6 小结

本章主要对计算机系统结构做了概述性的介绍，介绍了计算机系统的概念、功能、结构和设计方法，讨论了今后的发展方向，并对系统结构的性能评价做了简要说明。

冯·诺依曼型计算机由运算器、控制器、存储器和输入/输出设备组成，其特征可概括为：① 固定的存储器、顺序线性编址的一维结构；② 指令由操作码和地址码组成；③ 指令在存储器中按顺序存放；④ 指令和数据被同等对待；⑤ 以运算器、控制器为中心；⑥ 指令、数据均以二进制表示。这种结构奠定了计算机发展的基础，但其本身的一些缺陷也在后来暴露出来。随着硬件的发展、算法的改进，价格、功耗和应用需求的变化等因素均促进着系统结构的发展。

计算机系统由硬件和软件组成，按功能划分为多级层次结构。信息的处理流程可以用控制流程的概念来描述，分为全硬件方法、硬件软件结合方法、全软件方法。微指令是机器内部最基层的语言；机器指令又称机器语言，是面向用户的最基层语言；符号化的机器指令被称为汇编语言；在上层则是用户通用的高级语言。

计算机系统结构、组成和实现是三个不同的概念。计算机系统结构是计算机系统的软、硬件界面，计算机组成是计算机系统结构的逻辑实现，计算机实现是计算机组成的物理实现。它们各自有不同的内容，但又有紧密的联系。

通常把计算机系统按其性能与价格的综合指标分为巨型、大型、中型、小型、微型等若干级。系列机概念是指先设计好一种系统结构，然后按这种系统结构设计它的系统软件，按器件状况和硬件技术研究这种结构的各种实现方法，并按照速度、价格等不同要求，分别提供不同速度、不同配置的各档机器。通过模拟和仿真的方法，实现程序在机器间的移植，为了提高程序的效率，提出了操作系统的兼容性要求。

系统结构设计的主要任务是进行软、硬件功能分配和给用户提供机器级软/硬件界面。加快经常性事件的速度和 Amdahl 定律是计算机系统设计中经常用到的两个原则，同时，系统结构设计也应该符合今后的发展方向。

计算机系统从概念和功能上可看成一个由多级构成的层次结构。在进行系统设计时，有"由上往下""由下往上""由中间开始"三种思路。不同思路有着不同的优劣势，需要根据实际情况进行取舍。

Flynn 根据指令流和数据流的不同组织方式，将计算机系统结构分为单指令流单数据流、单指令流多数据流、多指令流单数据流、多指令流多数据流四种。随着计算机的发展，又拓展出了单指令流多线程流、单程序多数据流两种。

随着科学技术的进步，计算机技术的应用领域不断扩大与深入，对计算机系统结构的研究与开发提出了新的要求，原有的冯·诺依曼型结构已经不能满足要求。计算机系统结构的研究与设计、计算机技术应用的扩大与深入、VLSI 技术的新进展、算法与软件研究、硬件价格下降等，使计算机系统的设计者不断通过采用新的器件、改进算法、增加硬件辅助部件、设计并行系统结构等来提高系统的性能，使系统的性能得到较大改善。

习题

一、填空题

1. 冯·诺依曼型计算机系统结构由_____、_____、_____和_____组成。
2. 计算机系统由_____和_____两部分组成，二者是不可分割的整体。
3. 信息的处理流程可以用控制流程的概念来描述，分为_____、_____、_____。
4. 符号化的机器指令被称为汇编语言，在上层则是用户通用的_____。
5. _____是计算机系统的软、硬件界面，_____是计算机系统结构的逻辑实现，_____是计算机组成的物理实现。
6. 为了满足时序的要求，对于使用频率高的模块，使用供电电压较_____（高/低）的电源，以降低时序路径中单元的延迟，从而降低整条时序路径的延迟。
7. Amdahl 定律认为：系统中某部件采用某种更快的执行方法后，整个系统性能的提高与这种执行方法的_____或_____有关。
8. SISD 系统结构主要表示了大多数_____计算机，SIMD 系统结构以_____为代表。

二、选择题

1. 按照冯·诺依曼型计算机系统结构来说，计算机的运算速度与（　　）有关。
   A．访问存储器的次数　　　　B．输入/输出设备性能
   C．数据编码方式　　　　　　D．指令的组成方式
2. 从计算机系统结构上讲，机器语言程序员所看到的机器属性是（　　）。
   A．计算机各部件的硬件实现　B．计算机软件所要完成的功能
   C．编程要用到的硬件组织　　D．计算机硬件的全部组成
3. 机器指令又称机器语言，是面向（　　）的最基层语言。
   A．系统　　　　　　　　　　B．硬件
   C．软件　　　　　　　　　　D．用户
4. 按照功能和使用方法，以下不属于芯片种类划分的是（　　）。
   A．用户片　　　　　　　　　B．非用户片
   C．现场片　　　　　　　　　D．非现场片
5. CPU 的延迟与供电电压的关系是（　　）。
   A．相反关系　　　　　　　　B．相同关系
   C．没有关系　　　　　　　　D．未知关系
6. 信息的处理过程可用控制流程的概念来描述，以下不属于控制流程的实现方法的是（　　）。
   A．全硬件法　　　　　　　　B．硬件与软件相结合的方法
   C．全软件法　　　　　　　　D．半硬件与半软件法
7. Amdahl 提出：计算机系统结构是（　　）所看到的计算机的属性，即概念性结构和功能特性，这实际上是计算机系统的外特性。
   A．程序设计者　　　　　　　B．程序使用者
   C．硬件使用者　　　　　　　D．软件使用者

8. 计算机组成指计算机系统结构的（　　），计算机实现指计算机组成的（　　）。
   A．物理实现；逻辑实现　　　　B．逻辑实现；物理实现
   C．都是物理实现　　　　　　　D．都是逻辑实现

9. 一般来说，提高硬件功能比例可以（　　）运算速度，提高软件功能比例可以（　　）硬件成本。
   A．提高；降低　　　　　　　　B．降低；提高
   C．都是提高　　　　　　　　　D．都是降低

三、问答题

1. 简述冯·诺依曼型计算机系统结构的基本特点与其局限性。
2. 简要概括计算机系统的组成。
3. 简述计算机系统结构、组成和实现这三者的内容和关系。
4. 简要说明系统设计的步骤和对应的内容。
5. 简要概述计算机系统设计的主要任务。

四、计算题

1. 现需要在一个双核处理器上对两个程序进行优化工作。假定对该程序进行并行化时，该部分的加速比为2。请问：

   （1）假定程序A的40%可以并行化，那么在隔离运行时，这个程序可以实现多大的加速比？

   （2）假定程序B的99%可以并行化，那么在隔离运行时，这个程序可以实现多大的加速比？

2. 当一个计算运行于向量硬件的向量模式时，其速度是正常执行模式的10倍。我们将使用向量模式时花费的时间百分比称为向量化百分比，那么当向量化百分比达到多少时，才能使加速比为2？

第 2 章 处理器及其相关技术

计算机系统的核心任务是数据处理,需要运用各种处理器进行计算。传统的计算使用中央处理器(Central Processing Unit,CPU)进行,即使用通用处理器进行各种类型的计算。随着市场的拓宽和技术的演进,通用处理器的效率和速度已不能满足各种类型的大规模计算的需求,于是 GPU、TPU(及其他用于智能计算的专用 xPU)、FPGA 等适合不同类型计算的加速部件以协处理器的方式开始大量应用在数据处理计算中,并承担了大部分的计算量,甚至出现了专用的智能计算机系统。

2.1 CPU 组成

如图 2-1 所示,中央处理器(CPU)由控制器、运算器和寄存器组成,通常称为处理器(Processor)。利用超大规模集成电路制成的处理器芯片称为微处理器(Microprocessor)。处理器的任务是取出指令、解释指令和执行指令。处理器和内存储器 ROM,RAM 结合在一起,称为中央电子集合体(Central Electronic Complex,CEC)。

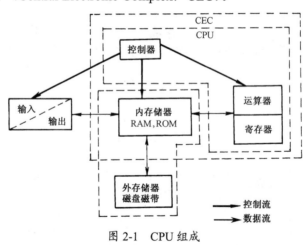

图 2-1 CPU 组成

CPU 中三个部件的功能如下:
① 控制器。其任务是负责从存储器中取出指令,确定指令的类型,并对指令进行译码,控制整个计算机系统一步一步地完成各种操作。
② 运算器。为计算机提供计算与逻辑功能,控制器把数据带给运算器后,运算器就根据指令完成算术运算或逻辑判断及逻辑运算。所谓算术运算,就是加、减、乘、除;所谓逻辑判断,通常是根据比较的结果进行选择,如比较两个数是否相等,如果不等则继续处理,如果相等则停止处理;所谓逻辑运算,是指与、或、非、异或等。

③ 寄存器（Register）。它是处理器内部的存储单元。控制器中的寄存器，用于保存程序运行中的状态，存储当前指令信息和将要执行的下一条指令的地址等。运算器中的寄存器，用于存储进行运算与比较的数据及其结果。当然，寄存器的容量非常有限，远远放不下处理器运行某一程序所需的全部信息。这些信息就存储在 RAM 和 ROM 等内存储器中，如果连内存储器也放不下，就只好放在外存储器中。事实上，程序原来都是放在外存储器中的，根据运行需要才调入内存储器，直到执行某条指令之前，才送入寄存器。

2.2 数据表示

数据表示指能由硬件直接辨认的数据类型。但是，计算机常用的各种数据结构还有串、堆栈、队列、向量、阵列、矩阵、链表、图等。这些复杂的数据结构没有直接在 CPU 的硬件层次实现。实现这些数据结构的各种算法，几乎都立足于计算机系统结构只提供按地址访问的一维线性存储器以及最基本、最简单的数据表示。这样，这些数据结构要经过软件映像，变换成按地址访问一维存储器内的各种数据表示。如何用最少的存储空间存储这些数据结构，以及用什么样的算法能最快、最简单地存取，则是数据结构的研究课题。

计算机的基本数据类型有逻辑（布尔）数、定点数（整数）、浮点数（实数）、十进制数、字符串和数组等。对这些数据的运算，可以设置专门指令；也可以仅设置最简单的算术逻辑运算指令，而通过编程实现它，但速度会降低很多。若在计算机中设置能直接对矩阵向量数据（数组）进行运算的指令及硬件，可以大大提高对向量、数组的处理速度。

目前计算机所用数据字长有 8 位、16 位、32 位、64 位等。在存储器中每个单元的容量为 8 位，即 1 字节，故存储器单元地址按字节编址。计算机的指令系统可支持对字节（8 位）、半字（16 位）、字（32 位）、双字（64 位）的运算。

计算机的数据表示如何确定，是一个非常重要且复杂的问题。除了必不可少的基本数据表示，数据表示的确是一个软、硬件分配的问题。数据表示也不是一成不变的，芯片技术的进步、计算领域的扩展会导致数据表示的变化。复杂的数据类型也可以用硬件实现，但是在应用中的使用率如何，是否提高了系统的效率？这是是否采用这种数据类型的关键问题。只有利用率高、能显著提高系统速度的数据类型才能采用。

因此，衡量某种数据表示是否合适，首先要看它使执行时间和所需存储容量减少了多少。而衡量执行时间是否减少的一个重要指标是看内存与处理器间所需传送的信息量是否减少。例如，有两个 200×200 元素（定点数）的阵列 A 和 B 进行相加运算，若用 PL/1 语言仅需一条语句，经优化编译形成 6 条机器指令的目标程序，其中有 4 条需循环执行 40 000 次。但若机器有阵列数据表示，则只需一条机器指令就能执行两个阵列相加的运算，所以只需一次访问存储器操作，处理器与内存间取指操作减少了 4×40 000 次，执行时间大大缩短。

衡量某种数据表示是否合适的另一个标准，是看这个数据表示的通用性和利用率如何。对于基本数据表示，其通用性和利用率当然不构成任何问题，而对于阵列机的数据表示（指阵列数据表示），则其通用性、利用率就不理想了。而且，阵列数据表示还存在能表示多大阵列的问题，阵列过大，硬件投资增加，机器性能价格比下降，利用率可能不高；阵列过小，阵列运算要拆成多块，分批进入阵列运算部件，使编译产生困难，运算速度下降。所以，机器的数据表示应该综合平衡上述各种因素后确定。

2.3 指令优化

指令系统是计算机具有的所有指令的集合，一条指令就是机器语言的一条语句。所以，指令系统反映了计算机的基本功能，是硬件设计人员和程序员都能见到的机器的主要属性。程序员用各种语言编写的程序都要翻译（编译或解释）成机器语言后才能运行。高级语言的一条指令往往需要几条机器指令来完成。早期的计算机指令系统很简单，一些比较复杂的操作由子程序实现，因此计算机的处理速度比较慢。随着硬件价格的下降和技术的提高，可以做到复杂操作由一条机器指令实现。这使得指令系统逐步扩充，指令的功能也逐步增强，计算机速度也因此提高。指令系统的改进是围绕着提高应用计算速度、缩小与高级语言的语义差异以及有利于操作系统的优化而进行的。例如，深度学习模型中常见的 Tensor 操作，在深度学习计算需求不断增长的情况下，促使处理器架构中引入了 Tensor Core 这一特殊功能单元和指令的低精度化（通过降低精度达到提高并行度目的）；高级语言中的实数计算是通过浮点运算进行的，对应在指令系统中设置浮点运算指令能明显地提高速度；另外，在高级语言程序中经常用到 IF 语句、DO 语句等，为此在指令系统中设置功能较强的"条件转移"指令是有益的；为了便于实现程序嵌套，设置了 Call 及 Ret 指令……上述这些措施都是针对高级语言的优化进行的，使生成的目标程序短且运行速度快，同时也便于编译。为了提高基于软件的虚拟化解决方案的灵活性与稳定性，Intel 运用了 VT-x 虚拟化技术指令集。至于为操作系统的实现或优化而设置的特殊指令，除了各种控制系统状态指令，还有为多道程序公用数据管理和多处理器系统信息管理使用的"测试与置定""比较与交换"等指令。

2.3.1 指令格式优化

指令由操作码和地址码组成，各种寻址方式主要反映在指令的地址码部分。因为程序和数据存储于存储器中，所以寻址指如何确定数据地址及下一条要执行的指令地址。每条指令的寻址方式由指令本身确定，或按某些预先约定的规则确定。有按地址访问、按堆栈访问、按内容访问等方式，还可以在指令中直接表示数据，称为立即数。与指令系统一样，不同计算机的寻址方式也各不相同。指令类型不同，地址码的长度要求变化很大，例如操作数据在内部通用寄存器内比在存储器内需要的地址码长度短得多。为缩小程序代码所占的存储容量，各类指令的长度可以不一致，如在同一个计算机中可以有 1B、2B、3B、4B 等多种长度的指令。从压缩代码的观点出发，希望常用指令的操作码短些，这样可使程序也短些。运用哈夫曼（Huffman）压缩的基本概念，可以达到优化操作码的目的。

哈夫曼压缩的基本概念是：出现概率最大的事件用最少的位（或最短的时间）来表示（或处理），而概率较小事件用较多的位（或较长的时间）来表示（或处理），达到平均位数（或时间）缩短的目的。在使用哈夫曼压缩之前，必须先了解每一种指令使用的概率——使用频率 P_i，并将指令按照使用的概率由大到小排序。

哈夫曼编码的具体步骤如下：
① 将指令按使用概率由大到小排序。

② 把两个最小的概率相加，并和其他数据一起由大到小进行排序。然后继续这一步骤，直到最后概率等于 1 为止。

③ 画出由概率 1 到每条指令的路径，将每对组合的左边一个指定为 0，右边一个指定为 1（或相反）。

④ 顺序记下沿路径的 0 和 1，所得到的就是该指令的哈夫曼编码。

【例 2-1】如表 2-1 所示，设某计算机 7 条指令（I_1～I_7）的使用频率 P_i 分别为 30%，25%，15%，10%，8%，6%，6%。请给出这 7 条指令的哈夫曼编码。

解答：具体计算步骤如图 2-2 所示，编码结果如表 2-1 所示。

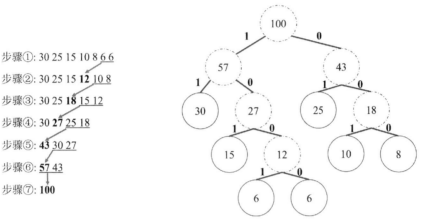

图 2-2 哈夫曼编码的计算步骤

如表 2-1 所示，哈夫曼编码使操作码平均长度最短，信息冗余量最小，但操作码很不规整，既不利于硬件译码，也不利于编译，很难与地址码配合形成有规则长度的指令编码。为便于实现分段译码，使操作码规整，可以采用扩展编码。若采用扩展哈夫曼操作码（简称扩展编码）表示，信息冗余量会增加一些，但仍比定长编码（本例用三位）的信息冗余量小得多。

表 2-1 指令操作码哈夫曼优化

指令	P_i	定长编码	l_i	哈夫曼操作码	l_i	扩展哈夫曼操作码	l_i
I_1	30%	0 0 0	3	1 1	2	0 0	2
I_2	25%	0 0 1	3	0 1	2	0 1	2
I_3	15%	0 1 0	3	1 0 1	3	1 0	2
I_4	10%	0 1 1	3	0 0 1	3	1 1 0 0	4
I_5	8%	1 0 0	3	0 0 0	3	1 1 0 1	4
I_6	6%	1 0 1	3	1 0 0 1	4	1 1 1 0	4
I_7	6%	1 1 0	3	1 0 0 0	4	1 1 1 1	4

【例 2-2】如表 2-1 所示，设某计算机 7 条指令（I_1～I_7）的使用频率 P_i 分别为 30%、25%、15%、10%、8%、6%、6%。按哈夫曼信息源熵（即平均信息量）$H=-\sum P_i \log_2 P_i$ 公式计算，本例中 H 是多少？操作码的实际平均长度计算公式为 $\sum P_i l_i$（l_i 为操作码位数），信息冗余量为 $1-H/(\sum P_i l_i)$。计算分别采用表 2-1 所示的哈夫曼操作码、扩展哈夫曼操作码以及三位二进制编码时的信息冗余量。

解答：

$$H=-(0.3\log_2 0.3+0.25\log_2 0.25+0.15\log_2 0.15+0.1\log_2 0.1+$$
$$0.08\log_2 0.08+0.06\log_2 0.06+0.06\log_2 0.06)$$
$$=2.54$$

若采用表 2-1 所示的哈夫曼操作码，则信息冗余量为：

$$1-H/(0.3*2+0.25*2+0.15*3+0.1*3+0.08*3+0.06*4+0.06*4)=1-2.54/2.57=1.17\%$$

若采用表 2-1 所示的扩展哈夫曼操作码，则信息冗余量为：

$$1-H/(0.3*2+0.25*2+0.15*2+0.1*4+0.08*4+0.06*4+0.06*4)=1-2.54/2.6=2.31\%$$

若采用三位二进制编码，则信息冗余量为：

$$1-H/3=1-2.54/3=15.3\%$$

具体编码时有多种方式，可以采用每次扩展位数不等的不等长扩展法。为了便于应用，一般采用等长扩展法，如 4-8-12 和 3-6-9 扩展法等。对于等长扩展法，可以有不同的扩展方法，表 2-2 以 4-8-12 扩展法为例：采用保留一个码点标志的 15/15/15，采用保留一个位标志的 8/64/512 等。当然，可以根据不同需要在操作码长度扩展时采用不同的扩展标志。

表 2-2　4-8-12 扩展编码

码扩展	码容量及扩展标志	位扩展	码容量及扩展标志
0000 0001 …… 1110	操作码共 15 种 留 1111 作为扩展标志	0000 0001 …… 0111	操作码共 8 种 第 3 位的 **0** 是标志位
1111　0000 1111　0001 …… 1111　1110	操作码共 15 种 **1111 是扩展标志**	1000　0000 1000　0001 …… 1111　0111	操作码共 64 种 第 3 位的 **0** 和第 7 位的 **1** 是标志位
1111　1111　0000 1111　1111　0001 …… 1111　1111　1111	操作码共 16 种 **1111 1111 是扩展标志**	1000　1000　0000 1000　1000　0001 …… 1111　1111　0111	操作码共 512 种 第 3 位的 **0**、第 7 位的 **1** 和第 11 位的 **1** 是标志位

另外，在计算机内存放的指令长度应是字节的整数倍，所以操作码与地址码长度之和应是字节的整数倍。在考虑操作码优化时还应考虑对地址码的要求，故指令格式优化的最终目的是：使用最适当的位数表示指令的操作信息（操作码）和地址信息（地址码），从而取得减少程序存储容量、提高取指速度、简化指令译码网络等效果。

地址码在指令中所占的长度最长，编码长度主要与地址码个数、存储设备的寻址空间大小、编址方式、寻址方式有关。缩短地址码的方法如下：

① 使用间接寻址、寄存器寻址、变址寻址等方法，通过一个较短的地址获得一个较大位数的地址，例如系统有 16 个寄存器，因此可以用 4 位地址为寄存器编址，而寄存器如果是 32 位的，寻址范围可以达到 4G。指令中的地址码是 4 位的寄存器地址，通过寄存器寻址可以获得寄存器内存储的 32 位的地址码，因此实际节约了 28 位的地址码。

② 运用存储的规整特点。例如系统的指令是 32 位的，这样每次寻址是 4 的倍数，因此指令地址的最后 2 位可以不存，系统默认补上 00。

2.3.2　指令系统分析

指令系统从早期的简单形式逐步发展到多种寻址方式、多种数据格式的复杂指令集，是为了完善计算机的功能，提高计算机的速度，以满足用户日益增长的需求。这使得指令系统日趋复杂，产生了复杂指令集计算机——CISC（Complex Instruction Set Computer）。显然，指令系统从简单发展至复杂的主要出发点是：尽量缩短指令与高级语言语义的差距，提高操作系统效率，由此达到提高运算速度的目的。复杂指令不断增加，使 CPU 结构趋于复杂，使编译程序优化困难，系统性能提高也不明显。随后，通过对已有机器的指令系统进行分析，了解各类指令的实际使用情况，提出了精简指令集计算机（Reduced Instruction Set Computer，RISC）。CISC 和 RISC 的相关内容详见 2.4.1 节。

指令系统在实际应用中受技术、市场的影响比较大。CISC 仍有其广泛的市场和实用价值，纯 RISC 系统也不理想，所以在今后相当长的时期内，CISC 和 RISC 并重的局面将是现实中客观存在的。如何将 CISC 和 RISC 各自的优点结合起来形成新的体系结构是当前系统结构研究的前沿课题之一。

2.4 指令集

指令集就是 CPU 中用来计算和控制计算机系统的一套指令的集合，每种新型的 CPU 在设计时就设计了一系列与其他硬件电路相配合的指令系统。指令集先进与否关系到 CPU 的性能发挥，也是 CPU 性能体现的一个重要标志。此外，设计指令集时还要考虑系统的兼容性。从现阶段的主流体系结构讲，指令集可分为复杂指令集和精简指令集两种。

2.4.1 RISC 和 CISC

RISC 和 CISC 是 CPU 的两种架构，区别在于不同的 CPU 设计理念和方法。早期的 CPU 全部采用 CISC 架构。

计算机性能的提高可以通过增加硬件的复杂性来获得。随着集成电路技术，特别是 VLSI（超大规模集成电路）技术的迅速发展，硬件工程师可以通过不断增加新的功能（即增加复杂的指令和多种灵活的编址方式）来提高程序的执行速度和软件编程的便利性。这使得硬件越来越复杂，造价也相应提高。通过提供复杂指令来提高性能的方法叫作 CISC。CISC 所含的指令至少 300 条，甚至超过 500 条。CISC 的设计目的是用最少的机器语言指令来完成所需的计算任务。比如，对于乘法运算，在 CISC 架构的 CPU 上，可能只需要一条指令：MUL ADDRA, ADDRB，就可以将 ADDRA 和 ADDRB 中的数相乘并将结果储存在 ADDRA 中。将 ADDRA 和 ADDRB 中的数据读入寄存器、相乘、将结果写回内存的操作全部依赖于 CPU 中设计的逻辑来实现。这种架构会增加 CPU 结构的复杂性和对 CPU 工艺的要求，但对于编译器的开发十分有利。比如上面的例子，就可以直接编译为一条乘法指令。

但是过犹不及，随着 CISC 的发展，它的缺点也逐渐暴露出来，日趋庞杂的指令系统不但不易实现，而且还可能降低系统性能。IBM 公司的 Jhomas I.Wason 研究中心于 1975 年组织力量研究指令系统的合理性问题；1979 年，David Patterson 教授也开始在加利福尼亚大学伯克利分校（UC Berkeley）开展这一研究。结果发现，在 CISC 系统中，各种指令的使用率相差悬殊：一个典型程序的运算过程所使用的 80% 指令只占处理器指令系统所有指令中的 20%，事实上最频繁使用的指令是取数据、存数据和加法等最简单的指令。显然，花大力气设计和实现的复杂指令使用率很低，作用并不大。而且，复杂的指令系统必然带来结构的复杂性，不但增加了设计的时间与成本，还容易造成设计失误。此外，尽管当时 VLSI 技术已达到很高的水平，但也很难把 CISC 的全部硬件做在一个芯片上，这妨碍了单片计算机的发展。因而，针对 CISC 的这些弊病，David Patterson 教授等提出了精简指令的设想，即指令系统应当只包含那些使用频率很高的少量指令，并提供一些必要的指令以支持操作系统和高级语言。按照这个原则发展而成的计算机被称为 RISC。RISC 架构要求软件来实现各个操作步骤。如果在 RISC 架构上实现上面的例子，那么将 ADDRA 和 ADDRB 中的数据读入寄存器、相乘、将结果写回内存的操作由几条不同的指令来实现，比如：MOV A, ADDRA; MOV B, ADDRB; MUL A, B; STR ADDRA, A。这种架构可以降低 CPU 的复杂性，允许在同样的工艺水平下生产出功能更强大的 CPU，但对于编译器的设计有更高的要求。

2.4.2 RISC-V

2010 年，伯克利研究团队要设计一款 CPU，然而 Intel 对 x86 的授权很严格，ARM 的指令集授权费用很高，MIPS，SPARC，Open Power 也都需要各自的公司授权。在这种情况下，伯克利研究团队决定设计一套全新的指令集。伯克利研究团队的 4 名成员用 3 个月完成了 RISC-V 指令集的开发。伯克利研究团队完成了基于 RISC-V 指令集的顺序执行的 64 位处理器（代号为 Rocket），并前后基于 45nm 与 28nm 工艺进行了 12 次流片。Rocket 芯片主频 1GHz，与 ARM Cortex-A5 相比，实测性能高 10%，面积效率高 49%，单位频率动态功耗仅为 Cortex-A5 的 43%。在嵌入式领域，Rocket 已经开始和 ARM 争夺市场了。

RISC-V 指令集是基于 RISC 原理建立的开放指令集架构，是在指令集不断发展和成熟的基础上建立的全新指令集。RISC-V 指令集完全开源，设计简单，采用模块化设计，易于移植 UNIX 系统，同时有大量的开源实现和流片案例，已在社区得到大力支持。它虽然不是第一个开源的指令集，但是第一个被设计成可以根据具体场景选择的指令集。基于 RISC-V 指令集架构可以设计服务器 CPU、家用电器 CPU、工控 CPU 和传感器中的 CPU。

在处理器领域，目前主流的架构为 x86 和 ARM 架构，但它们作为商用的架构，为了能够保持架构的向后兼容性，不得不保留许多过时的定义，久而久之就变得极为冗长。RISC-V 架构相对而言不用向后兼容。

RISC-V 架构相比其他成熟的商业架构的最大一个不同之处还在于，它是一个模块化的架构。因此，RISC-V 架构不仅短小精悍，而且其不同的部分还能以模块化的方式组织在一起，从而试图通过一套统一的架构满足各种不同的应用。这种模块化是 x86 与 ARM 架构所不具备的。ARM 架构分为 A、R 和 M 三个系列，分别针对 Application（应用操作系统）、Real-Time（实时）和 Embedded（嵌入式）三个领域，彼此之间互不兼容。短小精悍的架构以及模块化的哲学，使得 RISC-V 架构的指令数目非常少。基本的 RISC-V 指令仅有 40 多条，加上其他模块化扩展指令，总共不超过 100 条。

2.5 时钟频率

时钟频率（Clock Rate）是指同步电路中时钟的基础频率，它以"每秒时钟周期"（Clock Cycles Per Second）来度量，单位为赫兹（Hz），常用单位包括 MHz, GHz, THz 等。CPU 的时钟频率（又称 CPU 主频）是衡量 CPU 性能的核心指标之一。一般来说，由于一个处理器完成某条指令的时钟周期数是固定的，因此提高时钟频率通常就意味着 CPU 性能的提升。

使用时钟的原因是 CPU 大部分的时序逻辑设备本质上都是同步的。也就是说，它们被设计和使用的前提是假设它们都在同一个同步信号中工作。在早期的计算机系统中，CPU 的时钟频率与系统总线的时钟频率（又称为"外频"）一致，从而实现整个系统的同步运行状态。随着芯片技术的发展，CPU 的时钟频率越来越高，导致计算机系统中的其他低速部件的工作频率难以跟上 CPU 的速度从而与之保持同步。为了解决这一耦合问题，"倍频"的概念被提出，它允许 CPU 的时钟频率相比外频成倍提高：CPU 时钟频率=外频×倍频。这种设计实现了 CPU 时钟频率的进一步提高（仅需要提高倍频即可），并同时保持其与其他外部设备的同步工作。例如，系统总线的时钟频率为 100 MHz，CPU 的时钟频率则能够达到 4 GHz 甚至更高。

提升 CPU 的时钟频率是提升 CPU 性能最直接的方法，但是时钟频率并不是可以无限提升的，与 CPU 的架构、制造工艺直接相关。更高的时钟频率会导致 CPU 的功耗和发热量呈指数速率增长，从而迅速超过系统散热能力的最大允许范围。早在 Intel Pentium 4 时期，CPU 的主频就已经提升至 3.8 GHz，而此时功耗和发热量已经成为不可忽视的问题。近年来，随着制造工艺的进步，CPU 的主频得到了进一步的提高，但幅度较小。改进架构和实现各层面上的并行则是现代 CPU 提升性能的主要方式，如增加 CPU 的内核数，而主频一般在 1～3GHz。

2.6 并行

早期的 CPU 在同一时间只能执行一条指令、处理一条数据，这类处理器被称为标量处理器，它遵循单指令流单数据流（SISD）模型。这种 CPU 的最大缺点是效率低。由于每次仅有一条指令被执行，CPU 必须等到上一条指令完成才能继续执行下一条。因此，只有与这条执行的指令相关的 CPU 资源能被利用，而一条指令有时需要多个时钟周期才能完成，这些被用上的资源并不能在每个时钟周期都充分利用。而通用 CPU 需要考虑大量的功能，有一整套不同的指令集，有很多不同类型的资源，指令的执行需要的时钟周期也不一样，SISD 导致 CPU 资源利用率不高。显然，如果能够有多条指令进行调度，并能同时运行，则会大大提高 CPU 资源的利用率，提高计算速度。为了实现更佳的性能，CPU 倾向并行运算的设计越来越多。并行有三种实现方式：指令级并行、线程级并行和数据并行。

2.6.1 指令级并行

指令级并行（Instruction-Level Parallelism，ILP）是一种指令层面的并行技术，目的是使 CPU 能够在同一时刻并行执行多条指令，其基本原理是：当指令之间不相关时，它们可以重叠起来并行执行。例如，Intel Pentium、Pentium Pro 和 Pentium II 处理器分别采用了两条和三条独立的指令流水线，每条流水线平均在一个时钟周期内执行一条指令，因而它们平均一个时钟周期可分别执行 2 条和 3 条指令，大大提高了 CPU 内部资源的利用率。

2.6.2 线程级并行

早期计算机操作系统并不具备线程的概念。操作系统每次只能运行一个进程，进程在操作系统中是能拥有资源和独立运行的基本单位。1964 年，IBM 发布的 OS/360 是第一个通过并发（Concurrency）的方式支持多任务的操作系统。虽然 OS/360 实现了并发，但对 CPU 而言并不是真正意义上的并行，只是在一定程度上提升了 CPU 在处理多任务时的执行效率；与此同时，由并发带来的频繁的上下文切换降低了 CPU 的处理效率。

21 世纪初期，随着计算机的发展，人们越来越关注计算机的多任务处理能力。仅靠传统 CPU 单线程和并发的处理方式难以满足这一日益增长的需求。同时，制造工艺的限制使得 CPU 的内核频率也难以进一步提升（更高的内核频率带来 CPU 功耗和发热量的迅速增加）。为了提升 CPU 的性能以应付多任务处理需求，提出了线程级并行（Thread-Level Parallelism，TLP）的概念，很快广泛应用在处理器上。一般，实现 CPU 的线程级并行的基础是 CPU 具有多个物理内核，能够在每个内核上执行一个独立线程，被称为多核技术。早期的 CPU 仅有一个物理内核，为了实现线程级并行，Intel 提出了超线程（Hyper-Threading，HT）技术。

超线程技术的学术名称为同步多线程（Simultaneous Multi-Threading，SMT），其核心思想是在处理器上增加少量硬件电路，实现将一个物理内核模拟成两个逻辑内核，从而让单个处理器都能使用线程级并行计算，进而兼容多线程操作系统和软件，减少 CPU 的闲置时间，提高 CPU 的运行速度。采用超线程即是在同一时间里，应用程序可以使用芯片的不同部分，提高芯片利用率。单线程芯片在任一时刻只能对一个线程进行操作，CPU 内部资源无法充分利用，而超线程技术可以使芯片同时进行多线程处理，这些线程可以同时使用不同的资源，或者像流水线一样轮流使用相同的资源，从而充分利用 CPU 内部资源。通常，超线程技术会带来性能的提升，但是性能是否提升取决于具体程序本身的特点。例如，若两个逻辑内核都需要用到处理器的同一个组件，则一个线程必须等待。图 2-3 解释了超线程技术如何通过并行执行两个线程，提升单内核处理器的资源利用率。有的程序可以更有效地利用 CPU 的计算能力，这时可以认为超线程技术实际上是对 CPU 的虚拟化；但是对于对资源要求比较高的程序并不适合，甚至会导致系统异常，在这种情况下，需要关闭超线程功能。

2.6.3 数据并行和 SIMD 指令集

数据并行是指把需要处理的数据划分成若干部分，分配到不同的处理部件上，并在每个处理部件上运行相同的处理程序对所分派的数据进行处理，即遵循 SIMD（单指令多数据流）模型。数据并行在多媒体领域应用广泛。在进行图像处理时，有些格式的图像数据的特点是：
① 图像数据的像素数量庞大，如分辨率是 1024×768 像素的图像，每个像素都需要处理；
② 每个像素所占的位数往往小于或等于 8 位，如使用 32 位处理器进行运算，处理这些数据时每次只能使用处理器的低 8 位，所以效率低下。如果把处理器的 32 位寄存器视为 4 个 8

位寄存器,它们在运行相同的指令时就能同时处理4组不同的数据,则计算效率获得了等效的提升。这就是设计处理器SIMD指令集的初衷。

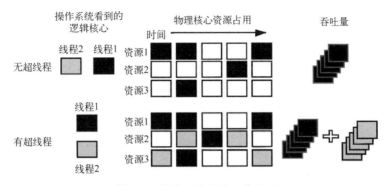

图2-3 超线程技术的工作原理

Intel的第一个SIMD指令集是MultiMedia eXtensions(MMX),在1997年推出。MMX指令能一次性操作1个64位的数据、2个32位的数据、4个16位的数据或者8个8位的数据。由于当时MMX指令使用的寄存器为浮点寄存器(80位)的低64位,因此MMX的一大问题是不能与浮点运算同时进行。Intel于1999年在Pentium 3中对SIMD指令集进行了扩展——Streaming SIMD Extensions(SSE),采用了独立的寄存器组,解决了MMX与浮点运算冲突的问题,并将SIMD寄存器的长度增加到了128位。基于SSE,Intel在接下来的产品中分别提出了扩展指令集SSE2、SSE3、SSSE3(Supplemental SSE3)和SSE4。2008年提出的Advanced Vector eXtensions(AVX)指令集首次将SIMD寄存器提升至256位;2013年提出的AVX-512指令集将SIMD寄存器提升至512位。显然,随着位数的增加,并行度进一步提高,计算部件的峰值性能也达到新高,但是系统性能的提高与具体应用及应用的计算规模有关。并行度并不是越高越好,几十年前并行计算系统的设计中也面临同样的问题。而用户最关心的是这些指令集是否能用到和发挥了多大效能,或者说计算速度提高了多少。

2.7 多核技术

在超线程技术和多核技术出现之前,人们就想到通过增加系统中CPU内核数的方式提升计算机的处理能力。由于当时的CPU仅具有一个物理内核,因此采用的方法就是在主板上安装多个CPU插槽(Socket),将多个CPU插入不同的插槽中。与此同时,主板还需要添加一些硬件去处理Socket到Socket、Socket到RAM以及Socket到其他外部总线的互连。这种方式虽然在理论上能够提升计算机的性能,但也带来了一些问题:(1)在设计上如何管理多个CPU及其附属资源在单个操作系统上的运行,三种主流多处理器系统架构因此被提出——对称多处理器结构(SMP)、非一致存储访问结构(NUMA)以及海量并行处理结构(MPP);(2)多CPU及其附属资源之间必须进行通信,这会带来额外的开销,导致添加更多的CPU到系统时在实际应用中并不能获得线性的性能提升;(3)随着CPU数量增多,系统越来越复杂,设计、制造、维护和运行的费用大幅增加。

相比多个处理器而言,多核技术是指把多个CPU内核集成到单个集成电路芯片中。这些

CPU 内核独立工作、具有独立的计算单元和高速缓存，并且一般共享末级缓存和内存。这样一来，主板的单个 Socket 也可以适应多核 CPU，而不需要更改硬件结构。图 2-4 展示了一个 4 核 Intel Core i7 处理器的多内核组织结构。其中，每个内核都具有独立的 L1 缓存和 L2 缓存，并且共享末级（L3）缓存和内存。

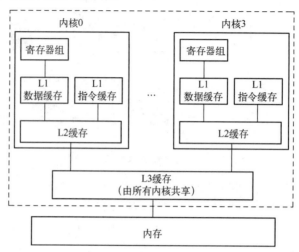

图 2-4 Intel Core i7 处理器的多内核组织结构

现代处理器一般均为多核处理器。由于多核处理器在本质上成倍增加了处理器的计算资源，使得多个不同的线程可以在不同的内核中同时执行，因此大大提升了系统的速度。由于所有内核都在一个集成电路芯片上且共享末级缓存和内存，因此它们之间的通信要比多个 CPU 之间快得多，从而使得系统有更小的延迟开销。此外，现代的多核处理器同时配置了超线程技术，进一步提升了内核利用率。例如，一个配置超线程技术的 4 核处理器具有 8 个逻辑线程。

2.8 CPU 内部互连

多核 CPU 在计算时需要通信，通信的效率大大影响着计算性能的发挥。随着 CPU 内核数的增加，通信开销同时大大增加。这个问题与多年前多机并行系统扩展时遇到的问题极其相似。同样道理，CPU 的内部互连方式也非常重要。在 AMD 公司发布了 Zen 架构和基于 Zen 架构的 Ryzen（面向消费级市场）、EPYC（面向 HPC 市场）处理器后，主流 CPU 的内核数开始迅速增加。在不到一年的时间内，消费级市场主流处理器由 4 核扩展到 6 核、8 核。后来 AMD 发布了基于 Zen 2 架构的首款消费级 64 核处理器锐龙 Threadripper。由于 CPU 内核数的迅速增加，处理器内部互连方式选型的不同会极大程度地影响处理器的最大内核数和性能。

2.8.1 早期的星形总线与跨 Socket 互连

早期 CPU 内核数比较少，内部模块数目较少、结构单一，星形总线是一种简单高效的常用解决方案。在星形总线中，CPU 被放在中心位置，各个模块都与其连接。同时，各个模块彼此并不直接交互，必须通过内核进行中转。这种设计简单高效，使用了相当长的时间。跨 Socket 互连就是指跨"插槽"互连。在早期单个 CPU 内核数相对较少的情况下，为了实现单机性能扩展，一种简单有效的方法是在一个主板上放置多个 CPU 插槽。显然，由于不同 CPU 上的内核之间的访问需要经过主板，因此延迟比较高。虽然如此，这种方式仍有效地提升了单机的处理能力，广泛地应用于服务器主板上。

2.8.2 Intel 环形总线架构

随着 CPU 内核数不断增加，仅靠星形总线显然难以高效处理复杂的模块互连。为了解决多核 CPU 的互连问题，Intel 在 Nehalem 架构中采用了环形总线（Ring Bus）。环形总线就像一个环，连通了 CPU、Cache、内存控制器和其他外围总线。为了提高性能，使用了双环形总线——一个顺时针环和一个逆时针环，各模块一视同仁地通过环形接入点（Ring Stop）挂接在环形总线上，其架构如图 2-5 所示。

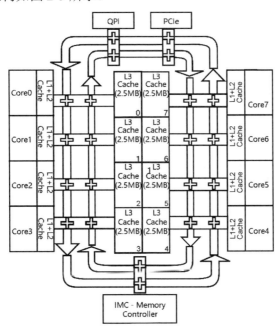

图 2-5 Intel Nehalem 架构中的环形总线示意图

相比传统的星形总线，环形总线的好处是：

① 双环设计可以保证任何两个环形接入点之间的距离不超过环形接入点总数的一半，延迟较低。

② 各模块之间交互方便，不需要通过 CPU 内核中转，使得一些高级加速技术如直接缓存访问（Direct Cache Access，DCA）等应运而生。

③ 高速的环形总线保证了高性能。在 Nehalem 架构中，内核到内核的访问延迟只有 60 ns 左右，而带宽高达 192 GB/s。

④ 方便灵活。若要增加一个 CPU 内核，只要在环形总线上面加一个新的环形接入点即

可,不用像星形总线一样考虑复杂的互连问题。

虽然环形总线架构具有上述优点,但伴随着CPU内核数的进一步增加,环形总线的长度显然变得越来越长,从而导致跨内核访问的延迟越来越高,每增加一个内核都会增加环形总线的整体延迟。Intel研究发现,在CPU内核数超过12个时,若继续使用一般的环形总线架构,系统的整体延迟表现将变得不可接受,同时缓存之间更难以保持其一致性。为了解决这一问题,Intel在超过12个内核的CPU产品上引入了一种环形总线架构的变种。例如,图2-6展示了Intel在Xeon E5 v4 HCC(High Core Count,高内核数产品)中采用的双环形总线互连结构。

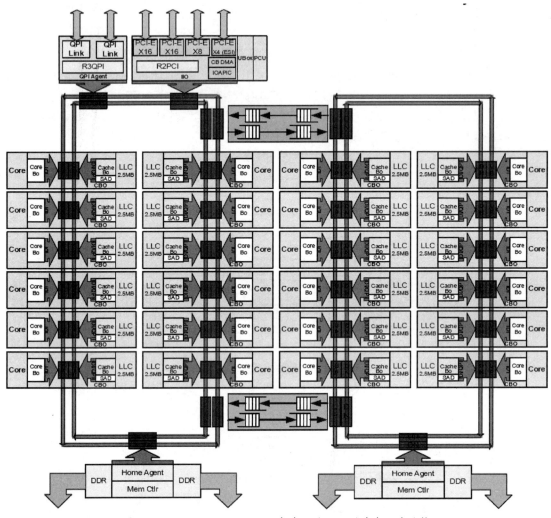

图2-6 Intel Xeon E5 v4 HCC中采用的双环形总线互连结构

在Xeon E5 v4 HCC版本中,Intel在原本的环形总线旁边又加入了一个对称的环形总线。两个环形总线各接12个CPU内核,将延迟控制在可接受的范围内,同时将单CPU最大内核数提高到了24。两个环形总线直接采用两个双向管线(Pipe Line)连接,保证通信顺畅。这样虽然将环形总线架构最高能够连接的内核数提升了一倍,但带来的问题是跨环形总线的内核访问具有比环形总线内访问高得多的延迟。随着内核数量的增加,当环的数量增加时,延迟的问题会更突出。

2.8.3 Intel Mesh 总线架构

为了改善可扩展性，在满足一定通信性能情况下连接更多的 CPU 内核，Intel 在 Skylake 架构中采用了新的 Mesh 互连总线，其架构如图 2-7 所示。在新的 Mesh 总线架构下，Intel 将内核排布为棋盘状结构（Skylake-X 采用 6×6），并将外围总线放置在最上方的一行，两个内存控制器分布在两侧，每个内核直接与周围相邻的其他内核通过总线相连。从结构上来看，Mesh 总线架构相比环形总线架构有更高的自由度，并且能够在不增加平均访问延迟的情况下连接更多的内核。同时，位于每个总线连接点处的控制器提供了不同内核之间最佳路径的路由功能。由于 Mesh 总线架构避免了环形总线必须顺序访问的问题，在更多内核数量的 CPU 上，其内核至内核、内核至缓存、内核至内存的访问延迟均有大幅度降低；除此之外，I/O 操作的初始化延迟也得到了改善。显然，现在的多核架构与 20 世纪的多处理器架构类似，采用的网络拓扑（如环形总线和 Mesh 总线架构）在 20 世纪多处理器的大型计算机中都有类似应用。这就是人们常说的"科学的发展是个螺旋上升的过程"。

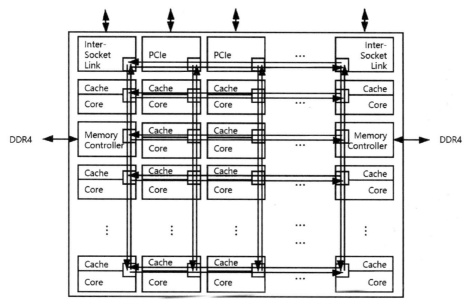

图 2-7　Intel Skylake-X 中的 Mesh 总线架构

相对于环形总线，Mesh 总线架构显然具有更强的可扩展性，在 CPU 内核相对较多的情况下（多于 12 个），其性能相比以前的跨环形总线访问和多路跨 Socket 访问高得多。然而，这些优势仅在内核非常多的处理器上才能得到体现。在内核较少（少于 12 个）的处理器上，Mesh 总线架构相对于环形总线架构的优势则没有那么明显，且环形总线架构复杂度更低。因此，目前 Intel 仅在高内核数的服务器、HEDT（High End DeskTop，顶级桌面级产品）处理器产品上使用 Mesh 总线架构，而在主流消费级处理器上依旧采用更为简单的环形总线架构。

2.8.4　AMD CCX 架构和 Infinity Fabric 总线

AMD 对于中央处理器的模块化设计与 Intel 不同。在 Zen 架构中，AMD 的模块化思想体现为两大组件：由若干 CPU 内核组成的 CCX（Core Complex，内核复合体）和实现 CCX 之间互连的 Infinity Fabric 总线。

CCX 是 Zen 架构处理器芯片上的一个基本模块。CCX 被设计为方形结构，如图 2-8 所示。它由若干 CPU 内核组成（消费级 Ryzen 为 4 个 CPU 内核，EPYC 则为 8 个），CPU 内核位于 CCX 的四角，L2 缓存和 L3 缓存则被排布到 4 个内核的正中间，L3 缓存由 4 个内核内部共享，速度同步于最高的内核。同时，4 个内核之间采用全连接的方式，访问延迟极低。

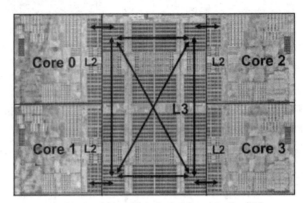

图 2-8　AMD CCX 架构

以 CCX 为扩展基本单位，AMD 在 Zen 架构处理器上通过布置多个 CCX 的方式实现了 CPU 内核数的高效率扩展。这些 CCX 之间通过名为 Infinity Fabric 的高速总线以全连接的方式互连。得益于这种设计，基于 Zen 架构的 CPU 可以轻易拥有非常多的内核。在单个 Zen 架构处理器上，Infinity Fabric 至少支持 4 个 CCX（即 32 核）的高效率互连，如图 2-9 所示。

图 2-9　Infinity Fabric 支持 4 个 CCX

Infinity Fabric 的互连同样是有开销的。例如，位于 CCX 0 上的内核在通过 Infinity Fabric 总线访问 CCX 1 上的 L3 缓存时，会产生无法避免的延迟。CCX 与 Infinity Fabric 的模块化设计带来的高可扩展性是个优势，具体体现为：

① 在不更改架构设计的情况下，可以通过增加 CCX 的数量来达到更多的内核数。例如，第二代 EPYC 处理器最多可以达到 64 核。

② 对于制造商来说，这样的设计能在很大程度上降低多内核处理器的制造成本并提升良品率。例如，制造一个拥有 32 内核的 CPU Die（即由单个硅晶圆制成的裸片）比制造 4 个 8 内核的 CPU Die 对工艺的要求要高得多。

③ 即使处理器芯片上的某个 CCX 在生产时产生致命瑕疵而无法使用，在屏蔽该 CCX 之后，CPU 仍然可以利用芯片上的其他 CCX 正常进行工作，并仍能通过 Infinity Fabric 共享被屏蔽的 CCX 的 L3 缓存。

2.9　CPU 外部互连

除了 CPU 本身的性能，CPU 访问各种外部资源的速度也是影响计算机整体性能的一个重要指标。下面以 Intel 为例介绍一些外部互连的发展案例，从而帮助读者了解这一领域发展的规律。连接 CPU 与计算机各种外部设备的部件通常被称为芯片组（Chipset）。通常，现代计算机的外部设备可以分为两类：一类是内存控制器以及高速外围总线（如 PCI-Express）所连接的高速设备，CPU 访问这些设备的速度和延迟会直接影响到计算机的整体性能；另一类是包括 USB、PCI、IDE 和 SATA 等总线所连接的低速设备。为了高效管理这些速度差别很大的设备，早期计算机的芯片组由两部分组成：北桥和南桥。其中，北桥直接通过外部数据总线（又称为前端总线，FSB）与 CPU 相连，负责 CPU 与内存和高速 PCI-E 设备（如显卡等）的通信；南桥则通过北桥间接与 CPU 相连，并控制包括声卡、网卡、硬盘、USB 等各种低速外围设备，结构如图 2-10 所示。

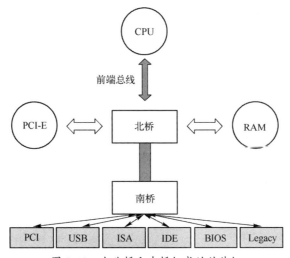

图 2-10　由北桥和南桥组成的芯片组

随着计算机各项技术的发展，这种组织方式的弊端也开始逐渐显现出来。例如，CPU 在数据处理时需要经常访问内存，但是内存控制器不在 CPU 内部，需要经过北桥中转，带来了额外的高访存延迟。此外，CPU 访问外围高速总线的最大带宽也被限制在北桥和 FSB 能够支持的最高标准上。为了解决这些问题，Intel 先后在 Nehalem 架构的 Bloomfield 平台和 Lynnfield 平台上将内存控制器等集成到了 CPU 中。在 Bloomfield 中，由于集成了内存控制器，所以 CPU 直接与内存相连，大大降低了内存访问延迟；同时采用了新的 QPI 总线连接北桥，取代之前的 FSB。而在 Lynnfield 中，Intel 将高速 PCI-E 总线控制器也集成到了 CPU 中，从而彻底在主板上移除了北桥芯片，并继续保留南桥芯片作为新的主板芯片组，它通过低速 DMI 总线与 CPU 直接相连。图 2-11(a)和图 2-11(b)分别显示了 Bloomfield 平台和 Lynnfield 平台的架构图。

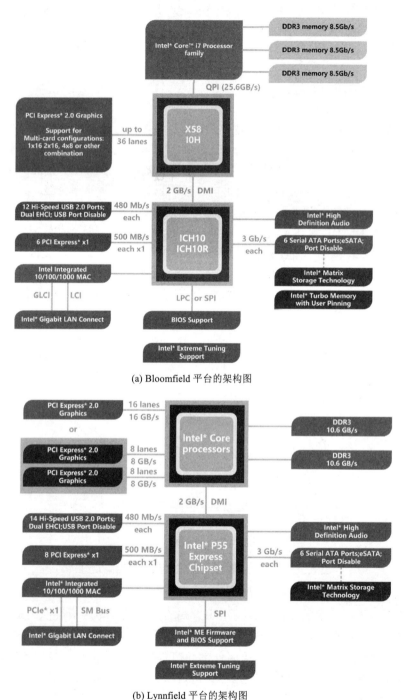

(a) Bloomfield 平台的架构图

(b) Lynnfield 平台的架构图

图 2-11　Bloomfield 平台和 Lynnfield 平台的架构图

2.10 OpenMP 多线程并行编程

进程是资源分配的最小单位，线程是 CPU 调度的最小单位。线程占有资源和开销更小，在多核 CPU 上运行多线程比多进程效率更高，因此多线程并行编程得到了广泛应用，特别是 OpenMP。OpenMP 是由 OpenMP Architecture Review Board 牵头提出的，用于共享内存并行系统的多处理器程序设计的一套指导性编译处理方案（Compiler Directive），支持的编程语言包括 C、C++和 Fortran，由于编程简单、效率高，已被广泛接受。OpenMP 提供了对并行算法的高层的抽象描述，程序员通过在源代码中加入专用的 pragma 来指明自己的意图，由此编译器可以自动将程序进行并行化，并在必要之处加入同步互斥以及通信。如果编译器不支持 OpenMP 或者没有打开 OpenMP 编译选项，编译器就忽略 pragma 字句，将该程序作为一般串行程序编译和执行。

OpenMP 的编程模型以线程为基础，通过编译制导指令来显式地指导并行化，为程序员提供了对并行化的完整控制。OpenMP 的执行模型采用 Fork-Join 的形式，将程序中执行时间长的循环部分通过多线程在多核上并行执行，提高计算速度。Fork-Join 执行模式在开始执行的时候，只有一个"主线程"在运行。主线程在运行过程中，当遇到需要进行并行计算的时候，派生出线程来进行并行执行。在并行执行开始时（即 Fork 阶段），主线程和派生线程被分配到空闲的 CPU 内核上并行执行；当线程执行完成后，就会退出并释放 CPU 内核（即 Join 阶段），当所有线程都完成后，主线程将开始执行串行部分，这就是一个 Fork-Join 过程。一个程序可以有若干这样的过程，每个过程还可以嵌套 Fork-Join 过程。Fork-Join 执行模式如图 2-12 所示。

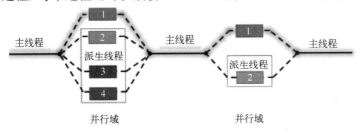

图 2-12 OpenMP 的 Fork-Join 执行模式

OpenMP 采用共享内存模型，默认情况下，所有的数据均是共享的，并行区域中的所有线程可以同时访问这些共享的数据，也可以指定哪些数据是私有的。OpenMP 多线程并行编程比较容易学，主要应注意以下几方面：

① 先要建立并行计算思想，学会将没有相关性（数据依赖）的计算（主要是循环迭代）平均分配到多个线程中进行，从而实现并行加速。

② 掌握数据作用域概念，学会使用共享变量和私有变量。

③ 学会使用编译制导语句和函数。编译制导语句和函数数量比较多，对于初学者来说，只要掌握几个基本的制导语句和函数就可以实现并行编程。

④ 学习针对循环并行计算的静态调度和动态调度方法，提高并行效率。

2.10.1 编译制导语句

编译制导语句指编译器编译程序的时候会识别的特定的注释语句，这些注释语句包含

OpenMP 指令。如果编译时打开了 OpenMP 编译参数，就会自动以多线程方式进行编译，产生并行代码。否则，就忽略这些注释语句，作为串行程序进行编译。例如，在最常用的 C/C++ 程序中，OpenMP 以#pragma omp 开始，后面跟具体的功能指令。一般，程序中 for 循环的计算量很大，因此需要加速 for 循环的计算。编译制导语句具有如下形式：

```
#pragma omp <directive> [clause [[,]clause]…]
```

其中的 directive 部分就包含了具体的编译制导语句，这些编译制导语句用来分配并行任务或者实现并行线程间的同步。常用的功能指令如下。

parallel：用在一个结构块之前，表示这段代码将被多个线程并行执行。

for：用于 for 循环语句之前，表示将循环计算任务分配到多个线程中并行执行，但是必须保证循环之间无数据相关，否则最终计算结果会产生错误。

parallel for：parallel 和 for 指令的结合，也用于 for 循环语句之前，表示 for 循环体的代码将被多个线程并行执行，同时具有并行域的产生和任务分配两个功能。

reduction：执行指定的归约运算。

single：用在并行域内，表示一段只被单个线程执行的代码。

critical：用在一段代码临界区之前，保证每次只有一个 OpenMP 线程进入。

barrier：用于并行域内代码的线程同步，线程执行到 barrier 时要停下等待，直到所有线程都执行到 barrier 时才继续往下执行。

2.10.2 API 函数

除了上述编译制导指令，OpenMP 还提供了一组 API 函数用于控制并发线程的某些行为，下面是一些常用的 OpenMP API 函数以及说明。

omp_get_therad_num：返回线程号。

omp_set_num_threads：设置后续并行域中的线程个数。

omp_get_num_threads：返回当前并行域中的线程数。

omp_get_num_procs：返回系统中处理器的个数。

【例 2-3】 编写完整的 OpenMP 程序：要求定义数组 A，实现初始化整数数组 A[1000][1000]，对二维数组 A 的每一行从下标为 1 的元素开始进行求和，并将求和结果保存在对应行的第 0 号元素中。要求程序中可以根据 CPU 内核数设置线程数。

解答：本题要求使用 OpenMP 实现二维数组的并行运算。二维数组的运算一般采用双层 for 循环。本例很简单，显然，数组计算的行和行之间没有数据相关。实现有两种方法：① 将计算以行为单位逐行分配到各线程进行并行计算；② 将数组按行平均分给各线程，但是这些行是连续的。这样做的好处是使并行计算的粒度比较大，可以减少调度开销。

下面的例程使用的是第②种方法。首先，定义 1000×1000 的 A 数组，并采用随机数填充的方式初始化数组 A。然后，在外层循环使用 OpenMP 编译制导语句，告知编译器此处的 for 循环应采用并行加速。由于第一层循环的迭代数和线程数相等，第一层循环会给每个线程分配一次迭代，这样就不需要后续的任务调度了。接着，在循环体内每个线程针对分配给自己的连续多行逐行进行计算。此处需要注意判断数组边界的问题，即是否每行都分配给线程了，有没有漏掉或者重复分配的行。最后，输出运行结果（用于检验正确性）。在验证时，为了便于验证,可以使用小数据规模,给数组输入相同初始值。也可以用调试工具查看数组的结果,进行结果验证。

根据题意,需要设置线程数,可在 for 的编译制导语句后设置参数 num_threads(线程数)指定线程数。另外需要注意,程序中"int k, lineID, sum;"指令在并行循环内,就是将这 3 个变量定义成私有变量。这样,这些变量在各线程中变量名相同,但是有不同存储空间,变量值不会因为其他线程的改变而改变。例如,内层循环的循环变量 k 必须是每个线程的私有变量,否则多个线程同时读写公共变量 k 会导致每个线程实际计算的迭代数无法预测。也可以在编译制导语句后设置参数 private(k)来定义私有变量。

```c
#include <stdio.h>
#include <stdlib.h>
#include <math.h>
#include <time.h>
#include <string.h>
#include "omp.h"

#define N 1000

// CPU OpenMP 线程数
#define OMP_THREADS 4

int main(void) {

    // 定义每个CPU线程计算的行数
    int LINE_FOR_CPU_THREADS = (N + OMP_THREADS - 1) / OMP_THREADS;

    // 定义数组A
    int A[N][N];

    // 随机初始化数组A,每行从下标1开始,第0个元素用于记录该行最大值
    int i, j;
    for (i = 0; i < N; i++){
        A[i][0] = 0;
        for (j = 1; j < N; j++){
            A[i][j] = rand()%10;
        }
    }

    // 启动多线程计算
    #pragma omp parallel for num_threads(OMP_THREADS)
    for (i = 0; i < OMP_THREADS; i++) {
        printf("ThreadIdx: %d\n", i);
        int k, lineID, sum;
        // 计算该线程的起始计算行号
        int line_for_cpu_idx = LINE_FOR_CPU_THREADS * i;

        for (lineID = line_for_cpu_idx; lineID < line_for_cpu_idx + LINE_FOR_CPU_THREADS;
```

```
                lineID++) {
                if (lineID >= 0 && lineID < N) {
                    sum = 0;
                    for (k = 1; k < N; k++) {
                        sum += A[lineID][k];
                    }
                    A[lineID][0] = sum;
                }
            }
        }


        // 回到主线程，输出计算结果
        for (i = 0; i < N; i++) {
            for (j = 0; j < N; j++)
                printf("%d ", A[i][j]);
            printf("\n");
        }
    }
```

在使用 OpenMP 编程时，需要注意 OpenMP 创建线程时的开销问题。例如，若并行循环体内的计算量很小，即使使用 OpenMP 也并不一定能够获得性能的提升。同时，由于页缓存机制，通常每个线程在处理连续数据时数据访问开销比较小，因此会有比较理想的性能表现。以上两个因素决定了 OpenMP 程序的并行设计对其性能有比较明显的影响。读者可以自行尝试本例题的其他并行实现方式并分析其性能。在分析时，可以从两个角度进行测试：① 计算规模。从很小开始，直到计算规模大于内存大小；② 从一个线程到线程数大于超线程数量。观察性能变化，想想和存储、调度、通信等的关系，运用一些工具查看原因，并进行性能优化。上述测试对于理解并行计算特点和性能优化很有帮助。

2.11 GPU

2.11.1 GPU 概述

图形处理器（Graphics Processing Unit，GPU）是一种专门在个人电脑、工作站、游戏机和一些移动设备（如平板电脑、智能手机等）上进行绘图计算工作的微处理器。

在 GPU 出现之前，计算机中的绘图和多媒体计算任务是由 CPU 处理的，而这类任务通常是数据并行任务（见 2.6.3 节），要求较高的计算密度、多并发线程和频繁的存储器访问。例如，若要对一张图片进行处理，往往需要涉及图片上所有像素的计算。这些计算属于专用领域的计算。然而，CPU 是针对通用计算而设计的，其单线程的串行计算能力强，而多线程并行计算能力很弱。自 1997 年起，Intel 陆续推出了包括 MMX、SSE、AVX 等在内的 SIMD 指令集，专门用于满足多媒体应用的计算需求，但是多媒体计算对于浮点数计算和并行计算效率的高要求，CPU 从硬件本身上就难以满足，这些改进并不能起到根本的作用。

GPU 是英伟达公司（Nvidia）在 1999 年 8 月发布 NVIDIA GeForce 256 绘图处理芯片时首先提出的概念。GeForce 256 采用了一种全新的架构：将 T&L（几何转换与光照）功能以硬件的形式集成在图形芯片中，由图形芯片来负责几何转换和光照操作。这些都属于 3D 图形处理任务，以往它们都完全依赖 CPU 执行，而 CPU 浮点数计算性能的强弱会对整机的 3D 性能表现产生很大的影响。GeForce 256 将该功能整合后，几何转换和光照操作都可以由自己独立完成，不必再依赖 CPU，图形芯片便相当于一枚专攻 3D 图形处理的处理器，这也是"图形处理器"的名称由来，而这部分逻辑则被称为"硬件 T&L 引擎"。显然，GPU 作为图像协处理器分担了 CPU 的部分工作，使 CPU 摆脱了并不擅长的耗费大量计算时间的图像处理任务。这大大提高了系统的整体效率，同时 CPU 和 GPU 可以独立发展，使用和优化适合自己的指令集和技术。因此，硬件 T&L 引擎的巨大成功，使 GPU 在 3D 游戏领域取得了巨大成功，并获得了非常大的市场，这也推动了计算机另一个产业——游戏产业的发展。自此之后，英伟达和 ATI（已被 AMD 收购）不断推出新的 GPU 产品，在很大程度上推动了计算机图形产业的发展。

  GPU 史上的第二次重大变革是微软公司提出的"统一渲染架构"。在以往的 GPU 产品设计中，处理 3D 图形的顶点处理指令和像素处理指令的单元是独立的。微软公司认为，传统的分离设计过于僵化，无法让所有的游戏都以最高效率运行。这一点不难理解，因为任何一个 3D 渲染画面，其运行时顶点指令数与像素指令数的比例都是不相同的，但 GPU 中顶点单元与像素单元的比例却是固定的，这就会导致某些时候顶点单元不够用，而像素单元大量闲置，某些时候又反过来，硬件利用效率低下。游戏开发者为了获得最好的运行性能，不得不小心翼翼地调整两种渲染指令的比例。微软认为，这种情况限制了图形技术的进一步发展。因此，微软在设计 Xbox 360 游戏机的时候，提出了统一渲染架构的概念。所谓统一渲染，即 GPU 中不再有单独的顶点渲染单元和像素渲染单元，而是由一个通用的渲染单元完成顶点和像素渲染任务。为了实现这一点，图形指令必须先经过一个通用的解码器将顶点和像素指令翻译成统一渲染单元可直接执行的渲染微指令，而统一渲染单元其实就是一个高性能的浮点数和矢量计算逻辑，它具有通用和可编程属性。相比之前 GPU 内的分离设计，统一渲染架构具有硬件利用效率高、编程灵活的优点，让 3D 游戏开发者和 GPU 设计者都获得了解放。这一架构被提出后，迅速获得了英伟达和 ATI 的支持，两家公司都分别推出了基于统一渲染架构的产品。英伟达的第一代统一渲染架构 GPU 代号为 G80，拥有 128 个可执行 3D 渲染任务及其他可编程指令的流处理器（Stream Processors），最高支持 384 位、86.4GB/s 带宽的 GDDR3 显存，晶体管集成度高达 6.8 亿个，是当时集成度最高的半导体芯片。

  统一渲染架构虽然是微软为提升硬件效率所提出的，但它进一步提升了 GPU 内部运算单元的通用性和可编程性，让 GPU 进行高密集度的数据计算成为可能。这意味着 GPU 可以打破 3D 渲染的局限，迈向更为广阔的天地。英伟达发布了意义重大的 CUDA，将 GPU 从专属的图像计算领域带进并行计算领域。CUDA 是一个集成的开发环境，它包括开发语言、编译器以及 API。使用 CUDA，程序员可以编写在 GPU 上运行的计算程序。由于 GPU 拥有并行计算的巨大优势，大量的科学工作者都开始将应用迁移到英伟达的 GPU 平台。GPU 用于通用的加速计算实现了从理论到现实的第一步，也为英伟达开辟了新的一片蓝海。此后，英伟达不断培育和推广 CUDA 编程技术，成功开拓了高性能计算市场。在运行高度可并行化任务时，GPU 的并行计算架构使其速度远远高于传统 CPU。采用 CPU+GPU 的异构计算架构也已成为超级计算机的行业标准。高性能计算的用户主要是研究机构，但是近年来，随着大数据科学分析和人工智能领域的快速发展，GPU 成为该领域的主要计算部件。而这一领域中除了研究机构,还有大量的工业界用户,因此 GPU 得到了非常广泛的应用,产品也从台式机、工作站、服务器拓展到嵌入式领域。

图形处理器可单独与专用电路板及附属组件组成独立显卡,也可以整合至系统中的其他芯片成为集成显卡。在早期计算机上,集成显卡一般被内置于主板的北桥芯片中;自 2009 年以来,由于北桥芯片的大部分功能都被集成到 CPU 中,Intel 和 AMD 都开始发展内置于 CPU 的集成显卡,称为"核心显卡"。目前,主流 Intel 处理器均内置了核心显卡。CUDA 只能用于英伟达的显卡,非 N 显卡及核心显卡大多支持基于 OpenCL 的并行编程。

目前,英伟达将其 GPU 分为四条主要产品线,分别是:面向消费级平台的 GeForce 系列,主要用途为 3D 游戏领域;面向工作站的 Quadro 系列,主要用途是专业图形设计;面向服务器的 Tesla 系列,主要用途是大规模并行计算、科学分析以及机器学习等;面向嵌入式系统的 Jetson 系列,主要用途是并行计算、图像处理、机器学习等。注意,在同一代产品中,这些系列均基于同一 GPU 架构,并分别针对其应用领域进行专门的优化。例如,在采用 Pascal 架构的 GPU 中,仅有 Tesla 系列使用的 GP100 核心采用了单精度计算单元和双精度计算单元为 2∶1 的比例设计,而其他核心均采用 32∶1 的设计,这也就造成了 Tesla GPU 在双精度计算能力方面远远超过其他型号,因而更适合要求高精度的科学计算任务。此外,GeForce 系列显卡不具备错误检测和纠正的功能,但 Tesla 系列 GPU 因为 GPU 核心内部的寄存器、L1/L2 缓存和显存都支持 ECC 校验功能,所以 Tesla 不仅能检测并纠正单比特错误,也可以发现并警告双比特错误,这对保证科学计算结果的准确性来说非常重要。不同的配置适合不同类型的计算需求,可以满足不同场景的要求。

2.11.2　GPU 硬件结构

如图 2-13 所示,从硬件设计上来讲,CPU 是面对通用计算需求,需要处理各种任务,因此 CPU 的设计复杂,目前每个 CPU 的内核数仅能达到几十个;GPU 专门面对高并发的计算任务,设计较 CPU 相对简单,因此每个核比 CPU "小"多了,每块 GPU 的核心数达到上千个。由于 CPU 需要处理更通用的、复杂的指令,因此其中的大部分晶体管主要用于构建控制电路(如实现分支预测等)和 Cache,只有少部分的晶体管用于完成实际的计算工作。而由于 GPU 所处理的任务遵循 SIMD 模型,即在单一指令流的控制下同时处理多数据流,多数情况下,一组运算单元上运行的指令均是相同的,这些运算单元均可由一组指令控制电路进行控制,因此 GPU 中大部分的晶体管用于构建并行处理核心,仅有少量的晶体管用于构建缓存和流控制电路。如图 2-14 所示,由于在硬件上具有比 CPU 多得多的运算核心,GPU 在进行浮点数计算时表现出比 CPU 高得多的性能。

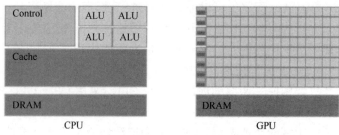

图 2-13　CPU 与 GPU 的硬件结构区别

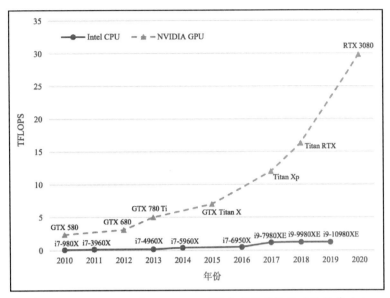

图 2-14 Nvidia GPU 与 Intel CPU 的浮点数计算性能发展趋势对比

在 GPU 中基本的运算单元被称为流处理器（Stream Processor，SP）。多个流处理器、寄存器、缓存和指令控制单元组成流多处理器（Stream Multiprocessor，SM）。SM 是 GPU 执行指令的基本单位，在同一 SM 内的 SP 具有共享的高速一级缓存。整个 GPU 则由多组 SM、共享二级缓存和显存控制器等组成。图 2-15 显示的是 Nvidia Fermi GPU 架构图。

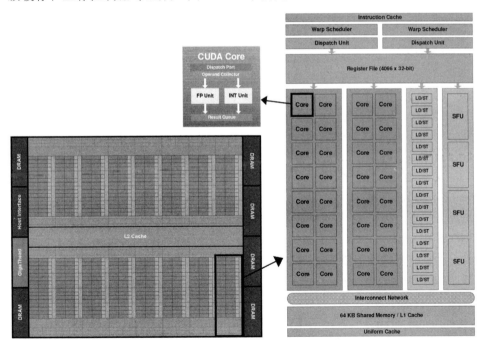

图 2-15 Nvidia Fermi GPU 架构图

受深度学习热潮的影响，Nvidia 在其 Volta 架构 GPU 中加入了张量处理器（Tensor Core）。深度学习运算中主要的操作为矩阵乘加操作，而 Tensor Core 是一种专用于处理矩阵乘加的运算单元。这使得基于 Volta 架构的 GPU 在进行深度学习训练时相比上一代 GPU 性能提升了 4 倍。

2.11.3 GPU 的存储层次

GPU 的存储层次可由上至下分为三级，速度依次降低：

① 寄存器（Register）位于 GPU 上的每个 SM 中，访问速度最快，用于存放线程执行时所需要的变量，具有线程私有的性质。

② 共享内存（Shared Memory）位于每个 SM 中，访问速度仅次于寄存器，由一个 SM 中的所有线程共享。共享内存主要存放频繁修改的变量，可以为局部多线程建立通信。

③ 全局内存（Global Memory）位于 GPU 片外存储体，即显存。全局内存容量最大，但访问延迟高、速度较慢。所有 GPU 需要处理的数据都必须先传入全局内存，最后在程序执行完毕后从全局内存传给主机的内存。

与 CPU 上多核编程需要合理使用各级存储一样，CUDA 编程时也要合理使用 GPU 存储，这可以提高计算速度。例如，对于多次用到的变量，可以使用寄存器或者共享内存，尽量把放进寄存器和共享内存的数据充分运用，即编程时调整算法，尽量减少从全局内存或者系统内存中读取数据的次数。此外，GPU 是面对高并行度计算的，一组线程在计算时需要若干个数据，这些数据如果按 GPU 读写规则的顺序排好，那么就可以加快读写速度，从而大大提高计算速度。

2.12 CUDA

2.12.1 CUDA 简介

计算统一设备架构（Compute Unified Device Architecture，CUDA）是由 NVIDIA 公司创立的基于该公司生产的面向通用计算的 GPU 的并行计算平台和编程模型。使用 CUDA 编程，GPU 可以很方便地进行通用数值计算。在没有 CUDA 之前，GPU 只用来进行图形渲染（如通过 OpenGL，DirectX 等）。

CUDA 基于 C 语言，定义了"主机-设备"（host-device）的 GPU 编程模式。CUDA 编程基于 SIMD 编程模型，在 GPU 上执行的代码被称为核函数（Kernel）。在执行核函数之前，用户需要手动将核函数需要处理的数据通过 PCI-E 通道由内存复制到显存中，并将数据指针传递给核函数。核函数执行完毕后，用户再将计算后的数据由显存复制回主机的内存中。CUDA 程序的一般执行流程为：

① 调用 cudaMalloc()函数，在显存中开辟空间用于存储需要由 GPU 计算的数据。

② 调用 cudaMemcpy()函数，将数据由主机内存复制到 GPU 显存中。

③ 启动核函数，进行相关高并行度计算。

④ 调用 cudaMemcpy()函数，将数据由显存取回内存中。

⑤ 调用 cudaFree()函数，释放显存占用空间。

在实际应用中可能要多次调用 GPU 进行计算，但是不用每次都完全按照上面的流程。可以在第一次执行①时把需要的空间都申请好，这样流程就变成随后根据需要②~④循环多次，最后执行⑤，甚至有时①、②、④、⑤只执行一次，③多次循环执行。

2.12.2 线程管理

GPU 是通过大量线程并行执行达到高速计算目的的。CUDA 线程分为线程、线程块和网格三个层次。在实际编程过程中，线程块内的线程数、网格中的线程块数是由用户手动指定的，并可能对性能产生一定影响。在 GPU 计算时，每个流处理器（SP）执行的代码是相同的，它们通过 CUDA 程序核函数中的线程块和线程的索引值确定需要处理哪组数据。

① 线程（Thread）是 CUDA 程序的基本执行单元，每个线程内的指令都会顺序执行。遵循 SIMD 编程模型，所有的线程都会执行相同的代码或相同代码的不同分支。理论上，所有的线程都是并行执行的，没有先后之分。

② 线程块（Block）是由一组线程组成的。每个线程块内部的线程之间可以进行协作，有可以共同访问的共享内存。在 CUDA 程序执行时，每个线程块会在 GPU 上的同一个流多处理器（SM）中执行，而每个线程块内的线程又会以线程束（Warp）为单位，分组在 SM 中执行，线程束是 GPU 在执行时调度的最小线程单位。线程束的大小是固定的，一般为 32。当线程块内的线程数大于线程束的大小时，GPU 会自动对这些线程进行分组，并依次执行。例如一个线程块内有 128 个线程，线程束的大小为 32，则这些线程就会按线程号分成四个线程束：0~31，32~63，64~95，96~127；如果线程块里面的线程数量不是 32 的整数倍，那么 GPU 会把剩下的线程独立组成一个线程束；比如线程有 66 个，就会有 3 个线程束：0~31，32~63，64~65。由于最后一个线程束里只剩下两个线程，其实在计算时就相当于浪费了 30 个线程的计算能力，因此，一般设定线程块内的线程数量时要将其设定为 32 的整数倍。

③ 网格（Grid）是一组线程块的集合。网格里的线程块会被调度到 GPU 的多个 SM 上去执行。线程块之间并没有同步机制，线程块被执行的先后顺序是不确定的。线程块之间的通信开销较大，需要通过全局内存来实现。

线程、线程块、网格是 CUDA 编程时对线程的管理模式，根据计算规模（线程数）和 GPU 架构（SM 和 SM 内的线程数量）合理定义相应的线程参数对于发挥 GPU 计算性能是有帮助的。此外，需要指出的是：GPU 能实现如此高性能的计算，除了具备大并行度的计算能力，另一个重要原因是巧妙地隐藏了数据访存的时间开销。GPU 会把准备就绪的线程束放在线程池里供连续不断进行计算，而在计算的同时 GPU 会把需要的数据从全局内存中读出来。通过连续不断地执行大量准备就绪的线程束，巧妙地将大量通信的时间隐藏起来。

2.12.3 CUDA 编程

【例 2-4】编写完整的 CUDA 程序：要求定义数组 A，实现初始化整数数组 A[1000][1000]，对二维数组 A 的每一行从下标为 1 的元素开始进行求和，并将求和结果保存在对应行的第 0 号元素中。

解答：CUDA 编程中最重要的是定义 CUDA 核函数。根据题意，核函数需要完成的任务是：根据传入的数组 A，计算对应行从下标 1 至 999 的元素的和，并将结果存储在第 0 号元素中。首先根据块索引（blockIdx.x）和块内线程索引（threadIdx.x）确定需要处理的行号（lineID），然后实现计算功能。核函数部分的代码如下所示。

```c
#include "cuda_runtime.h"
#include "device_launch_parameters.h"
#include <stdio.h>
#include <stdlib.h>
#include <math.h>
#include <time.h>
#include <string.h>

#define N 1000
#define N_THREADS_PER_BLOCK 32

__global__ void kernel(int *A) {
    int row = blockIdx.x;
    int col = threadIdx.x;
    int height = blockDim.x;

    // 根据blockID和threadID确定需要操作的行ID
    int lineID = col + height * row;
    // 若行ID有效，则执行计算最大值操作
    if (lineID >= 0 && lineID < N) {
        int i, sum = 0;
        for(i = 1; i < N; i++) {
            sum += A[lineID * N + i];
        }
        A[lineID * N] = sum;
    }
}
```

因为核函数的 ID 是二维索引（第一维是 blockIdx.x，第二维是 threadIdx.x），而行号 lineID 是一维索引，所以通过二维向一维映射的方式计算 lineID：

```
lineID = threadID + blockID * N_THREADS_PER_BLOCK
```

其中，threadID 为线程号 threadIdx.x，blockID 为线程块号 blockIdx.x，N_THREADS_PER_BLOCK 为每个线程块内的线程数量，即 blockDim.x。例如，若 N_THREADS_PER_BLOCK=32，则计算第 40 行之和的任务将交给 blockID=blockIdx.x=1，threadID=threadIdx.x=8 的线程处理（40=8+1×32）。

接着，根据 CUDA 编程的一般流程编写主函数功能，如下所示。其中，N_THREADS_PER_BLOCK 应设置为 32 的整数倍。本例中，由于共需要处理的数据为 N=1000 行，则应启动的线程块数量为 1000/N_THREADS_PER_BLOCK。为避免除余问题，可以采用简单的向上取整方式。例如，若设置 N_THREADS_PER_BLOCK=32，则 1000/N_THREADS_PER_BLOCK=31.25，出现了除法余数。由于线程块数量必须为整数，此时，若设置线程块数量为 31，则会有 1000-31×32=8 行没有被计算，这将导致错误的结果。若采用向上取整的方式，

则可以保证这 1000 行被完整覆盖,只需在程序中进行一次有效性判断即可。在 C 语言中,设被除数为 y,除数为 x,一种常用的向上取整方式为:(y+x-1)/x。

完整的主程序如下所示。

```c
int main(void) {
    // 定义数组A
    int A[N][N];

    // 随机初始化数组A,每行从下标1开始,第0个元素用于记录该行最大值
    int i, j;
    for (i = 0; i < N; i++){
        A[i][0] = 0;
        for (j = 1; j < N; j++){
            A[i][j] = rand()%10;
        }
    }

    // 定义数组A在GPU端的指针dev_A
    int *dev_A;

    cudaSetDevice(0);

    // 在GPU显存中开辟用于存放数组A的空间
    cudaMalloc((void**)&dev_A, N * N * sizeof(int));

    // 将数组A由主机端复制到显存端
    cudaMemcpy(dev_A, A, N * N * sizeof(int), cudaMemcpyHostToDevice);

    // 执行核函数,传入数组A指针,并设置线程块数和线程数
    kernel <<<(N+N_THREADS_PER_BLOCK-1)/N_THREADS_PER_BLOCK, N_THREADS_PER_BLOCK >>> (dev_A);
    // 将计算后的数组A由显存复制回主机端
    cudaMemcpy(A, dev_A, N * N * sizeof(int), cudaMemcpyDeviceToHost);

    // 释放显存空间
    cudaFree(dev_A);

    // 输出计算结果
    for (i = 0; i < N; i++) {
        for (j = 0; j < N; j++)
        printf("%d ", A[i][j]);
        printf("\n");
    }
}
```

2.13 OpenMP-CUDA 混合编程

CPU 和 GPU 都有很多内核,都能用来进行并行计算。GPU 可以达到上千个内核(流处

理器），计算能力更强，适合处理大规模的数据并行计算（SIMD）任务。CPU 也有几十个内核，计算能力较弱，但是单个内核的计算能力比流处理器强，而且这些内核可以处理 MIMD 类型的并行计算任务，因此多核 CPU 适用范围比 GPU 广，能在 GPU 上计算的 SIMD 任务在 CPU 上也能计算。

在程序运行中时间开销最大的通常是循环部分（如 for 循环），根据 Amdahl 定律，应该加快这一部分的计算速度。OpenMP 和 CUDA 都适合用来实现循环的并行计算。在并行程序设计中，首先解决循环中的数据相关，然后通过 OpenMP-CUDA 混合编程实现程序并行化。这可以分两步进行：① 实现基于 OpenMP 的程序并行，并验证程序正确；② 在 OpenMP 并行计算中把计算量大的 SIMD 计算分配给 GPU，这部分计算用 CUDA 编程实现。不要把计算量小的任务交给 GPU，可能导致 GPU 的计算速度不如一个 CPU 内核。现在的系统中，一般 GPU 卡的数量比 CPU 内核数少。进行并行计算时，从计算效率考虑，可以在每个内核上运行一个线程，一块 GPU 卡由一个线程来管理。例如，一台主机配置 16 核 CPU 和两块 GPU 卡，可以运行 16 个线程，其中 0 和 1 号线程分别管理 0 和 1 号 GPU。这两个线程运行 OpenMP 和 CUDA 程序，3～15 号线程只执行 OpenMP 程序。当然，具体在系统上运行的线程数和对 GPU 的管理方式可以根据情况调整。另外，由于有 GPU 的加速，有些线程速度会非常快，往往需要通过动态调度，甚至动态调度和静态调度相结合的方法提高系统运行速度。

【例 2-5】 编写完整的 OpenMP-CUDA 程序：要求定义数组 A，实现初始化二维整数数组 A[1000][1000]，对数组 A 的每一行从下标为 1 的元素开始进行求和，并将求和结果保存在对应行的第 0 个元素中。假设系统可用资源有 4 个 CPU 内核和 1 块 GPU 卡。

解答：完整程序如下所示。其中，CUDA 核函数部分与例 2-4 相同；在主函数中，由 OpenMP 开启 4 个 CPU 线程，并根据线程号执行不同的操作：由 0 号 CPU 线程管理 GPU 实现计算；1～3 号 CPU 线程直接进行计算。为了方便 GPU 在多线程环境中使用 cudaMemcpy 将结果回写至数组 A，我们规定 GPU 所处理的行为从第 0 行开始的连续行，CPU 计算线程处理 GPU 之后的行。每个线程处理一部分连续行，且线程之间均无数据相关性。GPU 和 CPU 处理的行数根据 GPU 和 CPU 的性能进行分配，通过参数 SPEED_GPU 和 SPEED_CPU 控制。

```
#include "cuda_runtime.h"
#include "device_launch_parameters.h"
#include <stdio.h>
#include <stdlib.h>
#include <math.h>
#include <time.h>
#include <string.h>
#include "omp.h"

#define N 1000
#define N_THREADS_PER_BLOCK 32

// GPU卡数和CPU内核数
#define OMP_THREADS 4
#define GPU_COUNT 1

// GPU和CPU的性能比，用于调度
```

```
#define SPEED_GPU 7
#define SPEED_CPU 3

__global__ void kernel(int *A) {
    int row = blockIdx.x;
    int col = threadIdx.x;
    int height = blockDim.x;

    // 确定需要操作的行ID
    int lineID = col + height * row;
    // 若行ID有效，则执行计算最大值操作
    if (lineID >= 0 && lineID < N) {
        int i, sum = 0;
        for(i = 1; i < N; i++) {
            sum += A[lineID * N + i];
        }
        A[lineID * N] = sum;
    }

}

int main(void) {
    // 计算分别由GPU、CPU处理的行数
    int LINE_FOR_GPU = N*SPEED_GPU/(SPEED_CPU+SPEED_GPU);
    int LINE_FOR_CPU = N-LINE_FOR_GPU;

    // 定义有几个CPU线程用于计算
    int CPU_COMPUTE_THREADS = OMP_THREADS - GPU_COUNT;

    // 定义每个CPU线程计算的行数
    int LINE_FOR_CPU_THREADS = (LINE_FOR_CPU + CPU_COMPUTE_THREADS - 1) / CPU_COMPUTE_THREADS;

    // 定义数组A
    int A[N][N];

    // 随机初始化数组A，每行从下标1开始，第0个元素用于记录该行最大值
    int i, j;
    for (i = 0; i < N; i++){
        A[i][0] = 0;
        for (j = 1; j < N; j++){
            A[i][j] = rand()%10;
        }
    }

    // 启动多线程计算
    #pragma omp parallel for num_threads(OMP_THREADS)
    for (i = 0; i < OMP_THREADS; i++) {
```

```
        printf("ThreadIdx: %d\n", i);
        if (i == 0) {
            // 如果是0号线程，则执行CUDA程序，处理从第0行开始的LINE_FOR_GPU行
            int *dev_A;
            cudaSetDevice(0);
            cudaMalloc((void**)&dev_A, LINE_FOR_GPU * N * sizeof(int));
            cudaMemcpy(dev_A, A, LINE_FOR_GPU * N * sizeof(int), cudaMemcpyHostToDevice);
            kernel <<<(LINE_FOR_GPU+N_THREADS_PER_BLOCK-1)/N_THREADS_PER_BLOCK,
                    N_THREADS_PER_BLOCK  >>> (dev_A);
            cudaMemcpy(A, dev_A, LINE_FOR_GPU * N * sizeof(int), cudaMemcpyDeviceToHost);
            cudaFree(dev_A);
        }
        else {
            // 否则，根据线程号分配给CPU线程计算
            int k, lineID, sum;
            // 计算该线程的起始计算行号，CPU线程计算的起始行是CUDA处理的最后一行，即从LINE_FOR_GPU开始
            int line_for_cpu_idx = LINE_FOR_GPU + LINE_FOR_CPU_THREADS * (i - 1);

            for (lineID = line_for_cpu_idx; lineID < line_for_cpu_idx + LINE_FOR_CPU_THREADS;
                 lineID++) {
                if (lineID >= 0 && lineID < N) {
                    sum = 0;
                    for (k = 1; k < N; k++) {
                        sum += A[lineID][k];
                    }
                    A[lineID][0] = sum;
                }
            }
        }
    }

    #pragma omp barrier
    // 回到主线程，输出计算结果
    for (i = 0; i < N; i++) {
        for (j = 0; j < N; j++)
            printf("%d ", A[i][j]);
        printf("\n");
    }
}
```

2.14 多核 CPU-GPU 计算平台任务调度

由于性价比和能效比很高，多核 CPU-GPU 计算平台得到了广泛应用，这也使系统内同时存在两种异构的计算资源。但是多核 CPU-GPU 的性能必须通过高效的调度算法才能得到充分发挥。因此，如何充分利用异构资源的计算能力、如何实现负载均衡成为研究的热点。

科学计算中最常见的是循环处理，这些循环是程序中计算量最大的部分，也是并行计算和循环调度研究的热点之一。有很多针对循环调度的研究，目的是提高调度效率和实现负载均衡。传统的调度方法分为静态调度和动态调度。静态调度不需要竞争资源，因此调度开销非常小，但是容易导致负载不均衡和计算资源利用率低。动态调度在程序执行时根据处理器的负载动态进行任务分配和资源的竞争，因此能更好地实现负载均衡，但是会产生额外的调度开销。SS（Self-Scheduling）动态调度每次通过访问一个全局变量来获得一个或多个迭代任务，然后分配给空闲处理器。PSS（Pure Self-Scheduling）每次获取一个迭代任务。其他SS调度方法，如CSS（Chunk Self-Scheduling）、FSS（Factoring Self-Scheduling）、GSS（Guided Self-Scheduling）、TSS（Trapezoid Self-Scheduling）等，采用不同策略每次获取一批迭代任务，这些调度方法通过减少动态调度的次数来减少调度开销，并在同构的共享主存系统中获得了成功。在同构的系统中，各处理器的计算能力一样，通过上述方法分配任务时，在每个迭代任务粒度大小相差不大的情况下，不会导致很严重的负载均衡问题。但是除了PSS，其他SS调度方法不适合在CPU-GPU异构计算平台上使用，容易由于负载不均衡导致GPU利用率低。GPU的计算速度远远高于单核CPU。在这种极端情况下，若给多核CPU和GPU都分配计算粒度大的任务，GPU的计算时间会远少于CPU的计算时间，因此可能导致GPU存在较长的闲置时间，降低GPU的利用率。SS调度算法在调度时没有考虑根据GPU和CPU的硬件特点分配计算任务。GPU是基于SIMD结构的，适合用于大规模并行计算。GPU的计算开销包括内存与GPU之间的数据通信时间和计算时间，只有计算时间长、通信时间短的任务才能充分发挥GPU的计算能力。因此，GPU适用于计算粒度大、通信量小的计算。如果计算粒度太小，大部分时间都消耗在通信和GPU的启动等工作上，GPU的性能就无法充分发挥，计算速度甚至不及单核CPU。所以，分配任务时应该根据CPU和GPU的架构特点将计算粒度大的任务分配给GPU，将粒度小的任务分配给CPU，这样可以大大提高系统计算效率。此外，由于PSS每次动态分配一个迭代任务，因此无法减少动态调度的开销。

显然，通过静态调度和动态调度的组合可以大大减少调度次数，既可以减少动态调度的开销，又可以通过动态调度实现负载均衡。但是，对于大多数应用来说，很难确定一个合适的比例来进行动态调度。如果动态调度的比例太小，将导致负载不均衡；如果这个比例过大，将无法有效减少动态调度的开销。

并行计算应用可分为负载可预测应用和负载不可预测应用。负载可预测应用可以运用负载预测调度算法实现高效调度。负载预测调度算法的主要思想是：① 通过负载预测将计算量大的计算任务分配给GPU、计算量小的计算任务分配给CPU，这样可充分发挥GPU的计算性能；② 测试CPU和GPU的计算性能比，根据性能计算静态调度和动态调度的比例，尽量减少动态调度的次数，从而减少调度开销。

负载可预测应用根据每次迭代的计算特点可以分为如图2-16所示的4种类型。

递增型、递减型、随机型的调度方法基本一致，这里称为非常数型并行循环任务。下面以非常数型并行循环任务为例介绍负载预测调度算法的具体实现方法。

（1）预处理

首先预测每次循环迭代的计算量，并将每次迭代的计算量按从大到小排序，建立如图2-17所示的队列。其中，递增型、递减型比较简单，这里不再说明；随机型则需要进行负载预测和排序才能建立调度队列。有些应用在负载预测时可以进行预处理，例如排除分支等，这可以扩展 GPU 并行计算范围，提高利用率。具体问题要具体分析，本书不再详细举例。
图 2-17 中的横坐标是循环的迭代序号，纵坐标是每次迭代的计算量（或计算时间）。

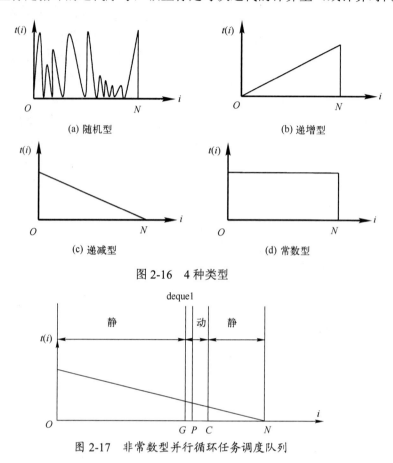

图 2-16　4 种类型

图 2-17　非常数型并行循环任务调度队列

（2）使用负载预测调度方法进行调度

根据预测获得的总计算量和 CPU，GPU 的计算性能（通过测试获得），就能估算出纯 CPU 线程和 GPU 加速线程能完成的循环迭代数，即图 2-17 中 P 的位置。根据 P、线程总数、CPU 和 GPU 的计算速度就可以确定动态调度窗口[G,C]的位置了，即图 2-17 中间标记"动"字的区域。动态调度窗口的大小一般取线程总数的两倍。因为如果窗口大小和线程数量一样，则动态调度的区域太小，容易导致负载不均衡。这个范围必须满足所有线程在动态调度窗口内获得计算任务，并且动态调度的范围不大，因此两倍比较适合。显然，这个动态调度窗口的大小和调度任务数无关，因此将动态调度限制在一个很小的范围，这样就可以确定使用负载预测静态调度方法调度的循环迭代数 S 和使用负载预测动态调度方法调度的循环迭代数 D。第一级调度是负载预测静态调度，就是调度图 2-17 中标记"静"的两个区域。GPU 加速的线程从队首开始逐个处理计算量大的任务，就是图 2-17 中左边那个标记"静"的区域；其他 CPU 线程从队尾开始逐个处理计算量小的任务，就是图 2-17 中右边那个标记"静"的区域。当左右两个静态调度区域中的任意一个部分计算完毕后，该线程直接进行第二级负载预测动态调度。

例如，当 GPU 加速的线程完成自己的静态调度任务——左边标记"静"的迭代任务后，从左边进入动态调度窗口获取计算任务，直到动态调度窗口内的任务全部完成为止；同理，当任意一个纯 CPU 线程完成右边标记"静"的迭代任务后，从右边进入动态调度窗口获取计算任务，直到动态调度窗口内的任务全部完成为止。显然，任务调度会在 P 点附近结束，GPU 加速的线程和纯 CPU 的线程将在完成所有的计算任务后在这里"会师"。第二级调度的任务分配方法和第一级调度一样：GPU 加速的线程从计算量大的动态调度窗口的队首开始获取任务，纯 CPU 线程从计算量小的队尾开始获取任务，直到所有任务计算完毕。负载预测调度的方法，不仅可以应用在循环调度中，在其他场景下也可以应用。对于动态调度的范围，还可以适当进行优化，本书不再详细介绍。

2.15 小结

本章对处理器及其相关技术进行了讨论和分析，重点阐述了 CPU 组成、指令的优化和发展、并行的相关知识和 GPU 的概念和结构，同时在章节末尾对 OpenMP 编程和 CUDA 编程进行了介绍和举例。

中央处理器由控制器、运算器和寄存器组成，通常称为处理器。利用超大规模集成电路制成的处理器芯片称为微处理器。处理器的任务是取出指令、解释指令和执行指令。

数据表示指计算机硬件能够直接识别、可以被指令系统直接调用的那些数据类型。最常见的数据表示有定点数、逻辑数、浮点数、字符、字符串等。衡量某种数据表示是否合适，要看它使执行时间和所需存储容量减少了多少以及这个数据表示的通用性和利用率如何。

指令系统是计算机具有的所有指令的集合。它的改进围绕着提高应用计算速度、缩小与高级语言的语义差异以及有利于操作系统的优化而进行。指令由操作码和地址码组成，通过哈夫曼压缩的方法，对操作码进行代码压缩，达到优化的目的。

RISC 和 CISC 是 CPU 的两种架构。RISC 克服了 CISC 系统庞杂的缺陷，其指令系统只包含使用频率很高的少量指令，并提供一些必要的指令以支持操作系统和高级语言。RISC-V 指令集是基于 RISC 原理建立的开放指令集架构，完全开源，设计简单，采用模块化设计，易于移植 UNIX 系统，可以根据具体场景进行选择。

时钟频率是指同步电路中时钟的基础频率，它以"每秒时钟周期"来度量，单位为赫兹，常用单位包括 MHz、GHz、THz 等。CPU 的时钟频率（又称 CPU 主频）是衡量 CPU 性能的核心指标之一，提高时钟频率直接意味着 CPU 性能的提升。

早期的 CPU 在同一时间只能执行一条指令、处理一条数据，这类处理器被称为标量处理器。为了实现更佳的性能，CPU 倾向并行运算的设计越来越多。并行有三种实现方式：指令级并行、线程级并行以及数据并行。

多核技术是指把多个 CPU 内核集成到单个集成电路芯片中，使得多个不同的线程可以在不同的内核中同时执行。现代的多核处理器同时配置超线程技术，进一步提升了内核利用率。

多核 CPU 在计算时需要通信，内部互连方式从早期的星形总线到环形总线，再到之后的 Mesh 总线架构，使得处理器性能能得到充分利用。同时，Bloomfield 平台和 Lynnfield 平台的外部互连架构也提高了计算机的整体性能。

OpenMP 的编程模型以线程为基础，通过编译制导语句和相关的 API 函数，采用 Fork-Join

的形式，使程序通过多线程在多核上并行执行，提高计算速度。

　　图形处理器（Graphics Processing Unit，GPU）专门面对高并发的计算任务，GPU 的核达到上千个，在进行浮点数计算时表现出比 CPU 高得多的性能。在 GPU 中，基本的运算单元被称为流处理器，多个流处理器、寄存器、缓存和指令控制单元组成流多处理器。GPU 的存储层次可由上至下分为寄存器、共享内存、全局内存三级，速度依次降低。

　　CUDA 是面向通用计算的 GPU 的并行计算平台和编程模型，定义了"主机-设备"的编程模式。线程、线程块、网格是 CUDA 编程时对线程的管理模式，合理定义相应的线程参数能够加速 GPU 的并行。

　　多核 CPU-GPU 计算平台同时存在两种异构的计算资源，其性能必须通过高效的调度算法才能得到充分发挥。传统的调度算法分为静态调度和动态调度，两者各有优劣。也有动静态调度组合的方式，但是，对于大多数应用来说，很难确定一个合适的比例来进行动态调度。

　　并行计算应用可分为负载可预测应用和负载不可预测应用，负载预测调度算法的主要思想是通过负载预测将计算量大的计算任务分配给 GPU、计算量小的计算任务分配给 CPU，充分发挥异构平台的性能。

习题

一、填空题

1．中央处理器由_____、_____和_____组成，通常称为处理器。
2．利用超大规模集成电路制成的处理器芯片称为_____。
3．指令由_____和_____组成，通过哈夫曼压缩的方法，对_____进行代码压缩，达到优化指令字长的目的。
4．CPU 最常见的两种架构是_____和_____。
5．多核 CPU 在计算时需要通信，内部互连方式主要有_____、_____和_____等架构，使得处理器性能得到充分利用。
6．图形处理器（GPU）专门面对_____的计算任务，GPU 的核达到上千个，在进行浮点数计算时表现出比 CPU 高得多的性能。
7．CUDA 是面向通用计算的_____的并行计算平台和编程模型，定义了"主机-设备"的编程模式。
8．多核 CPU-GPU 计算平台对计算资源的调度方式主要有_____和_____，以及较难控制的_____。
9．并行计算应用可分为_____和_____。
10．数据表示指能由_____直接辨认的数据类型。
11．OpenMP 是由 OpenMP Architecture Review Board 牵头提出的，用于_____的多处理器程序设计的一套指导性编译处理方案。

二、选择题

1．以下不属于处理器的任务的是（　　）。
　　A．生成指令　　　　　　　　　B．取出指令

C．解释指令 D．执行指令
2．时钟频率是指同步电路中时钟的基础频率，它以（　　）来度量，单位为赫兹。
A．每秒指令周期 B．每秒时钟周期
C．每秒机器周期 D．每秒状态周期
3．CPU 倾向并行运算的设计越来越多，以下不属于并行实现方式的是（　　）。
A．指令级并行 B．线程级并行
C．时钟周期并行 D．数据并行
4．多核技术是指把多个 CPU 内核集成到（　　）中，使得多个不同的线程可以在不同的内核中同时执行。
A．单个集成电路芯片 B．多个集成电路芯片
C．单个非集成电路芯片 D．多个非集成电路芯片
5．OpenMP 的编程模型以（　　）为基础，通过编译制导语句和相关的 API 函数，采用 Fork-Join 的形式，使程序通过多线程在多核上并行执行，提高计算速度。
A．进程 B．线程
C．程序代码 D．指令系统
6．合理定义相应的线程参数能够加速 GPU 的并行，以下不属于 CUDA 编程时对线程的管理模式的是（　　）。
A．线程 B．线程块
C．网格 D．线程周期
7．（　　）是资源分配的最小单位，（　　）是 CPU 调度的最小单位。
A．进程；线程 B．线程；进程
C．进程；管程 D．管程；线程
8．OpenMP 提供了一组 API 函数用于控制并发线程的某些行为，以下（　　）是 omp_set_num_threads 函数的作用。
A．返回线程号 B．设置后续并行域中的线程个数
C．返回当前并行域中的线程数 D．返回系统中处理器的个数
9．（　　）是 GPU 执行指令的基本单位。
A．流处理器 B．指令控制单元
C．流多处理器 D．寄存器和缓存
10．GPU 通过大量（　　）并行执行达到高速计算的目的。
A．进程 B．程序
C．管程 D．线程

三、问答题

1．CPU 常用的架构有哪两种？分别有何特点？
2．CPU 由哪几个部件组成？各部件有何作用？
3．CPU 的并行运算实现方式有哪几种？各有什么特点？
4．GPU 的存储层次由哪几级组成？各自的特点如何？
5．简述 CUDA 程序的一般执行流程。

四、计算题

有一组指令的操作码共分为 8 类,它们出现的概率如下表所示。

P1	P2	P3	P4	P5	P6	P7	P8
0.40	0.05	0.15	0.03	0.05	0.30	0.01	0.01

请给出此组指令的哈夫曼编码,并求出最短编码长度。

五、编程题

1．OpenMP 编程练习:尝试使用 OpenMP 编程,用两种方法实现两个向量点积的运算。可自定义初始化两个向量,并输出最后结果。

2．CUDA 编程练习:使用 CUDA 编程,分别利用 CPU 和 GPU 输出"hello world"。

第 3 章   存储系统结构

存储器主要用于存放计算机的程序和数据。存储系统是指存储器硬件以及管理存储器的软、硬件。对存储系统的基本要求是大容量、高速度、低成本。单一的存储器难以满足计算机系统的要求,所以提出了多层次、硬件和软件相结合的存储系统结构。本章将围绕存储系统的基本组成原理、地址映像与变换、替换算法及其实现等展开,着重介绍并行存储器、高速缓冲存储器(Cache)、虚拟存储器的原理和系统结构。同时,简述存储保护和控制。

3.1 地址映像和变换

3.1.1 程序的定位

CPU 只执行在主存内的程序,在辅存中的程序调入主存时,要进行程序定位,即如何把程序的逻辑地址变换成实际的主存物理地址。这是依靠定位辅助硬件以及确定程序在主存中位置的算法来实现的。程序定位的目的是提高主存空间利用率,及时释放主存中的无用区。程序定位可以全部或部分地在程序生成的各个不同阶段或程序执行时进行。

目前,程序定位分为加基址(界)方式和地址映像方式。

1. 加基址方式(如图 3-1 所示)

(1)静态定位

调入的程序块在实主存空间位置固定,即其实存基址固定,只有待实存中相应位置的原存程序执行完毕,方可调入。原实存内有 A 道、B 道程序在运行。C 道程序在辅存,其长度 $n \leqslant m$(A 道长度)。A 道在实存的基址为 a,也是 C 道的基址。C 道程

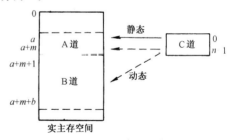

图 3-1 加基址方式

序只能在 A 道程序执行结束时才能调入,且其位置只能从基址 a 开始。如 B 道程序执行比 A 道快,且 B 道实存空间大于 C 道空间,在静态定位方式下,C 道程序不能进入 B 道空间,即 C 道基址不能从 a 改成 $a+m+1$。

(2)动态定位

调入的程序块在实主存的空间位置浮动,即其实存基址可视实际状况予以调整。在上例中,B 道先于 A 道执行结束,在动态定位时,C 道基址就可由 a 变为 $a+m+1$。基址值修改用特权指令实现。动态定位可提高主存利用率,相应减少 C 道程序等待时间。但加基址方式不便于多任务对子程序共享,地址映像方式则易于实现这点。

2. 地址映像方式

（1）段式管理

段式存储是把一个程序分解成多个在逻辑上形成整体但相互独立或基本独立，且定义清楚的模块。这些模块可以是各种功能的子程序或分程序，也可以是各种数据结构的数据集合。这些模块大小可以不同，甚至预先不知道。每个模块为一段，段内地址从0开始编址。该段调入主存，只需由操作系统赋予该段一个基址（即该段在主存中的起始地址），由基址与段内地址组合形成该段每个单元在主存中的实地址。

主存按段分配的存储管理方式称为段式管理。段式管理需有"段表"指明各段在主存中的位置，如图3-2所示

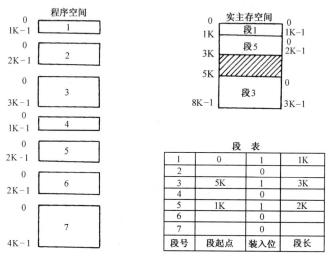

图3-2 段式管理

段表组成如下：

① 段号。各段用户名称或数据结构格式名称或段的编号。

② 段起点。该段在主存的起始位置（即基址值）。

③ 装入位。该段是否已装入主存。"1"表示装入，"0"表示未装入，装入位随该段是否调入主存而变化。

④ 段长。该段长度，可用于判断访问地址是否越界。

段表还可以有其他项目。段表本身也是一个段，常驻留主存；也可存于辅存，需要时再调入。

分段可使编程模块化、结构化，从而可以并行编程，也便于修改。用户程序以段链接形成的程序空间可与主存的实际容量无关。分段还便于多任务共用已在主存内的程序和数据，公用的程序或数据按段存于主存，不需重复存储，只需在每个任务的段表中用公用段的名称和同样的基址值即可。分段还便于以段为单位实现存储保护。例如，可设计成常数段只读不写；可变数据段只能读、写，而不能作为指令执行；子程序段只能执行，不能修改；有的过程段只能执行；等等。一旦违反规定，就产生软件中断，这对发现程序设计错误和非法使用很有效。

（2）页式管理

页式存储是把主存空间和辅存（或虚存）中的程序空间按固定大小（一般为512字节至几千字节）分成若干页。主存按页顺序编号（即物理页号）。每个程序各自按页顺序编号（即逻辑页号或虚存页号），而各页可以装入主存中不同的页面位置。

主存按页分配的存储管理方式称为页式管理。页式管理也需要"页表"，页表组成如下：

① 虚存页号（逻辑页号）。它是程序空间中各页面的编号。由于虚存页号纯粹是顺序编制的，故在页表内该项可有可无。

② 主存起点（实存页号）。每页在主存中的起始位置（即基址值），也可用主存页号代替（因为每页容量固定）。

③ 装入位。该页是否已装入主存。"1"表示装入，"0"表示未装入。装入位随该页是否调入主存而变化。

页表还可有自定的所需项目。图3-3是一个页式存储管理例子，主存中已有A、B、C三个模块，D模块为12KB，每页容量为4KB，页表反映了D模块在主存的情况。所以，页表反映了程序空间到主存空间的映像。页表由操作系统和存储体系配合，根据主存运行情况建立，此过程对程序员完全透明。

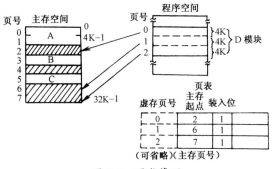

图 3-3　页式管理

（3）段页式管理

它是分段和分页相结合的一种存储管理方式，具有二者的综合优点，为大、中型计算机广泛采用。它把实存等分成页，程序按模块分段，每段再按实存页（也称为"实页"）同样大小的容量分成若干页面。这样，每道程序（任务）通过一个段表和一组页表进行定位。段表中的每行对应一个段，行内有一个指向该段的页的起始地址以及该段的控制保护信息，由页表指明该段各页在主存中的位置以及是否已装入、已修改等。由于采用分页，它与纯段式的主要区别在于段的起点不是任意的，而必须是实存中页面的起点。

多用户的每个用户（每道程序）需有一个用户标志号（称为基号），用以指明该道程序的段表起点存于哪个基寄存器中。这样，程序地址格式如图 3-4 所示（对于多用户，基号必须有；对于单用户，基号可有可无）。图 3-4 所示的例子将主存分成 32 个页面，已有 A、B、C 三道程序占用主存，图内用阴影表示。现有 D 道程序要调入，它分成三段，0 段分两页（页号为 0、1）；1 段分两页（页号为 0、1）；2 段分三页（页号为 0、1、2），共有 7 页。主存现空余 8 页，分散分布（主存空页号为 1、2、4、5、7、8、10、11），按容量完全可以容纳 D 道程序。如采用纯段式，D 道的 2 段需三页，比主存现在的任何空余都大而无法调入（主存现在最大空余为两页）。采用段页式则可调入。D 道各段各页在主存的位置如图 3-4 所示。

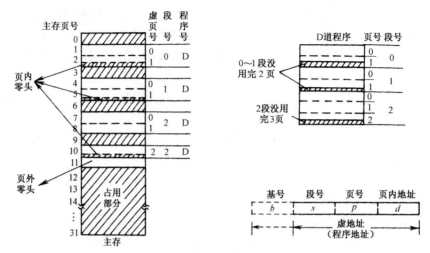

图 3-4 段页式管理

段页式地址变换举例如图 3-5 所示。现程序地址（虚地址）为 D 道 2 段 1 页内的 d，变换过程如下：

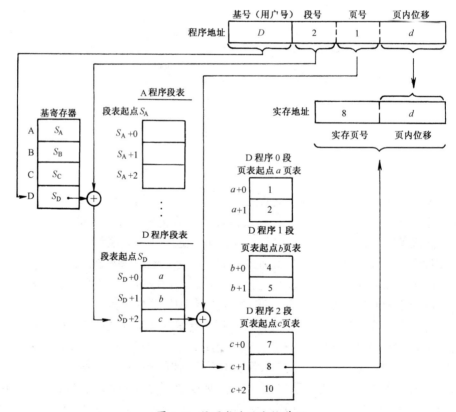

图 3-5 段页式地址变换举例

① 由基号经基寄存器找出 D 道段表起始地址 S_D。
② "S_D + 段号 2"找到 D 道段表内 2 段这一行，取出页表起始地址 c。
③ "c+页号 1"找到 D 道 2 段页表内 1 页这一行，取出实存页号 8。
④ 将实存页号 8 与程序地址内的页内位移 d 拼接，得到实存地址。

由上例可看出，段页式地址变换至少需查两次表（段表和页表）。段、页表构成表层次。表层次在纯页式中也会有，因为页表的长度大于主存的页面是完全可能的，从而页表分存于主存中不连续的各页内。如按"页式管理"所述，由页表起始地址加页号查表方法就会出错（前述页式查表方法是基于整个页表连续存储的）。例如，虚地址为 22 位，页内地址为 9 位，则页表就需要 $2^{N_v}=2^{13}$ 行，页面大小为 $2^{N_r}=2^9$，若页表每行为一个存储单元，$2^{N_v}/2^{N_r}=2^{13}/2^9=2^4=16$，该页表要分存于 16 个页面。采用表层次结构可使每个页表大小限制在一页之内。

用树的概念可得出表的层次数 i 和 N_v、N_r 的关系式为

$$2^{N_v}=(2^{N_r})^i, \quad i=\frac{\log_2 2^{N_v}}{\log_2 2^{N_r}}=\frac{N_v}{N_r}$$

因为 i 必为整数，所以向上取整，$i=\lceil N_v/N_r \rceil$。

对于上例来说，$i=\lceil 13/9 \rceil=2$，需二级页表。从这种意义上讲，也可把段页式视作为了克服纯页式中页表超过页面而增加的层次。

如果页表中一行需要 B_e 个存储单元，若 B_e 为 2 的幂（即 2^0, 2^1, 2^2, $2^3\cdots$），则 B_e 需用 $N_e=\log_2 B_e$ 地址位表示，则表的层次数

$$i=\lceil N_v/(N_r-N_e) \rceil$$

如上例中，若页表一行为 8 字节，$B_e=8=2^3$，则 $N_e=3$，故表的层次数 $i=\lceil 13/(9-3) \rceil=3$，原来为二级，现在则要分成三级。

采用表层次技术不能减少页表（第二级表）空间，反而增加段表（第一级表）空间。它的好处在于段表驻留主存，页表小部分在主存，大部分在辅存，需要时调入，从而减少每道程序所占用的主存空间。

在分页虚拟存储体系中，将虚存（辅存）空间划分成 2^{N_v} 个页面，每个页面容量为 2^{N_r} 个存储单元，但实存（主存）只有与虚存页（也称为"虚页"）同样大小的 2^{n_v} 个页面。一般情况下，$2^{N_r} \ll 2^{N_v}$，因此，怎样把一个大的程序空间压缩、映像到小的实存空间，是地址映像和变换所要解决的问题。

地址映像（或称定位算法）是指每个虚存页按什么规则（算法）装入（定位于）实存；地址变换是指程序按照映像关系装入实存后，在程序运行时，虚地址如何变换成对应的实地址。

如虚地址 N_s 由 N_v 和 N_r 拼接而成；实存地址 n_p 由 n_v 和 n_r 拼接而成，如图 3-6 所示。由于程序的起始地址必为页面的始点，故虚存页内地址 N_r 与实存页内地址 n_r 是相等的（即 $N_r=n_r$），不必映像与变换。因此，地址映像与变换就是 N_v 与 n_v 之间的关系。因为实存远小于虚存，所以实存中每个页面必须能与多个虚存页相对应。不同的映像方式对应的虚存页数量是不同的，但至少应是虚存总页面数除以实存总页面数，即 $2^{N_v}/2^{n_v}=2^{n_d}$（$n_d=N_v-n_v$）。当同时有两个以上的虚存页要进入同一个实存页时，会发生页面争用（实存页冲突），这是选择映像方式时要考虑的重要因素。下面分别讨论不同的映像方式。

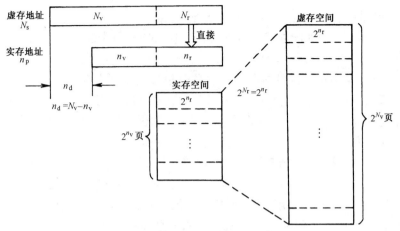

图 3-6 虚存与实存的对应关系

3.1.2 全相联映像及其变换

全相联映像的定义是，任何虚存页均可映像到实存的任何页面位置，如图3-7所示。从地址来看，就是任何 N_v 可对应于任何 n_v，只有当一个程序同时调入的页数超过 2^{n_v} 个页面（即超过实存容量）时，两个虚存页才可能争占一个实存页，但这种现象很少出现。因此，全相联映像的突出优点是实存页冲突概率最小。它的地址变换方法有两种。

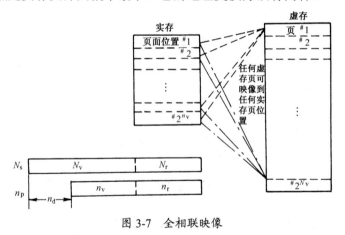

图 3-7 全相联映像

1. 页表法

这是一种直观的地址变换方法。设 N_v=4 位，n_v=2 位，如图 3-8 所示。在实存的 RAM 中有一个页表，共有 2^{N_v} 个单元（本例为 2^4=16 个单元）。若 N_v=0100，至页表的第 0100 行取信息，判断装入位为"1"，表示该页已在实存内，取出 n_v=11，将此实存页号与 N_r 拼接，得到实存地址 n_p。若装入位为"0"，表示该虚存页未调入实存，需要由辅存把该页调入。

2. 目录表法

页表中装入位为"1"的最多只有 2^{n_v} 行（本例为 2^2=4 行），这是因为实存内只有 2^{n_v} 个实存页，页表中装入位为"0"的行的 n_v 空闲，故可把页表压缩成 2^{n_v} 行，每行由 N_v+n_v 位构成，取消装入位,形成目录表,如图 3-9 所示。将目录表存于相联存储器中(相联存储器是按存储内容而不是按地址访问进行访问的),地址变换时,按虚地址中的 N_v 至相联存储器查找(也称相联比较),找到,则表示该虚存页已调入实存,从这一行的 n_v 部分取出实存页号,与 N_r 拼接成实存地址 n_p;找不到,则表示该虚存页未调入实存。目录表所需容量比页表小(页表容量可能大到需采用表层次技术),但使用相联存储技术造价较高。

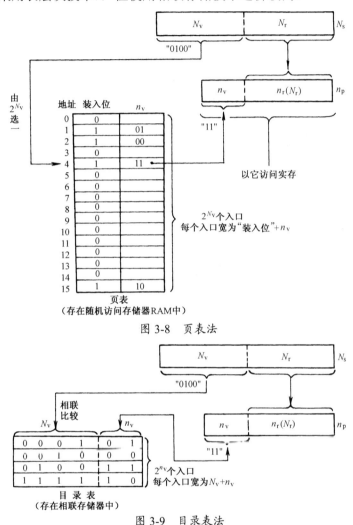

图 3-8 页表法

图 3-9 目录表法

3.1.3 直接映像及其变换

直接映像的定义是每个虚存页只能映像到实存的一个特定页面,如图 3-10 所示。这相当于把虚存空间按实存空间分块,而块内各页直接映像到实存的相应页。

直接映像的优点是:在地址变换时,只需将 N_v 中与 n_v 对应的部分与 N_r 拼接即可,如图 3-10 所示。用此拼接地址访问实存时,还需判断该虚存页是否已在实存中,因为能映像到该实存页位置的虚存页有 2^{n_d} 个,所以要用 n_v 去查表,以 2^{n_v} 作为查表地址,将表内对应的 n_d 读出,然后与 N_v 中的 n_d(即该虚地址的 n_d 值)比较,如果相等,表示该虚存页已在实存中,否则页面失效。用拼接地址 n_p 访问实存的同时，进行 n_d 查表，如判断出页面失效，则按 n_p 访问实存作废，这样节省了时间，地址变换过程见图 3-11。直接映像的缺点是实存页冲突概率高、实存利用率低。

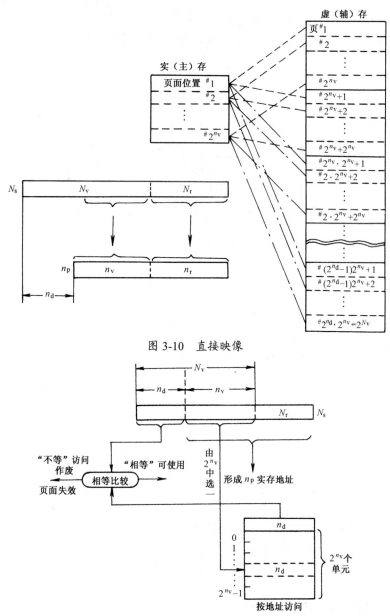

图 3-10 直接映像

图 3-11 直接映像地址变换

3.1.4 组相联映像及其变换

组相联映像的定义是，各组之间是直接映像，组内各页间是全相联映像。它是全相联映像和直接映像两种映像方式的结合。如图 3-12 所示，整个实存为一块，分成 Q 组，$Q=2^q$（图示为两组，$q=1$，$Q=2^1=2$），每组分成 S 页，$S=2^s$（图示为 4 页，$s=2$，$S=2^2=4$），实存共有 2^{n_v}

页（图示为 $2^3=8$ 页）。实存地址 n_p 中的 n_v 由组号 q、组内页号 s 组成。虚存分成与实存同样大小的 2^{n_d} 块（图示 $n_d=1$，虚存分 $2^1=2$ 块），每块与实存对应分成同样大小的组和页。虚地址 N_s 由块号 (n_d)、组号 (q')、页号 (s') 组成的 N_v 再拼接页内地址 N_r 组成。其中，q'，s' 字段的宽度和位置与实存地址的 q，s 是一致的。从图 3-12 可见，虚存第 0 组只能进入实存第 0 组，虚存第 1 组只能进入实存第 1 组（直接映像），而虚存的 0，1，2，3 及 8，9，10，11 页可进入实存 0，1，2，3 中任意一页（全相联映像），但不能进入实存的 4，5，6，7 页。例如，虚存 0 页已在实存 0 页，现虚存 8 页要调入，若是直接映像，就会发生实存页冲突，若是组相联映像，则虚存 8 页可进入实存 1，2，3 中任意一页，所以组相联映像的实存页冲突概率比直接映像低得多。S 值越大，实存页冲突概率就越低。

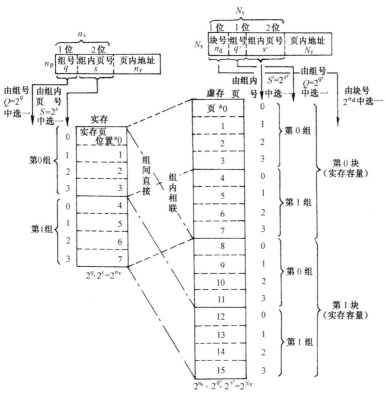

图 3-12 组相联映像

在实存容量和页面大小已定的前提下（即 $n_v=q+s=$ 常数），对 $S=2^s$ 和 $Q=2^q$ 值进行选择，可取得不同效果。S 值越大（即 s 增大，q 下降），实存页冲突概率越低，地址变换越复杂，当 S 值大到等于实存页数 $S=2^{n_v}$（即 $s=n_v$，$q=0$）时就变成了全相联映像。S 值越小（即 s 下降，q 增大），实存页冲突概率越高，地址变换越易实现，当 S 值小到等于实存 1 页（即 $s=0$，$q=n_v$）时就变成了直接映像。所以，全相联映像和直接映像是组相联映像的两种极端情况。"Cache-主存"层次广泛采用组相联映像，一般 $S=2\sim 6$。

组相联映像的地址变换如图 3-13 所示。各组间是直接映像，如果该内存数据在 Cache 中，则只能存放在 $q=q'$ 的组内。因为组内是全相联映像，所以用目录表法可实现页号查找。组内目录表的容量为 2^s，由于总共为 q 组，故目录表的总容量为 $2^q \cdot 2^s=2^{n_v}$。地址变换过程如下：先由 q' 在 2^q 组中选出一组目录表，然后再用 n_d+s' 进行相联查找，若在组内目录表中查到(即比较相等),则将表中相应的 s 拼接上 q' 就是实地址的 n_v;若在组内目录表中查不到(即比较不相等),则表示该虚存页不在实存中,需进行替换操作。组相联的目录表既要直接寻址又要相联比较,所以需用按地址访问与按内容访问混合的存储器。用快速 RAM 芯片构成单体多字并行存储器,由 q' 选中一组,将该组目录表的 2^s 个单元同时读出,通过 2^s 个比较电路同时操作进行比较。这种方法的 S 值应很小,否则,硬件投资太大。$S=4$ 的单体多字并行存储器的地址变换原理如图 3-14 所示。

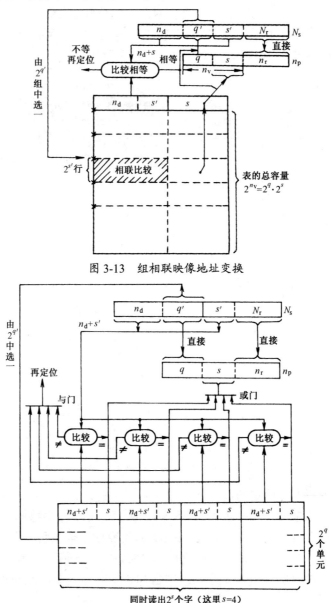

图 3-13 组相联映像地址变换

图 3-14 单体多字并行存储器地址变换

组相联不是操作系统或存储层次的要求,只在全相联查找速度不能满足要求时才采用。它是在速度和实存页冲突概率之间进行取舍的。

3.1.5 段相联映像及其变换

段相联是全相联的一个特例,即段间是全相联映像,段内各页间是直接映像(与组相联相反),如图 3-15(a)所示。段相联可减少目录表的容量,使之从全相联的 2^{n_v} 减为 $2^{n_v}/Z$ (Z 为段内页数)。但是虚存的每段与实存内能全相联的段数只有 $2^{n_v}/Z$,同时它会使实存页冲突概率增加。

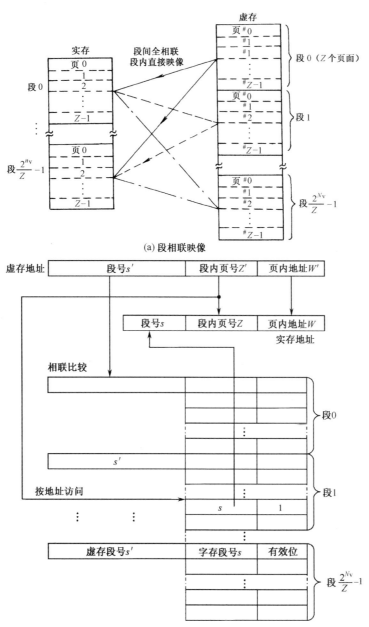

图 3-15 段相联映像及其地址变换

为了降低相联比较的复杂度，一般实存的段容量（即段的数量）比较小，而每个段内的页容量（即页的数量）很大，这也是与组相联映像的不同之处。段相联地址变换过程如图3-15(b)所示。虚存地址和实存地址都由三部分组成：段号、段内页号和页内地址。由于虚存的容量比实存容量大得多，因此虚存地址中的段号 s' 要比实存中的段号 s 长得多，而段内页号和页内地址一样长。由于虚存的段内页与实存的段内页采用直接映像方式，因此虚存地址的段内页号和页内地址可以直接送实存地址，而实存地址中的段号 s 需要从段表中查出来。段表由虚存段号 s' 和实存段号 s 组成。每个虚存段号 s' 下有 sZ 个实存段号 s。当访问实存时，首先用虚存地址中的段号 s' 与段表中的虚存段号字段进行相联比较，如有相等的，再用虚存地址中的段内页号 Z 按地址访问相应段表中的实存段号部分，取出实存段号 s。最后把该 s 与虚存地址中的段内页号 Z' 和页内地址 W' 拼接得到实存地址。如相联比较没有相等的，则发出失效（不命中）请求。另外，在段表中与实存段号相联系的还有一个有效位，用来反映虚存段号与实存段号之间的映像关系是否有效，即已在实存内的这个页是否是有效副本。当虚存段号 s' 在段表内进行相联比较不命中时，则发生失效，若进行替换，则要把被替换的段内所有页的有效位都清除，以便新的段调入。段相联映像及其变换的主要优点是段表比较简单，实现成本较低；缺点是当发生失效时，由于段内页容量比较大，因此被作废的页数也比较多。

3.2 替换算法及其实现

在存储体系中，当出现页面失效时，或者主存（实存）所有页面已经全部被占用而又出现页面失效时，按照哪种算法（规则）来替换主存中某页，就是替换算法问题。

首先，要考虑替换算法是否有利于提高存储体系的性能，主要是提高命中率。显然，两次页面失效之间的时间间隔越长，则命中率越高。其次，要考虑替换算法是否易于实现。

在存储体系中，很多地方会用到替换算法：在"主-辅"层次中用于主存页面替换，在"Cache-主存"层次中用于Cache页面替换，在地址变换的"快表-慢表"层次中用于快表内容的替换。它们的原理是相同的，但实现方法有所不同，可能是全软的，也可能是全硬或者软硬结合的。

3.2.1 替换算法的分析

替换算法主要有下列4种。

（1）随机算法RAND

用硬件或软件随机产生被替换的页号。由于没有利用实存使用的"历史"信息，不能反映程序的局部性，故命中率很低。这种算法基本不使用。

（2）先进先出算法FIFO

先进入实存的页先被替换。该算法虽然利用了实存使用的"历史"信息，让最早进入实存的页被替换出去，但没有正确反映程序的局部性。因为最早进来的页，也许是目前或最近一段时间内要经常用到的页，所以该算法不能反映实际使用需求。

（3）近期最少使用算法LRU

把近期最久未访问的页替换出去。这种"近期"是指过去了的近期，该算法是根据过去的近期使用状况预测未来近期中哪一页可能不被使用，并将其替换出去，故能比较准确地反映程序的局部性，命中率有所提高。但毕竟是指过去了的近期，不能真正预测未来，所以有一定的局限性。

（4）优化替换算法 OPT

预测各页今后使用时刻，选择其中时间间隔最长的页替换出去。例如，主存有 A，B，C，D 4 个页面，在时间 t_i 时刻要将页面 E 调入，如果在 t_i 之后，A 在 t_j 时刻用到，B 在 t_k 时刻用到，C 在 t_l 时刻用到，D 在 t_m 时刻用到，它们与 t_i 的时间间隔分别为 t_j-t_i，t_k-t_i，t_l-t_i，t_m-t_i，选出其值最大的页面用 E 替换（如 t_l-t_i 值最大，则用 E 替换 C）。这种算法是最合理的。但怎样在 t_i 时预测到 t_j，t_k，t_l，t_m 时各页面的使用状况呢？只有让程序在机器中运行两次，第一次是分析地址流，第二次才是真正运行。这是不现实的，因为既费时又费事，在编译和执行过程中几乎不可能取得为实现 OPT 所需的信息。因此，OPT 是一种理想的算法，是衡量各种算法优劣的标准。

有的替换算法增加了判别被替换的页是否修改过（被写过）的功能。如果没有修改过，在替换时则不必先写回辅存（因为辅存中有其副本）；如果修改过，则必须先将它写回辅存，然后调入新页。因此，选择被替换的页时还可加上"未访问过""已访问过但未修改过""已访问过且已修改过"等条件。

为了评价各种替换算法的优劣，可用模拟方法，用典型的页地址流分析各种算法的命中率，由其高低来评价算法的好坏。当然，影响命中率的因素除了替换算法，还有地址流状况、页面大小、地址映像方式和实存容量等。

设有一个程序，共有 5 页，其页地址流如图 3-16 上部所示。分配给该程序的实存有 3 页，现分别用 FIFO，LRU，OPT 替换算法推算这 3 页的使用情况，其中按所用算法选中为替换页的用星号（*）标记，具体过程见图 3-16。从图 3-16 可见，FIFO 命中 3 次，命中率 $H=3/12=0.25$；LRU 命中 5 次，命中率 $H=5/12=0.417$；OPT 命中 6 次，命中率 $H=6/12=0.50$。这个过程与实际运行是相符的，FIFO 命中率最低，LRU 命中率接近 OPT。

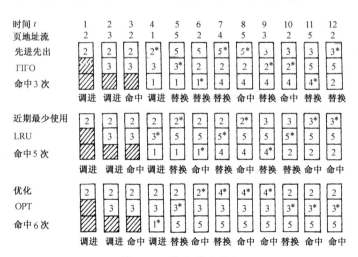

图 3-16 替换算法过程

对某种页地址流，LRU 与 FIFO 的命中率一样差。例如，循环程序所需页数大于分配给它的实存页数时，就会出现这种状况。如图 3-17 所示，若循环程序需 4 页，而实存只有 3

页，则 LRU 与 FIFO 命中率均为零，OPT 命中 3 次。在本例中，LRU 和 FIFO 均连续、频繁地出现页面失效，几乎没有有效运算时间，这种现象称为"颠簸"。"颠簸"使系统效率显著下降，它是评价存储管理和存储体系性能的一个重要标志。从图 3-17 可看出，如果分配给此程序的实存页数增加一页，则命中率可显著提高。

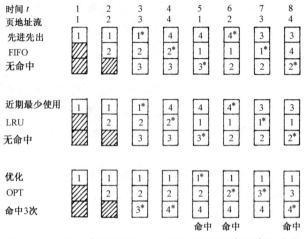

图 3-17 循环程序所需页数大于实存页数的替换算法过程

由于影响命中率的因素很多，要对所有因素进行模拟工作量非常大，因此提出了若干能优化存储体系设计、减少模拟工作量的分析模型，其中堆栈处理技术可用于分页系统，适用于堆栈型替换算法。

堆栈型替换算法的定义如下：设 A 是长度为 L 的任何页地址流，t 为已处理过 $t-1$ 个页面的时间点，n 为分配给该地址流的实存页数，$B_t(n)$ 表示在 t 时间点 n 页实存的页面集，L_t 表示到 t 时已遇到过的地址流中相异页的页数，如果替换算法具有下列包含性质：

$$B_t(n) \subset B_t(n+1), \quad n < L_t$$
$$B_t(n) = B_t(n+1), \quad n \geq L_t$$

则此算法为堆栈型。

由于 LRU 算法在实存中保留的是 n 个最近使用过的页面，它们又总是包含在 $n+1$ 个最近使用过的页面里，因此 LRU 是堆栈型算法。同样，OPT 也是堆栈型算法，而 FIFO 不是堆栈型算法。

对于堆栈型算法，只需采用堆栈处理技术对页地址流模拟处理一次，就能得到此页地址流在不同实存容量时的命中率，从而大大节省对分页系统的分析时间。图 3-18 是用堆栈处理技术对 LRU 的一个典型页地址流的分析。堆栈处理技术的要点是：将实存的页以堆栈方法压入，凡有命中的页，则弹至栈顶，无命中页，则将调入的页压入栈顶，其余依次下压，将最底部的页替换出去（压出）。从图 3-18 可看出，分配给该页地址流的实存页数 n 不同，则命中率 H 也不同。各 n 值的命中率 H 如表 3-1 所示。

从表 3-1 可看出，LRU 的命中率随分配给该程序的实存页数增加而上升，其他堆栈型算法也是如此。而 FIFO 是非堆栈型算法，实存页数增加，有时反而可能降低命中率。

上述三种替换算法的特点如下：

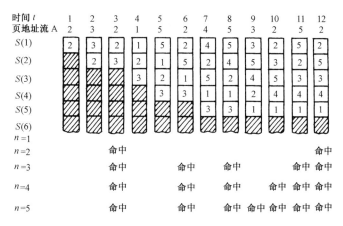

图 3-18 用堆栈处理技术对 LRU 的页地址流的分析

表 3-1 不同实存页数的命中率

实存页数 n	1	2	3	4	5	>5
命中率 H	0.00	0.17	0.42	0.50	0.58	0.58

① FIFO。每次替换以先进入者为对象，是非堆栈型算法，实存页数增加，有时反而降低命中率，整体分析命中率较低。

② LRU。每次替换以之前未命中最多者为对象，属堆栈型算法，实存页数增加，命中率上升，整体分析命中率较高，实用性强。

③ OPT。每次替换以之后最少使用者为对象，属堆栈型算法，实存页数增加，命中率上升，整体分析命中率最高，但使用困难，用于理论分析。

3.2.2 LRU 替换算法的实现

1. 使用位法

这种方法用于"主-辅"层次的虚拟存储器，其基本思想是：给每个实存页设一个使用位（访问位），开始时所有实存页的使用位均为零；某个实存页的任一个存储单元被访问，则由硬件将该页的使用位置"1"；在替换时，找使用位为零的实存页即可。

前述的页表是用于每个程序（任务）的，而使用位是对应实存页的，所以不能把它放在页表内，而应另外建立一个实存页表，如表 3-2 所示。该表由操作系统内的"存储管理"负责记录实存中每页的状况。

表 3-2 实存页表

实存页号	占用位	程序号	段页号	使用位	程序优先位	H_S
0						
1						
⋮						
15						
⋮						

实存页表中每一项的含义如下：

① 实存页号。每实存页按实存页号 0，1，2，…，n 顺序占用该表中的一行。因为是顺序占用，故该表项可以略去，用相对于页表起点（起始地址）的相对位置（偏移量）来表示。

② 占用位。占用位为"1"表示该实存页已被占用（即有信息在内），为"0"表示该实存页空闲。

③ 程序号。占用该实存页的程序（任务）编号。

④ 段页号。占用该实存页的程序（任务）的段号、页号。

⑤ 使用位。前面已述。

⑥ 程序优先位。本页程序的优先级。

⑦ H_S。也称历史位（或未使用过的计数器）。在确定的 Δt 时间间隔内（如 Δt 为几毫秒、几秒或几分），扫描所有使用位：若使用位为 0，则该页的 H_S+1，并让使用位仍为 0；若使用位为 1，则该页的 H_S 置 0，同时将使用位置 0。所以，经过 Δt 后，实存页表内所有使用位均为 0，而 H_S 则记录了该页在近期内使用的情况（即在若干连续的 Δt 时间内，该页未被访问的历史情况）。

使用位法的替换过程如下：初始时，实存页表内全部空闲，所有的占用位、使用位、H_S 均为 0。各程序（任务）逐页调入，凡被占用的实存页，其占用位为 1，程序号、段页号、程序优先位置相应值。一旦实存全部占用，所有的占用位为 1。凡使用（访问）过的页，其使用位置 1。在发生页面失效时，就找使用位为 0 的页替换。如果在全部页均使用过（即使用位为全 1）的情况下发生页面失效，则无法判定哪一页应被替换，故不允许出现使用位为全 1 的情况。为此，一旦出现此种情况，就由硬件强制将全部使用位清 0。为了能在可替换的页（即使用位为 0 的页）中找出最久未使用的页，由硬件定时 Δt 扫描实存页表，对使用位、H_S 做上述的处理（见 H_S 的说明）。在页面失效时，就寻找使用位为 0 而 H_S 数值最大者予以替换。替换后（即新页内容已置入），相应的使用位、H_S 均清 0。

由于替换时主存与辅存间的页传送时间相当长，因此使用位和 H_S 的状态判断以及它们的处理等均用软、硬件结合的方法实现。

2．堆栈法

LRU 是堆栈型替换算法（见前述）。堆栈法的基本思想是：按实存页数组成有 2^{n_v} 行（项）的堆栈，栈顶为最近访问过的页的页号，栈底为近期最久没有访问过的页的页号，即被替换的页的页号。在访问主存时，把被访问的实存页地址与堆栈中各行的 n_v 值进行相联比较，如果没有相符的（即未找到），则把该实存页地址压入栈顶，堆栈所有项顺次下推一个位置；如果有相符的（即找到了），则把该实存页地址压入栈顶，这相当于把堆栈中存放该页的 n_{v_i} 上移栈顶，而原来在 n_{v_i} 之上的各项下推一个位置。当堆栈全被装满（即实存全被占用），又出现页面失效时，栈底的项（即最久未使用的实存页地址）就是替换对象，被压出堆栈。所以，堆栈法的特点是：栈单元的几何位置反映了被访问情况（即被访问过的先后次序）；栈单元的内容为实存的页号。因为这种堆栈要求有相联比较、既能全下推，又能部分下推，以及能由中间抽取一项（行）等功能，如用全硬件实现，只适用于容量较小的组相联的 LRU 替换。对于全相联的"主-辅"层次，堆栈功能用软件实现。LRU 用堆栈法实现如图 3-19 所示。

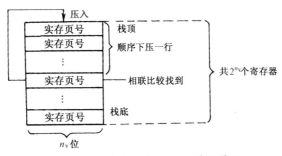

图 3-19 用堆栈法实现 LRU 替换算法

3.3 并行主存系统

为了提高主存储器的吞吐率,可以采取多种措施,其中一种是增加一次访问主存读出的信息量,从一个单元增加到多个单元。这就要将存储器分成多个模块,可以并行地读出多个单元,这种存储器结构就是并行存储器(Parallel Memory)。

3.3.1 并行主存系统频宽分析

图 3-20 是一个字长为 W 的单体主存,一次可以访问一个存储器字,所以主存频宽 $B_M = W/T_M$。若 W 与 CPU 字长一致,则 CPU 在一个存取周期 T_M 内获得信息量的速率就为 B_M。这种主存称为单体单字存储器。

要提高主存频宽 B_M,使之与 CPU 速度匹配,在相同芯片条件下(即相同的 T_M 时),只有提高存储器字长 W。图 3-21 是在一个 T_M 内读取 4 个字的单体多字存储器,$B_M = 4 \times W/T_M$,其速率是单体单字存储器的 4 倍。

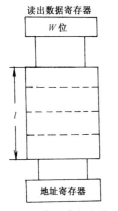

图 3-20 单体单字存储器

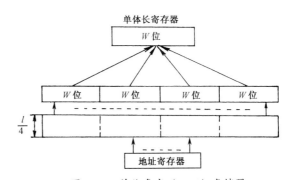

图 3-21 单体多字($m=4$)存储器

大容量半导体主存往往由许多相同的存储芯片组成,因此可形成单体多字、多体单字和多体多字的交叉存取主存系统,该系统称为并行主存系统。模 m 在单体多字方式中为一个主存单元所包含的字数,在多体单字中为分体体数。主存采用多体单字方式组成时,其实际频宽比单体多字高。增大 m 的值,可以提高主存系统的频宽 B_M,但 B_M 的值并不随 m 值增大而线性提高。首先,模 m 越大,存储器数据总线越长,总线上并联的存储芯片越多,使传输延时增大。其次，存在系统效率问题，如对模 m 交叉，如果都是顺序地取指令，效率可提高 m 倍；如果出现转移，效率就会下降，转移频度越高，下降越明显，而数据的顺序性比指令差，实际频宽 B_M 可能更低一些。

现在，通过一个有 m 个独立分体的并行主存系统分析其 B_M 与地址流的关系。设 CPU 送出的地址流为 A_1，A_2，$\cdots$，A_g，在每个 T_m 之前，对地址队列扫描，截取 A_1，A_2，$\cdots$，A_K，称为申请序列，其 K 个地址中不会发生分体冲突（即不会有两个以上地址访问同一个分体）。K 为一个随机变量，最大值为 m，由于会发生分体冲突，往往 $K \leq m$。K 个地址可同时访问 K 个分体，因此系统效率取决于 K 的平均值。K 越接近 m，效率就越高。

设 $P(K)$ 是 K（$K=1$，2，$\cdots$，m）的概率密度函数，即 $P(1)$ 是 $K=1$ 的概率，$P(2)$ 是 $K=2$ 的概率，$P(m)$ 是 $K=m$ 的概率。K 的平均值用 B 表示，则

$$B = \sum_{K=1}^{m} KP(K)$$

B 实际上是每个 T_M 所能访问到的平均单元（字）数，它正比于主存频宽 B_M（只差一个常数比值 W/T_M）。$P(K)$ 与程序密切相关，如访存都是取指，影响最大的是转移概率 λ，即当前指令的下一条指令地址为非顺序地址的概率。在访问地址序列 A_1，A_2，$\cdots$，A_K 时，一旦出现成功转移，则转移指令之后，同时取出的其他指令就无效了。当队列中 A_1 是转移指令并且转移成功时，并行读出的其他 $m-1$ 条指令均无效（设 $K=m$），相当于 $K=1$，所以 $P(1)=\lambda$；$K=2$ 的概率是 A_1 不是转移指令（其概率为 $1-\lambda$），A_2 是转移指令并且转移成功，所以 $P(2)=[1-P(1)]\lambda=(1-\lambda)\lambda$。以此类推，$P(3)= [1-P(1)-P(2)]\lambda=(1-\lambda)^2\lambda$，则

$$P(K)=(1-\lambda)^{K-1}\lambda \qquad (1 \leq K \leq m)$$

如果前 $m-1$ 条指令均不转移，则不管第 m 条指令是否转移，$K=m$，故 $P(m)=(1-\lambda)^{m-1}$。将 $P(1)$，$P(2)$，$\cdots$，$P(m)$ 代入

$$B = \sum_{k=1}^{m} kp(k)$$

用数学归纳法化简，可得

$$B = \sum_{i=0}^{m-1} (1-\lambda)^i$$

这是一个等比级数，因此

$$B = \frac{1-(1-\lambda)^m}{\lambda}$$

由此可见，若每条指令都是转移指令并转移成功，$\lambda=1$，$B=1$，则并行多体交叉存取的实际频宽降低到与单体单字一样。若所有指令都不是转移指令，$\lambda=0$，$B=m$，此时多体交叉并行主存的效率最高。

3.3.2 单体多字存储器

并行主存系统有两种组成方式：单体多字方式和多体并行方式。虽然每个半导体存储芯片内部已经有了译码、读放电路，但在多存储器组成并行存储系统时，仍需外加地址译码电路，用于实现地址锁存和片选等功能。当并行存储器共用一套地址寄存器和译码电路时称为单体方式，如图 3-22 所示。多个并行存储器与同一个地址寄存器连接，同时被一个单元地址

驱动，一次访问读出的是沿 n 个存储器顺序排列的 n 个字，故也称单体多字方式。若 n 个并行工作的存储器具有各自的地址寄存器和地址译码、驱动、读放、时序电路，能各自以同等的方式与 CPU 传递信息，形成可以同时工作又独立编址且容量相同的 n 个分存储体，则是多体方式，如图 3-23 所示。多体主存系统能够实现多个分体并行存取，一次访问并行读出的 n 个字不像单体方式那样一定是沿存储器顺序排列的存储单元内容，而是分别由各分体的地址寄存器指示的存储单元信息。与单体方式相比，多体方式控制线路较复杂，但其地址设置灵活，已被大多数大中型计算机所采用。

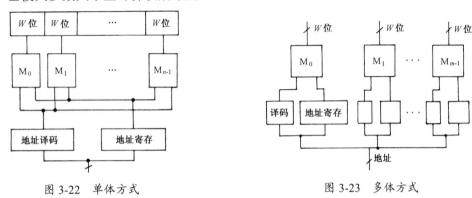

图 3-22　单体方式　　　　　　　　　图 3-23　多体方式

3.3.3　多体交叉存储器

1. 多体交叉编址

并行主存系统指包含多个能够独立编址的多体并行主存系统，各分体间的地址编号采用交叉方式。现以具有 4 个分体的主存为例说明常用的编址方法。4 个分体 M_0、M_1、M_2、M_3 的编址序列如图 3-24 所示。框内序号表示存储单元的地址编号（$j=0$，1，2，…）。

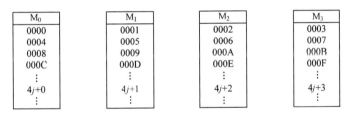

图 3-24　4 个分体的编址序列

地址编号规则如下：

① 地址按并行分体横向顺序编号。地址序号连续的两个存储单元依次分布在相邻两个存储分体中，而不是在一个体内排序，故称多体交叉编址。

② 同一分体内相邻存储单元的地址编号相差 4。

③ M_0 分体每个单元地址的二进制编码最后两位都是 00，M_1 分体最后两位均是 01，M_2 分体最后两位均是 10，而 M_3 分体最后两位均是 11。任何一个存储单元二进制地址编号的末两位正好指示该单元所属分体的序号，这两位就称为内存体号。访问主存时只需判断地址的体号就能确定访问的是哪个分体了。

④ 同一分体内的每一个单元地址除去体号后的高位地址码称为体内地址，它正好是体

内单元的顺序号。由体内地址就能确定访问单元在分体里的位置。

地址交叉排列是为了便于分体同时工作。假设有 4 条顺序执行的指令，一条指令一个字长，地址编码是 0、1、A、B，分配在不同存储器上。并行主存工作时，对于单体的并行系统，一个存储周期 T_M 只能读取 4 个地址连续的存储单元内容，如 0～3 号单元内容，只获得 0、1 单元内两条有用指令，实际频宽下降；对于多体交叉存储器，由于 4 条指令分属于 4 个分体，4 个地址寄存器可以指示 4 个不连续的地址，因此 4 条指令能够在一个存储周期里读出。可见，虽然多体并行主存系统和单体并行主存系统最大频宽可以相同，但多体地址可以灵活设置，只要是在不同分体中，就能得到比单体更高的频宽。因为程序常有转移出现，使得实际访问地址不一定均匀分布在交叉分体上，致使效率下降。统计表明，采用多体并行主存结构的计算机系统获得的实际频宽约是最大理想频宽的 1/3。此外，工艺设计不完善时也会引起传输线延迟增加而降低实际存取速度，所以实际效率与理想效率尚有一定差距。

2．多体交叉存储器分时工作原理

主存与 CPU 交换信息的通道只有一字的宽度，为了在一个存储周期里访问 n 个信息字，在多体并行主存系统中采用了分时工作的方法，目前普遍采用的是分时读出法。现设多体交叉存储器由 4 个分体组成，每个分体一次读/写一个字。

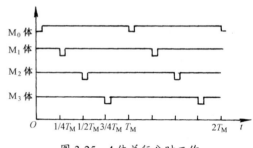

图 3-25　4 体并行分时工作

分体分时启动，即每隔 1/4 存储周期启动一个分体，如图 3-25 所示，M_0 体在第一个主存周期开始读/写，经过 $1/4T_M$ 启动 M_1 体，M_2 和 M_3 体分别在 $1/2T_M$，$3/4T_M$ 时刻开始它们各自的读/写操作，4 个分体以 $1/4T_M$ 的时间间隔进入并行工作状态。假定 $T_M=2\mu s$，普通存储器只能读/写一个字，4 体并行工作时，$2\mu s$ 内 CPU 依次发出 4 个读/写命令，访问 4 个字，对 CPU 来说，相当于每 $0.5\mu s$ 读取一个字（虽然每个分体仍以 $2\mu s$ 速度存取）。这对主存系统来说，相当于有一串地址流以 1/4 存储周期速度流入，便有一串信息流以同样速度流出主存系统，这种类似流水的工作过程很适合与流水式中央处理器的联系。

另一种并行存取的处理方法是同时启动 4 个分体，使 4 个分体在一个存储周期 T_M 内同时被访问，一次读出 4 个字，然后以一定顺序分时使用总线实现对外传送。

3．多体交叉存储器组成

多体交叉存储器组成框图如图 3-26 所示，主要有存储体、存储器控制器（简称存控）和总线控制三部分。

存控用于组织多体并行工作，实现分时读出的工作方式，管理信息流动次序和流动方向。当 CPU 或通过 IOP 的外设向主存系统重叠发出访问要求时，存控首先对这些访问源进行排队，设计人员事先已经根据所有访问源的性质区分轻重缓急，排出优先级别。比如，高速通道传送实时性很强的信息；突发故障时，需要紧急处理的信息往往优先级别高，排在优先访问的位置。存控选择其中优先级别最高的先访问，并向它所访问的分体发出启动信号以及访问地址。如果被访问的那个存储分体正处于工作状态，无法接受访问，则暂时取消该访问源的排队资格，让给优先级别稍低的访问源访问其他存储分体。每个存储分体不但有自己的读/写控制线路、数据缓存设备，而且各具"忙闲"状态触发器。当存储分体接收到存控的启动命令时,如果"忙闲"状态触发器处于 0 态,表示空闲,存储分体按存控命令操作,访问时"忙闲"状态触发器置 1,直到存储分体一个读/写操作完毕重新置 0;若忙闲触发器正处于 1,则不接收新的启动命令,存控通过检测忙闲触发器的状态控制总线上的信息流向。

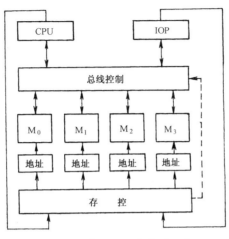

图 3-26　多体交叉存储器组成

目前,越来越多的大中型机采用多体并行与单体多字相结合的并行主存系统,每个分体的宽度不是单字而是多字,进一步提高了频宽。例如,有的机器 4 个分体并行,每个分体一次读 2 个字,每个字长为 4 字节,虽然存储周期为 2μs,但最大频宽可达 16B/μs。

3.3.4　地址空间的划分和访问周期的控制

1. 地址空间的划分

并行存储器将主存划分成多个相同容量的存储器模块,各有自己的地址寄存器和数据寄存器,在同一时间允许对多个模块独立地进行访问。划分地址空间有三种模式:按高位地址划分、按低位地址划分、混合划分。

按高位地址划分如图 3-27 所示。若主存地址的高位地址字段有 n 位,则可将主存划分成 2^n 个模块。例如,高位地址字段有 2 位,则可将主存划分成 $2^2=4$ 个模块;有 3 位,则可将主存划分成 $2^3=8$ 个模块。访问存储器时,高位地址字段经译码选择存储器模块,低位地址字段送地址寄存器,指向相应模块的某一单元。这种划分方法适合于把程序和数据分开放在不同的模块内,对于重叠执行的指令可以避免取指令和取操作数的时间冲突。也可以把不同用户的程序和数据放在不同的模块内,由处理机分时(按时间片轮流)操作。这种划分方法和用法实现简单,但不能充分发挥并行存储器提高信息吞吐率的优点,没有体现多用户共享主存的特点。当然,可将某些模块指定为外设数据缓冲区,使外围设备和处理机并行工作。但这些用法都有较大局限性,不能明显地提高主存的速度(吞吐率),所以按高位地址划分实际采用较少。

按低位地址划分如图 3-28 所示。与前述方法相反,地址码的低位字段经过译码选择不同的存储器模块,而高位字段指向相应模块内部的存储单元。这样,相连地址分布在相邻的不同模块内,而同一模块内的地址都是不相连的。这种并行存储器结构又称为存储器交叉。

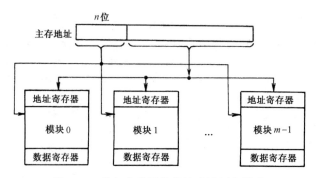

图 3-27　并行存储器按高位地址划分模块

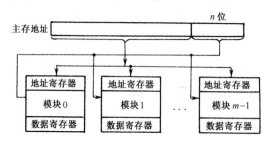

图 3-28　并行存储器按低位地址划分模块

如果程序段和数据块（数组）按连续地址在主存中存储和读取，则采用交叉存储器结构最适于实现多模块并行访问，可以成 10 倍地提高主存的有效访问速度。但是，遇到程序转移或个别数据存取时，地址不一定均匀分布在多个交叉存储器模块内，模块的使用率会降低。所以，m 个交叉模块的使用率是一个随机值。如果所有的访问均是随机的，用单服务、先来先服务排队论模型进行模拟，可求得 m 取值和主存使用率 B（字/主存周期）之间的关系，如表 3-3 所示。

表 3-3　m 取值和主存使用率 B 之间的关系

m	1	2	4	8	16
B	1.0	1.5	2.219	3.245	4.704

可以看出，随着 m 的增加，B 以 $\sqrt{m}$ 增大（或更准确地用 $m^{0.56}$ 表示）。由于指令流和数据流不会全是随机的，因此 B 值总会比 $\sqrt{m}$ 值大。一般认为，在通常情况下，采用 $m=16$ 意义已不太大，大多取 $m=2\sim 8$。如果主存访问速度仍然满足不了需要，那就用"Cache-主存"层次，不能单纯靠增大 m 值来解决问题。当然，有 Cache 时，仍可采用并行存储器结构，以便能快速地向 Cache 传送信息。

交叉存储器由多个模块组成连续的地址空间，这带来了三个问题：一是模块数必为 2^n；二是任一模块失效都会造成地址空间缺陷，进而导致整个程序无法运行；三是不利于存储器模块数增量式扩展，即不能以一个模块作为增减主存容量的最小单位。而按高位地址划分模块就不存在这三个问题。若以加强存储器配置的灵活性为目的，则可采用按高位地址划分模块。

上述两种方法的结合就是混合划分，即先按高位地址分成几个模块，而模块内部又按低位地址交叉。

2．访问周期的控制

并行存储器有两种访问方式：同时访问和交叉访问。

同时访问的基本思想是：所有模块在一次访问周期内同时启动，相对各自的数据寄存器并行地读出或写入信息。同时访问的并行存储器能一次提供多个数据或多条指令，适用于对多数据流或多指令流进行并行处理。它要求多处理器接收或提供信息的频宽与并行存储器同时读/写的频宽相匹配。因此，处理器与存储器模块之间的互连方式起着很大作用。例如，图 3-29 所示的为交叉开关互连网络，它在纵向和横向两套多总线所有交叉点上设置开关，能以任意排列模式实现存储器模块 M_0、M_1、…、M_{m-1} 与多个处理器 CPU_0、CPU_1、…、CPU_{n-1}（包括 I/O 处理机 IOP_0、IOP_1、…、IOP_{s-1}）之间的同时连接。交叉访问的基本思想是：m 个模块按一定顺序轮流启动各自的访问周期，启动两个相连模块的最小时间间隔等于单模块访问周期的 $1/m$。

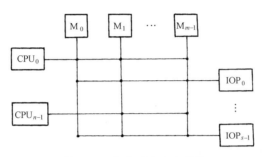

图 3-29 交叉开关互连网络

交叉访问的并行存储器的工作时间图如图 3-30 所示。就每个存储器模块而言，它连续两次访问的时间间隔仍等于单模块访问周期。所以，交叉访问存储器的有效总频宽与同时访问存储器是一样的，但是各模块错开启动时间，并行存储器提供或要求数据的频宽在各模块之间分布得更均匀了，从而降低了对互连网络的要求。使用最普遍的互连方式是分时总线，如图 3-31 所示。总线时间分割成时间间隔相等的若干时间片，每个存储器模块只在分配给它的时间片内占用总线，与 CPU 交换信息。交叉访问并行存储器的另一个优点是：最适合流水线结构。它既能以流水线方式向 CPU 流水线操作部件提供数据，又能以流水线方式从流水线操作部件接收结果，双方能取得较理想的数据流频宽匹配。

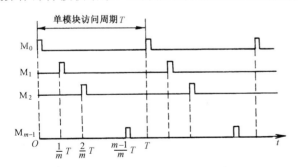

图 3-30 交叉访问并行存储器的工作时间图

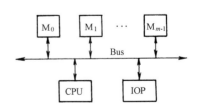

图 3-31 分时总线的互连方式

为了配合并行存储器工作，可在 CPU 内设置指令缓冲部件和数据缓冲部件，也可在 CPU 和主存间设立 Cache。同时，对一次读出的多条指令进行"先行控制"技术处理以加快其执行过程，即提前检查后续指令，提前将它们所需的数据从主存调出。一次调出一个数据块，连续使用，就能充分发挥并行存储器提高处理速度的能力。

3.4 高速缓冲存储器（Cache）

为了弥补主存速度不足，在存储体系结构中出现了"Cache-主存"层次，从 CPU 观察，它具有 Cache 的速度和主存的容量。Cache 在当代计算机系统中已普遍使用，成为提高系统性能的不可缺少的功能部件。容量不断增大、管理实现全硬化、部件高度集成，已成为当代 Cache 的特征。本节从原理着手，以系统结构的观点，着重介绍 Cache 的工作原理、多机系统的 Cache 结构和影响 Cache 性能的因素。

3.4.1 Cache 基本结构和工作原理

1. 访问局部化

对大量典型程序的运行情况的分析结果表明：在一个较短的时间间隔内，程序所产生的访存地址往往集中在存储器地址空间的小范围内。指令地址分布基本上是连续的，循环程序段和子程序段要反复多次执行，因此，对此类地址的访问就自然具有时间上集中分布的倾向。数据的集中倾向一般不如指令明显，但数组的存储和访问以及工作单元的选择可使其地址相对集中。这种对局部范围的存储器地址频繁访问而对此范围外的地址区域访问甚少的现象，称为程序访问局部化性质。

在时间间隔 $(t-T, t)$ 内被访问的信息集合用 $W(t, T)$ 表示，也称为工作集合。根据程序访问局部化性质，$W(t, T)$ 随时间的变化是相当缓慢的。把这个集合从主存中移至（读出）一个能高速访问的小容量存储器内，供程序在一段时间内随时访问，可大大减少程序访问主存的次数，从而加速程序的运行。这个介于主存和 CPU 之间的高速小容量存储器就称为 Cache。所以，程序访问局部化性质是 Cache 得以实现的原理基础，而高速（能与 CPU 匹配）则是 Cache 得以生存的性能基础。

Cache 介于 CPU 和主存之间，它的工作速度数倍于主存，全部功能由硬件实现，并且对程序员是透明的。Cache 存储系统的原理框图如图 3-32 所示。

2. Cache 基本结构

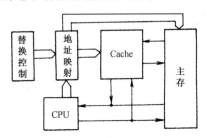

图 3-32 Cache 存储系统的原理框图

Cache 基本结构如图 3-33 所示。Cache 和主存都分成块（行），每块（行）由若干个字（字节）组成，"块"类似于"主存-辅存"层次中的"页"。主存地址通过"主存-Cache"地址映像变换机构判定该字所在块是否已在 Cache 中。如在，则主存地址变换成 Cache 地址，访问 Cache；如不在，则发生 Cache 块失效（Cache 不命中），需访问主存且将包含该字的一块信息装入 Cache。若 Cache 已满，则按某种替换策略把该块替换进 Cache。

Cache 的速度一般为主存的 2～4 倍，而访问 Cache 中的指令和数据的时间只有一般访问主存时间的 25%～50%。因此，只要 Cache 命中率足够高，就相当于能按 Cache 的速度来访问大容量的主存。

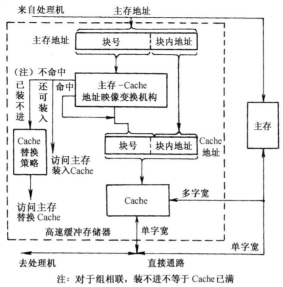

图 3-33 Cache 基本结构

  Cache 的设计要求是：在价格允许的前提下，提高命中率和缩短访问时间，尽可能减少因不命中造成的时间延迟以及为修改主存所花的时间开销。

  为了使 Cache 能与 CPU 在速度上相匹配，Cache 一般采用与 CPU 相同的半导体工艺所制成的大规模集成电路芯片。为了更好地发挥 Cache 的高速性，在物理位置上，应使 Cache 尽量靠近处理器或就在处理器中，而不放在主存模块中。在 VLSI 得到迅速发展的今天，高档微处理器芯片中（如 32 位的微处理器芯片 Intel Pentium、Motorola 68030）不仅集成了存储管理部件，而且集成了一定容量的 Cache。目前，一般用高速 SRAM（静态 RAM）芯片组成相当容量、价格适宜的 Cache。如再配上以合适的调度算法为基础、全部硬化的地址映像和变换部件，就能实现高主振频率的 CPU 的零等待（可使 CPU 访问存储器在其时序中不插入等待状态 T_W）。

  在 Cache 发生块失效时，由于主存调块的时间是微秒级，不能在此时采用切换任务（即程序换道）方式来减少 CPU 等待时间，因此，除了 Cache 到 CPU 的通路，在主存和 CPU 之间还有直接通路，如图 3-33 所示。这样，在 Cache 块失效时，就不必等主存把所需单元所在块调入 Cache 后，再由 CPU 对其进行读取，而是使 Cache 调块与 CPU 访问主存同时进行，即通过直接通路实现读直达；同样地，也可实现 CPU 直接写入主存的写直达。综上，Cache 既是"Cache-主存"层次中的一级，又是 CPU 与主存间的一个旁路存储器。

  为了加快调块，在主存与 Cache 之间采用主存多体交叉多字结构（见前述并行存储器），每块的容量一般等于一个主存读/写周期内主存所能访问到的字数。例如，巨型机 CRAY-1 的主存是模 16 交叉，每个分体是单个字，所以其存放指令的 Cache 的块容量为 16 个字，在一个主存周期内即可完成指令块调入 Cache。

  由于主存被计算机系统的多个部件共用，难免发生访存竞争，故应把 Cache 访问主存的优先级尽量提高，一般要高于通道访存的级别。因为 Cache 调块时间只占用 1～2 个主存周期，所以这样安排不会对外设访存带来太大的影响。

3. Cache 的读/写操作

CPU 进行读存储器操作时，根据其送出的主存地址分为两种不同情况：一种是需要的信息已在 Cache 中，那么直接访问 Cache 就行了；另一种是所需信息不在 Cache 中，则要把该单元所在的块从主存调入 Cache。后一种情况又有两种实现方法：一种是将块调入 Cache 后再读入 CPU；另一种是前述的读直达（也称为通过式读或通过式加载），后一种方法得到普遍使用。在调入新块时，如果 Cache 已占满，由替换控制部件按已定的替换算法实现替换。

Cache 中的块是主存中相应块的副本。如果程序执行过程中要对某块的某单元进行写操作，有两种方法：一种称为标志交换方式，即只向 Cache 写入，并用标志注明，直至该块在替换中被排挤出来，才将该块写回主存，代替未经修改的原本；另一种称为写直达（也称为通过式写或通过式存），即在写入 Cache 的同时也写入主存，使原本和副本同时修改。前一种方法写操作速度较快，但在该块写回主存之前，主存中的原本由于未及时修改而失去时效。后一种方法实现简单且能随时保持原本的时效，这对于多处理器共享一个原本特别重要。另外，还有一种写操作情况：当被修改的单元不在 Cache 中时，写操作可直接对主存进行，而不必把包含该单元的块调入 Cache 后再修改，因为程序访问局部化性质对写操作不太明显。

3.4.2 Cache 的替换算法分析

Cache、主存间的地址映像和变换以及替换算法，原理上与"主存-辅存"层次相同（见前述），虚地址指的是主存地址，实地址指的是 Cache 地址。Cache 与主存的访问时间比为 1∶2～1∶4，因此地址变换用硬件实现（如硬化快表），替换算法也采用堆栈法等硬化处理。Cache 地址变换一般采用组相联映像，如采用全相联映像，将使变换表容量过大，进而降低访问速度。

从图 3-38 可见，从送入主存地址到访问 Cache 包含地址变换和访问 Cache 两部分时间。如果使两部分时间基本一致，就可以采用流水线法。对 Cache 的一次访问需经过下列过程：多个请求源同时提出访问 Cache 时，首先进行优先级排队；访问目录表进行地址变换；访问 Cache；从 Cache 中选择所需的单元；修改 Cache 中块（行）的使用状态标志；等等。若每一个步骤需时间 t，则 n 个步骤共需时间 nt。采用流水线处理后，虽然每次访问 Cache 所需时间仍为 nt，但多条指令或数据一旦进入该流水线，便可在 t 时间内得到访问 Cache 的结果，从而大大提高了 Cache 的吞吐率。

绝大多数 Cache 采用 LRU 替换算法。Cache 出现块失效时，一般采用按需取进法，即在 Cache 不命中时，才将要访问的单元所在的块（行）调入 Cache。由于 Cache 的命中率对机器的速度影响很大，若辅之以在未用到之前就预取进 Cache 的预取算法，则会进一步提高命中率。为便于硬化实现，通常只预取直接顺序的下一块（行），即在访问到主存的第 i 块（行）时（不论是否已取入 Cache），第 $i+1$ 块（行）才是可能的预取块（行）。至于何时取进，有恒预取或不命中时预取等方法。恒预取是指：只要访问到按主存编号第 i 块的某单元，不论是否命中，恒发预取命令。不命中时预取是指：只有当访问第 i 块不命中时，才发预取命令。

采用预取法并非一定能提高命中率，它和很多因素有关，主要有下列两个：

① 块（行）大小的影响。如每块的字节数过小，则预取意义不大。但若每块的字节数

过多,则会预取进不需要的信息,还可能把正在使用的或近期内就要用到的信息挤出去,反而会降低命中率。从已有模拟情况来看,若每块的字节数超过 256,就会出现这种情况。

② 预取访存的影响。要预取就有访问主存预取块的开销和将它存入 Cache 的开销,以及将被替换的块由 Cache 送回主存的开销。这些开销增加了主存和 Cache 的负担,会干扰和延缓程序的执行。

所以,采用预取法的效果不能只用提高命中率来衡量,还要考虑访存开销等因素。

设 T_C 为不命中时由主存调 1 块进 Cache 的时间,则 $T_C\times$不命中率为不命中开销。

设预取率=预取总块(行)数/访问主存总块(行)数,P_a=预取访问主存和访问 Cache 的开销,则 $P_a\times$预取率是预取法的预取开销。设

访问率=访问 Cache 总次数/程序访问 Cache 次数
=(程序访问 Cache 次数+预取访问 Cache 次数)/程序访问 Cache 次数

A_C=预取干扰开销

A_C 是由于预取而延迟、干扰了程序对 Cache 的访问所用的时间,则 $A_C\times$(访问率−1)反映了预取法对程序访问 Cache 的影响。

这样,预取法只有在满足 $T_C\times$不命中率(按需取进法)>[$T_C\times$不命中率(预取法)+$P_a\times$预取率+$A_C\times$(访问率−1)]时才是可取的。在 Cache 和主存中分别设置预取专用缓冲器,使预取访问 Cache 和主存均在其空闲时进行,是减少预取干扰的好办法。

模拟结果表明,恒预取法使不命中率降低 75%~80%,不命中时预取法使不命中率降低 30%~40%,但前者所引起的 Cache、主存间信息传输量的增加比后者大得多,即前者的预取开销比后者大得多。

3.4.3 Cache 的透明性

由于 Cache 的地址变换和块替换算法的实现均依靠硬件,故"Cache-主存"层次对系统程序员和用户都是透明的,且 Cache 对 CPU 与主存间的信息通信也是透明的。对于 Cache 的透明性可能引发的问题及其影响需要慎重对待。

虽然 Cache 内存储的信息是主存内存储的部分信息的副本,但是在一段时间内,主存内某单元的内容和 Cache 内对应单元的内容却可能是不同的。例如,CPU 修改 Cache 内容时,主存对应部分内容还没有变化;或者 I/O 处理机(IOP)已将新的内容输入主存某区域,而 Cache 对应部分内容却还是原来的。这些在通信过程中引起的 Cache 内容跟不上主存对应内容的变化或者主存内容跟不上 Cache 内容的变化的情况,在 Cache 对处理器和主存均是透明的前提下,可能引发错误。

当处理器执行写入操作时,若只写入 Cache,则主存中对应部分仍是原来的,会对 Cache 的块替换产生影响,而且当 CPU、IOP 和其他处理器经主存交换信息时会造成错误。为了解决这个问题,人们提出了主存修改算法。一般可用两种方法修改主存:写回法和写直达法。写回法即前述的标志交换方式(见"Cache 的读/写操作")。二者的区别是:前者仅在被替换时才将修改过的 Cache 块写回主存,后者在修改 Cache 的同时直接写入主存。显然,写回法是把开销花在替换时,而写直达法在每次写 Cache 时都要附加一个写主存的开销,而写主存

所花费的时间比写 Cache 长得多。对典型程序的统计表明，在所有的访存中约有 10%～36% 是写操作。虽然写回法要写回整个块（行），而不是仅仅写回一个或两个单元，但写回法使主存的通信量比写直达法要小得多。例如，设 Cache 不命中率为 3%，块（行）的大小为 32 字节，主存模块数据宽度为 8 字节，写操作占所有访存的 16%，且所有 Cache 块的 30%需要写回操作，则写主存次数占总的访问主存次数的百分比是：写直达法为 16%，而写回法仅为 3.6%（0.03×0.30×32÷8）。CPU 的不少写入操作是对程序某个中间结果的暂存。写回法有利于省去把中间结果写入主存的无谓开销，但在该块被替换前，依然存在主存内容与 Cache 内容的不一致性。对于有 CPU、IOP 系统或多处理器的系统，需采用共享 Cache 或复杂的目录表系统，以解决处理器间经主存的信息通信问题。写回法需设置修改标志用以确定是否要写回以及控制先写回、后读入的块操作顺序，从而使 Cache 复杂化。

在出现写不命中时，这两种方法都面临着一个在写时是否取的问题。它有两种解决方法：一种是不按写分配法，即当 Cache 写不命中时只写入主存，该单元所在块不从主存调入 Cache；另一种是按写分配法，即当 Cache 写不命中时除写入主存外，还把该单元所在块由主存调入 Cache。这两种方法对不同的主存修改算法效果不同，但差别不大。写回法一般采用按写分配法，写直达法一般采用不按写分配法。

写回法和写直达法硬化实现时都需少量缓冲寄存器。缓冲寄存器内寄存要写入的数据及要写入的单元的目标地址。缓冲寄存器对 Cache 与主存是"透明"的，在设计时要处理好可能由它引起的错误（如另一个处理器要访问的主存单元的内容仍在缓冲寄存器中）。写回法的缓冲寄存器用于暂存将写回主存的块,不必等待被替换块写入主存后才能进行 Cache 取（即从主存将新块调入 Cache）。写直达法的缓冲寄存器用于暂存写入的内容，由于 Cache 的速度比主存块，写入 Cache 完成后，CPU 不必等待写主存完成就能依靠 Cache 继续往下运行程序。

从可靠性上，写直达法比写回法要好。对前者，当 Cache 出错时，可依靠主存进行纠正，因此 Cache 中只需要一位奇偶校验位。对后者，由于有效的块（行）只在 Cache 中，因此在 Cache 内需采用纠错码，增加冗余信息位来提高其内容的可靠性。从实现成本上，写回法比写直达法要低得多。写直达法需要较多的缓冲寄存器和大量其他辅助逻辑来减少 CPU 为等待写主存完成所耗费的时间。

至于 Cache 的内容跟不上已变化了的主存内容的问题，一种解决方法是当 IOP 向主存写入（输入）新内容时，由操作系统用某个专用指令清除整个 Cache。这种方法的缺点是使 Cache 对操作系统和系统程序员不透明了。另一种方法是当 IOP 向主存写入新内容时，由专用硬件自动地将 Cache 内对应区域的副本作废，而不必由操作系统干预，从而保持了 Cache 的透明性。前述 CPU、IOP 共享 Cache 也是一种办法。

总之，系统结构设计时必须考虑 Cache 的透明性所带来的问题，并予以妥善解决。

3.4.4 任务切换对失效率的影响

由于 Cache 的容量不可能很大（与主存相比），多个进程的工作区很难同时都留驻 Cache，因此在任务切换时会造成 Cache 失效。失效率大小和任务切换的频度有关，即与任务切换的平均时间间隔 Q_{sw} 有关。

设从 Cache 为空（指新进程所需内容全部不在 Cache 内）到 Cache 全部被装满这一段时间内的失效率为冷启动（Cold-start）失效率，而从 Cache 为现行进程装满后测出的失效率为热启动（Warm-start）失效率。如果进程切换发生在用户程序因为系统运行管理程序、处理 I/O 中断或时钟中断时，那么 Q_{SW} 值越小，由管理程序切换至原来的用户程序越快，Cache 中驻留的原来程序的指令和数据就越多，即失效率越低。如果切换在几个用户程序之间进行且每个进程均要更换 Cache 中的大部分内容，那么 Q_{SW} 值越小，失效率越高。

Q_{SW} 值一定时，Cache 容量过小，存不下该程序的工作区后，就有很高的热启动失效率。Cache 容量增大会使热启动失效率急剧下降，增大到基本包含工作区后，热启动失效率的下降渐趋平缓。

在 Cache 容量很小时，由于热启动失效率很高，相对而言，冷启动失效率所占比例很小。因此，增大 Q_{SW} 值（任务切换次数减少）并不能使热启动失效率明显减小，所以总失效率仍很高，且差别不大。当 Cache 容量增大到使热启动失效率迅速下降后，冷启动失效率比例就增大了，此时切换次数起主要作用，增大 Q_{SW} 值会使失效率显著减小。

对于因任务切换而引起的 Cache 失效率可由下述几种方法解决：增大 Cache 容量；改善调度算法，在任务切换时，使有用的信息尽量保存在 Cache 内，不受破坏；设置多个 Cache 用于不同的目的，如设置两个 Cache，一个专用于管理程序，另一个专用于用户程序，在目态和管态之间切换时，不会破坏各自 Cache 中的内容；对于某些操作，如长的向量运算、长的字符串运算等，不经过 Cache 而在主存内直接进行，以避免这些操作由于使用 Cache 而置换出大量有可能重新使用的数据。由于半导体集成电路工艺高度发展，存储芯片单片容量激增，采用增大 Cache 容量以降低失效率，不失为一种行之有效的简便方法。

3.4.5 多处理机系统的 Cache 结构

多处理机系统一般有两类：一种类型是一个 CPU 和多个 I/O 处理机（通道）组成共享主存的系统，另一种类型是多个 CPU 组成的系统，或者由多个 CPU 和多个 I/O 处理机组成的系统。这些多处理机系统的 Cache 结构有以下两种。

（1）所有处理机共享一个 Cache，它的优点是能保证信息的一致性

然而，一个 Cache 的带宽很难满足两个以上 CPU 的访问要求，而且一个 Cache 很难在物理位置上靠近所有的 CPU，从而增加了访问延迟时间。所以，这种结构往往只用于单 CPU、多 I/O 处理机系统。虽然 Cache 在物理位置上与单 CPU 靠近，I/O 处理机访问时延迟会有所增加，但因为是 I/O 数据传送，影响不大。当然，这种结构必须保证 I/O 处理机不会因访问 Cache 失效而影响数据正常传送，这就要求 I/O 系统有足够大的缓冲量，而且还要求 Cache 有足够大的容量和带宽，在出现多个访问 Cache 失效现象时能快速处理。I/O 处理机使用 Cache，会增加 CPU 访问 Cache 的失效率。不过一般认为，当 I/O 系统访问 Cache 的次数与 CPU 访问 Cache 的次数之比小于 0.05 时，其影响是很小的。

（2）每个 CPU 都有自己的 Cache（如图 3-34 所示）

如何保证同一主存单元信息在各 Cache 的一致性是这种结构所要解决的问题。例如，CPU_1 由主存 m 单元读出一个字（取进 $Cache_1$），并执行 $(m)+R_1 \rightarrow m$，而 CPU_2 接着执行 $(m)+R_2 \rightarrow m$。

若采用写直达法,则主存 m 单元的内容是正确的运算结果,但在 $Cache_1$ 中与 m 单元对应的单元的内容不是 CPU_2 运算的最后结果,即与主存 m 单元内容不一致。解决各 Cache 信息一致性的问题有三种方法:

① 播写法。每个 CPU 每次写 Cache 时,把信息播送至所有 Cache 的对应单元,不只是写入自己 Cache 的目标单元。如发现其他 Cache 也有此目标单元,或写入它,或作废它。作废可减少传送的信息量。

② 控制某些共享信息(如信号灯或作业队等)不得进入 Cache,从而减少产生不一致性的可能性。

③ 目录表法。在 CPU 读、写 Cache 时,若不命中,先查目录表(在主存中),以判定目标单元是否在别的 Cache 内,是否正在被修改等,再决定如何读、写此单元。

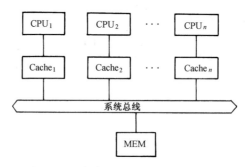

图 3-34 每个 CPU 都有 Cache 的共享主存多处理机系统

3.4.6 Cache-主存层次性能分析

评价 Cache,主要看命中率的高低。命中率与块的大小、块的总数(即 Cache 的总容量)、采用组相联时组的大小(组内块数)、替换策略和地址流情况(如簇聚性状况)等有关。

命中率 H_C 与 Cache 容量、组和块的大小关系如图 3-35 所示。块的大小、组的大小及 Cache 容量三者增大都会提高命中率。

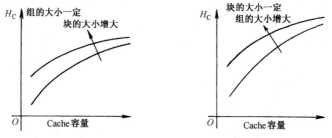

图 3-35 块、组的大小与 Cache 容量对命中率的影响

Cache 在调块时,处理机在空等,所以要求调块尽可能快,从这点看,希望块较小。Cache 容量与不命中率$(1-H_C)$的关系为:

$$(1-H_C)=a\times(容量)^b$$

式中，a，b 为常数，且 $b<0$。随着存储器芯片集成度提高、价格下降，Cache 的容量不断增大，已达到 128KB，很快就会达到几百 KB。

下面分析"Cache-主存"层次的等效速度与命中率的关系。设 t_C 为 Cache 的访问周期，t_M 为主存周期，H_C 为访问 Cache 的命中率，则"Cache-主存"层次的等效存储周期为：
$$t_A = H_C t_C + (1-H_C)t_M$$
因此，系统采用 Cache 后比 CPU 直接访问主存在速度上提高的倍数为：
$$\rho = \frac{t_M}{t_A} = \frac{t_M}{H_C t_C + (1-H_C)t_M} = \frac{1}{1-\left(1-\dfrac{t_C}{t_M}\right)H_C}$$

给定主存和 Cache 速度之比，令 $H_C = \dfrac{a}{a-1}$ 代入上式，则 ρ_{max} 与 H_C 的关系如下：
$$\rho = \frac{1}{1-\left(1-\dfrac{t_C}{t_M}\right)\dfrac{a}{a+1}} = (a+1)\frac{t_M}{t_M + at_C}$$

因为 $\dfrac{t_M}{t_M + at_C}<1$，所以 $\rho<a+1$，即 ρ 可能的最大值恒比 $a+1$ 小。

如果 $H_C=0.5$，相当于 $a=1$，则不论其 Cache 速度有多快，$\rho<2$；如果 $H_C=0.75$，相当于 $a=3$，则 $\rho<4$；如果 $H_C=1$，则 $\rho_{max}=t_M/t_C$，这是 ρ 可能的最大值。ρ 的期望值与 H_C 的关系如图 3-36 所示。由于 Cache 的 H_C 比 0.9 大得多，能达到 0.996，因此，采用 Cache 结构可使 ρ 接近于所期望的 t_M/t_C。

H_C 值受 Cache 容量影响很大，当 Cache 容量为 4KB 时，$H_C=0.93$；为 8KB 时，$H_C=0.97$。若 $t_C/t_M=0.12$，则 4KB 的 Cache 速度提高倍数 $\rho_{4KB} \approx 5.5$；8KB 的 Cache 速度提高倍数 $\rho_{8KB} \approx 6.85$，因此，增加 4KB 容量，带来的层次速度提高为：

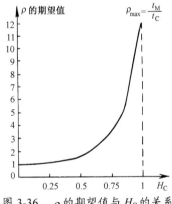

图 3-36　ρ 的期望值与 H_C 的关系

$$\frac{\rho_{8KB} - \rho_{4KB}}{\rho_{4KB}} = \frac{6.85-5.5}{5.5} \approx 0.24 (=24\%)$$

显然，花这个代价而使速度提高 24%是合算的。

对于流水线结构的机器，是否有 Cache、Cache 的容量大小对于机器速度（MIPS）、主存速度均有显著影响。例如，系统时钟为 100MHz 时（CPU 时钟周期为 10ns），如果没有 Cache，机器速度可能只有 2MIPS；如果有 4KB Cache，主存周期为 1μs，则机器速度约 5MIPS；同样条件下，Cache 容量增大到 64KB，则机器速度可能达到 15MIPS。

Cache 容量增大，还可以显著降低对主存速度的要求。例如，要达到机器速度为 15MIPS，对于 10ns 的 CPU 时钟周期，Cache 容量为 4KB 时，要求主存周期为 200ns；而 Cache 容量增大至 64KB 时，主存周期可降低到 1μs。因此，不采用 Cache 技术，存储系统速度很难与 CPU 速度相匹配，即很难实现零等待。当 Cache 容量足够大时，主存速度对机器速度的影响会显著减小。

3.4.7　Cache 性能计算

存储系统结构性能评价方法主要利用不命中率，因为它是独立于硬件速度的。分立的指令Cache和数据Cache为各自进行独立的优化提供了可能性。通过分立，可清除因指令和数据冲突而引起的不命中。分立的指令和数据 Cache 同一体 Cache 之间合理的比较应该在 Cache 总容量相同的前提下进行。例如，一个分立的 16KB 指令 Cache 和数据 Cache 应该同 32KB 的一体 Cache 相比较。计算分立 Cache 的平均不命中率必须知道对指令 Cache 和数据 Cache 各自的访问频率。表 3-4 列出了千条指令不命中率。例如，16KB 指令 Cache 不命中率为 3.82‰（即千分之 3.82），16KB 数据 Cache 不命中率为 40.9‰，32KB 一体 Cache 不命中率为 43.3‰。

表 3-4　千条指令不命中率

容量（KB）	指令Cache	数据Cache	一体Cache
8	8.16	44.0	63.0
16	3.82	40.9	51.0
32	1.36	38.4	43.3
64	0.61	36.9	39.4
128	0.30	35.3	36.2
256	0.02	32.6	32.9

对存储器层次结构的评价采用平均存储器访问时间：

平均存储器访问时间 = 命中时间+不命中率×不命中代价

不命中代价是指不命中时，存储系统为处理不命中而花费的时间，常用若干时钟周期表示。平均存储器访问时间的单位可以采用绝对时间（如一次命中需时 0.25~1.0ns）或 CPU 等待存储器的时钟周期数（如不命中代价用 75~100 个时钟周期表示）。平均存储器访问时间仍然是一个间接的性能评价方法，比不命中率好，但不能代替执行时间，该公式可帮助我们在分立 Cache 和一体 Cache 间做出选择。

【例 3-1】 16KB 指令 Cache 加一个 16KB 数据 Cache 与一个 32KB 一体 Cache 相比较，哪一个具有更低的不命中率？设 36%的存储器访问是数据访问，Cache 命中需要一个时钟周期，不命中代价为 100 个时钟周期。在一体 Cache 中，数据的读出（Load）和写入（Store）需要增加一个时钟周期，因为只有一个 Cache 端满足两个同时发生的请求。请使用表 3-6 中的不命中率计算正确结果。

解答：先求得根据表 3-6 转化的不命中率：

$$\text{不命中率} = \frac{\text{表 3.6 不命中率}}{\frac{\text{内存访问次数}}{\text{指令数}}}$$

一条指令只进行一次取指访存操作，故指令不命中率为：

16KB 指令 Cache 不命中率=3.82/1000/1.00=0.004

由题目可知，36%的指令是数据操作指令，故数据不命中率为：

16KB 数据 Cache 不命中率=40.9/1000/0.36=0.114

所以，分立 Cache 总不命中率为：

(74% ×0.004)+(26%×0.114)=0.0324

其中，$\frac{100}{100+36}=74\%$，表示访问指令 Cache 的指令占程序总量的比例；$\frac{36}{100+36}=26\%$，表示访问数据 Cache 的指令占程序总量的比例。

一体 Cache 的不命中率包括指令和数据不命中率,所以:

$$一体 Cache 不命中率 = 43.3/1000/(1.00+0.36) = 0.0318$$

两者相比,一体 Cache（32KB）比分立 Cache 有较低的不命中率。

平均存储器访问时间包括指令访问和数据访问的时间之和:

平均存储器访问时间 = 指令所占比例×(命中时间+指令不命中率×不命中代价)+

数据所占比例×(命中时间+数据不命中率×不命中代价)

所以:

分立 Cache 平均存储器访问时间 = 74%×(1+0.004×100)+26%×(1+0.114×100) = 4.24

一体 Cache 平均存储器访问时间 = 74%×(1+0.0318×100)+26%×(1+1+0.0318×100) = 4.44

由此可见,分立 Cache 的不命中率比一体 Cache 略高,但平均存储器访问时间比一体 Cache 短,这是因为分立 Cache 在每个时钟周期提供两个存储器端口,可以避免资源冲突。

CPU 性能可用下式描述:

CPU 时间 = (CPU 执行程序时间的时钟周期数+存储器停顿时钟周期数)×时钟周期时间

$$= 指令数 \times (每条指令执行的时钟周期数 + \frac{存储器停顿时钟周期数}{指令数}) \times 时钟周期时间$$

式中,存储器停顿时钟周期数是由 Cache 不命中带来的。若以不命中率计算 CPU 性能,则:

CPU 时间 = 指令数×(每条指令执行的时钟周期数+不命中率×

$$\frac{存储器存取次数}{指令数} \times 不命中代价) \times 时钟周期时间$$

【例 3-2】 设 Cache 不命中代价为 100 个时钟周期,所有指令都用 1 个时钟周期完成,平均不命中率为 2%,平均每条指令访问存储器 1.5 次,每 1000 条指令平均 Cache 不命中次数为 30。分别用不命中率和每条指令不命中次数计算 Cache 对计算机性能（即 CPU 时间）的影响。

解答:用 Cache 不命中时计算的性能为:

$$CPU\ 时间 = 指令数 \times \left(1 + \frac{30}{1000} \times 100\right) \times 时钟周期时间$$

$$= 指令数 \times 4.00 \times 时钟周期时间$$

用不命中率计算的性能为:

CPU 时间 = 指令数×[1+(2%×1.5×100)]×时钟周期时间

= 指令数×4.00×时钟周期时间

由于时钟周期时间和指令数是一定的（即无论是否考虑到 Cache 不命中）,CPI（每条指令执行的时钟周期数）从 1.00（理想情况下,不考虑 Cache 不命中）增加到 4.00（考虑 Cache 不命中）,从而导致 CPU 时间增加 3 倍。如果不采用存储器层次结构,CPI 将会增加到 1.0+100×1.5=151,这是带有 Cache 系统的近 40 倍。

Cache 不命中对具有较低 CPI 和较快时钟频率的 CPU 有双重影响:CPI 越低,一定的 Cache 不命中时钟数对 CPU 时间的相对影响越大;在 Cache 不命中情况下计算 CPI 时,Cache 不命中代价用不命中时用掉的 CPU 时钟周期数来度量。因此,对于两台有相同存储器层次结构的计算机,时钟频率较高的 CPU 每次不命中所需要的时钟周期数较多,从而使 CPI 花费在存储器部分的周期也较多。

【例 3-3】 设 Cache 为理想状态时,CPI 为 2.0,时钟周期时间为 1.0ns,平均每条指令访存 1.5 次，两个 Cache 容量都是 64KB，块容量为 64B。一个 Cache 采用直接映像，另一个 Cache 采用每组两块的组相联映像。由于组相联必须增加一个多路选择器从某组中选出所需的块，因此 CPU 的时钟周期时间必须扩展 1.25 倍。若 Cache 不命中代价为 75ns，计算两种 Cache 平均存储器访问时间以及 CPU 性能。设直接映像 Cache 不命中率为 1.4%，组相联映像不命中率 1.0%。

解答： 平均存储器访问时间=命中时间+不命中率×不命中代价

直接映像 Cache：平均存储器访问时间=1.0+(0.014×75)=2.05(ns)

组相联映像 Cache：平均存储器访问时间=1.0×1.25+(0.01×75)=2.00(ns)

$$\text{CPU 时间}=\text{指令数} \times (\text{指令执行周期数}+\frac{\text{不命中次数}}{\text{指令数}} \times \text{不命中代价}) \times \text{时钟周期时间}$$

$$=\text{指令数} \times [(\text{指令执行周期数} \times \text{时钟周期时间})+$$

$$(\text{不命中率} \times \frac{\text{存储器访问次数}}{\text{指令数}} \times \text{不命中代价} \times \text{时钟周期时间})]$$

式中，根据题意，不命中代价×时钟周期时间均为 75ns。

直接镜像 Cache：CPU 时间=$I_C \times (2 \times 1.0+(1.5 \times 0.014 \times 75))=3.58 \times I_C$

组相联映像 Cache：CPU 时间=$I_C \times (2 \times 1.0 \times 1.25+(1.5 \times 0.010 \times 75))=3.63 \times I_C$

式中，I_C 为指令数，两者比较 $\frac{3.63 \times I_C}{3.58 \times I_C}=1.01$。

解题分析说明，组相联映像 Cache 的存储器访问时间性能较好，而直接映像 Cacher 的 CPU 性能稍好一些，这是因为组相联映像的指令时钟周期延长了。由于 CPU 时间是基本评估标准，而且直接映像容易实现，所以本例中直接映像 Cache 是更好的选择。

上述分析是在 CPU 顺序执行程序前提下进行的，若乱序执行（如程序转移、调子程序、中断相应服务等）则如何呢？由于指令进入流水线后发生转移必有退出阶段，存储器不命中的全部延迟时间有部分是重叠延迟，所以此时不命中代价定义如下：

$$\text{不命中代价}=\frac{\text{存储器停顿周期数}}{\text{不命中次数}}=\frac{\text{不命中次数}}{\text{指令数}} \times (\text{全部不命中延迟}-\text{重叠不命中延迟})$$

【例 3-4】 沿用例 3-3，设通过加长处理器的时钟周期到 1.25 倍支持乱序执行。采用直接映像 Cache，不命中代价为 75ns，其中 30%是重叠的，即 CPU 访问存储器平均停顿时间为：

$$75 \times (1-30\%)=52.5(\text{ns})$$

解答： 乱序执行处理器的平均存储器访问时间=1.0×1.25+(0.014×52.5)=1.99(ns)

CPU 性能(即 CPU 时间)=$I_C \times (2 \times 1.0 \times 1.25+(1.5 \times 0.014 \times 52.5))=3.60 \times I_C$

关于 Cache 性能计算可得到下列一系列公式。

① 关于 Cache 索引字段长度计算

$$2^n = \frac{\text{Cache 容量}}{\text{块容量} \times \text{组相联度}}$$

式中，n 是索引字段位数，需取整。组相联度每组多少块，取 2^i（$i=0, 1, 2, \cdots$）。

② 关于 CPU 时间计算

CPU 时间=(CPU 时钟周期数+存储器停顿周期数)×时钟周期时间

存储器停顿周期数=不命中次数×不命中代价=指令数×每条指令不命中次数×

不命中代价每条指令不命中次数=不命中次数/指令数

CPU 时间=指令数×(CPI+平均每条指令的存储器停顿时钟周期数)×时钟周期时间
CPU 时间=指令数×(CPI+不命中率×平均每条指令访存次数×不命中代价)×时钟周期时间
CPU 时间=指令数×(CPI+平均每条指令不命中次数×不命中代价)×时钟周期时间

③ 关于平均存储器访问时间计算

平均存储器访问时间=命中时间+不命中率×不命中代价

此式中不命中代价用时间表示。CPU 时间计算中的不命中代价用时钟周期数表示。

平均每条指令的停顿周期数=平均每条指令的不命中次数×(总的不命中延迟−
重叠的不命中延迟)

④ 关于多级 Cache 性能计算（以二级 Cache 为例）

平均存储器访问时间=L1 命中时间+L1 不命中率×(L2 命中时间+
L2 不命中率×L2 不命中代价)

平均每条指令的存储器停顿周期数
=L1 平均每条指令的不命中次数×L2 命中时间+
L2 平均每条指令的不命中次数×L2 不命中代价

式中，L1 为一级 Cache，L2 为二级 Cache，因为：

平均存储器访问时间= L1 命中时间+L1 不命中率×L1 不命中代价
L1 不命中代价= L2 命中时间+L2 不命中率×L2 不命中代价

代入上式，有：

平均存储器访问时间=L1 命中时间+L1 不命中率×(L2 命中时间+
L2 不命中率×L2 不命中代价)

【例 3-5】 设在 1000 次访存中，一级 Cache 的 L1 有 40 次不命中，二级 Cache 的 L2 有 20 次不命中。问 L1 和 L2 不命中率分别为多少？设 L2 到主存的不命中代价为 100 个时钟周期，L2 命中时间为 10 个时钟周期；L1 命中时间是一个时钟周期，每条指令的存储器访问次数为 1.5，求平均存储器访问时间和平均每条指令的存储器停顿周期数（写操作影响不计）。

解答： L1 不命中率为 $\frac{40}{1000} = 4\%$。因为 L2 有 20 次不命中，"L1-L2"两级 Cache 的 L2 局部不命中率为 $\frac{20}{40} = 50\%$，L2 的全局不命中率为 $\frac{20}{1000} = 2\%$。

平均存储器访问时间= L1 命中时间+L1 不命中率×(L2 命中时间+L2 不命中率×L2 不命中代价)
=1+4%×(10+50%×100)=3.4(个时钟周期)

因为每条指令访存次数为 1.5，1000 次访存相当于执行了 $\frac{1000}{1.5} = 667$ 条指令。667 条指令 L1 的不命中次数为 40 次，则 1000 条指令折算的不命中次数为 $\frac{1000}{667} \times 40 = 60$ 次。同理，L2 的不命中次数为 $\frac{1000}{667} \times 20 = 30$ 次。设数据和指令的不命中次数相等，则每条指令的平均存储器停顿周期数为：

平均每条指令的存储器停顿周期数
=L1 平均每条指令的不命中次数×L2 命中时间+
L2 平均每条指令的不命中次数×L2 不命中代价
$= \dfrac{60}{1000} \times 10 + \dfrac{30}{1000} \times 100 = 3.6$ (个时钟周期)

如果从平均存储器访问时间减去 L1 命中时间，再乘上每条指令的平均访存次数，也能得到相同的平均每条指令的存储器停顿周期数：(3.4–1.0)×1.5=2.4×1.5=3.6(个时钟周期)。

由此可见，在多级 Cache 中，用每条指令不命中次数进行计算要比用不命中率进行计算更清楚。

上述公式中描述的访存操作是读操作和写操作的结合，并假定 L1 采用写回法。当采用写直达法时，L1 将会把所有写操作发送给 L2，而且要用到写缓冲区。经过对两级 Cache 容量和不命中率关系以及 L2 容量对执行时间关系的统计分析，可得出如下结论：

（1）当 L2 容量比 L1 容量大很多时，全局 Cache 不命中率接近 L2 不命中率，因此，对于单级 Cache 的分析也适用。

（2）L2 的局部不命中率是 L1 不命中率的函数，它会随 L1 的变化而变化，这不是一个好的度量方法。因此，对两级 Cache 评估时应该用全局 Cache 不命中率。

【例 3-6】 设 L2 直接映像时命中时间为 10 个时钟周期，采用 2 路组相联时命中时间为 10.1 个时钟周期。L2 直接映像的局部不命中率为 25%，采用 2 路组相联时局部不命中率为 20%，L2 的不命中代价为 100 个时钟周期，分析 L1 的不命中代价。

解答：L2 采用直接映像，则 L1 不命中代价为 10+25%×100=35(个时钟周期)。

L2 采用 2 路组相联，则 L1 不命中代价为 10.1+20%×100=30.1(个时钟周期)。

由于 L2 总是和 L1 以及 CPU 同步，因此，L2 命中时间必须是时钟周期的整数倍。以 L2 命中周期为 10 个周期或 11 个周期计算，则 L2 不命中代价分别为：

10+20%×100=30(个时钟周期)

11+20%×100=31(个时钟周期)

由此可见，通过降低 L2 的不命中率，可以减少不命中代价。

目前，可采用下列几种 Cache 优化策略。

① 减少不命中代价。可采用多级 Cache、关键字优先、读不命中优先、合并写缓冲区、牺牲 Cache（Victim Cache）等方法。牺牲 Cache 存放被替换出去的块，下次不命中时，先检查牺牲 Cache，如果找到，则该牺牲块与 Cache 块对调。

② 降低不命中率。可采用增大块容量、增大 Cache 容量、增加相联度、路径预测和伪相联、编译优化等方法。

③ 通过并行技术降低不命中代价和不命中率。可采用无阻塞 Cache、硬件预取、编译预取等技术。

④ 减少 Cache 命中时间。可采用小而简单的 Cache（避免地址转换）、流水线式 Cache、跟踪 Cache 等方法。跟踪 Cache 内有 CPU 执行指令的动态轨迹，可预测动态指令序列。

表 3-5 反映了几种优化 Cache 技术对 Cache 复杂度和性能的影响。表中的"缺失代价"即"不命中代价"，"缺失率"即"不命中率"，"+"表示增加，"–"表示减少，硬件复杂度中 0 表示最简单、3 表示极难。

表 3-5　Cache 优化技术总结及对 Cache 复杂度和性能的影响

技　　术	缺失代价	缺失率	命中时间	硬件复杂度	备　　注
多级 Cache	+			2	硬件开销大，当 L1 容量与 L2 不等时实现较难，广泛使用
关键字优先与提前重启动	+			2	广泛使用
给出读缺失相对于写的优先级	+			1	对单处理器而言作用较小，广泛使用
合并写缓冲	+			1	在 Alpha 21164, UltraSPARC III 中与写直达一起使用，广泛使用
牺牲 Cache	+	+		2	AMD Athlon 中使用，容量大小为 8 条目
增大块容量	−	+		0	作用较小，Pentium 4 L2 块容量为 128B
增大 Cache 容量		+	−	1	广泛使用，尤其在 L2 中
增大相联度		+	−	1	广泛使用
路预测 Cache			+	2	在 UltraSPARC III 的一级 Cache 和 MIPS R4300 系列的 D-Cache 中使用
伪相联		+		2	在 MIPS R10000 的一级 Cache 中使用
采用编译技术		+		0	软件设计是关键，一些计算机提供编译器选项
非阻塞 Cache	+			3	乱序执行 CPU 中都使用
硬件预取	+	+		对指令为 2 对数据为 3	一般预取指令，UltraSPARC III 中预取数据
编译控制的预取	+	+		3	需要非阻塞 Cache，有一些处理器支持
小而简单的 Cache		−	+	0	作用较小，广泛使用
Cache 索引中避免地址转换			+	2	Cache 容量小时作用较小，在 Alpha 21164, UltraSPARC III 中使用
流水线 Cache 访问			+	1	广泛使用
跟踪者 Cache			+	3	在 Pentium 中使用

3.5　虚拟存储器

3.5.1　虚拟存储器基本结构和工作原理

　　虚拟存储器是指"主存-辅存"层次，它能使该层次具有辅存容量、接近主存的等效速度和辅存的每位成本，使程序员可以按比主存大得多的虚拟存储空间编写程序（即按虚存空间编址）。只要主存容量大于某个最小值，无论机器配备多大容量的主存，程序都可不做任何修改照样运行。当然，主存容量会影响系统工作效率，如果程序过大而主存容量过小，则运算速度会明显下降。虚拟存储器与 Cache 有许多相似之处，但也有重要区别。

　　首先，Cache 的主要作用是弥补主存和 CPU 之间的速度差距，因此它的管理部件是用硬件实现的，并对程序员透明。但虚拟存储器的主要作用是弥补主存和辅存之间的容量差距，因此它的管理部件基本上靠软件，适当结合硬件来实现，并且虚拟地址空间可被应用程序员感觉到和加以利用，实现对系统程序员也不是透明的。

由上述不同目标出发，系统设计条件也不同。Cache 访问时间与主存访问时间比通常在 1:5～1:10，每次传送的信息单位（块）也比较小，只是几至几十字节。而虚拟存储器访问时间比（指"辅存-主存"相比）要大得多，达到 100:1～1000:1，每次传送的信息单位（字段或页面）也很大，有几十至几千字节。

Cache 为了争取速度，对 Cache 和主存均建立了直接访问路径，但虚拟存储器不一样，辅存必须经过主存才能和 CPU 通信。

在原理上，虚拟存储器和 Cache 有许多地方是相同的。例如，它们都把信息分成基本单位——块或页，作为一个整体从慢速存储器调入快速存储器，供 CPU 使用。它们都要遵循一定的映像函数安排信息块在快速存储器内的位置。当快速存储器已占满且 CPU 访问不命中时，则需依据确定的替换策略，成块更新快速存储器中的内容。为了获得较高命中率，它们都要利用程序访问局部化性质寻求上述问题的最佳解决方案。

地址映像与变换、替换算法及其实现等基本概念，在前面已做过讲述，本节着重讲述虚拟存储器的基本原理和工作过程，并对各种情况、各个工作阶段的速度要求和实现方法进行分析。

3.5.2 虚地址和辅存实地址的变换

对具有虚拟存储器的计算机系统来说，程序员是按虚存空间编制程序的，即按机器指令地址码编制，该地址码就是虚地址，由虚页号和页内地址组成，如图 3-37 所示。

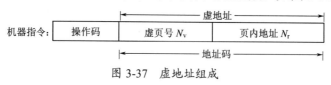

图 3-37 虚地址组成

虚地址是辅存的逻辑地址，而不是辅存的实地址。以磁盘为例，按字节编址的实地址 N_d 如图 3-38 所示。

图 3-38 实地址示例

辅存逻辑地址和辅存实地址两者不同，因此在虚拟存储器中有虚存空间到辅存实空间的地址变换。辅存一般是按信息块编址，而不是按字节编址，若使一个块（区）的大小等于一个虚页面的大小，则只需由虚页号 N_v 变换到 N_{v_d} 即可完成虚地址到辅存实地址的变换。为此，可以采用前述页表的方式。由 N_v 变换到 N_{v_d} 的表称为外页表，由 N_v 变换到主存实页号 n_v 的表称为内页表（即前述页表）。

外页表的容量与内页表一样，也是 2^{N_v}。可采用前述表层次技术。前面讲过每访问一次主存都要将虚地址变换到主存实地址，只有当出现页面失效时（其概率不到 1%）才需调用外页表进行虚地址到辅存实地址的变换，以便由辅存将该虚页调入主存。因为访问辅存需经过机械动作，速度慢，费时多，因此查外页表的速度也较慢，外页表可存于辅存，只在需要时才调入主存。在页面失效时，处理机不空等该页由辅存调入主存，而是通过程序换道，切换到另一个已在主存的用户程序。虽然换道需要执行相当多的指令，但比起调页时辅存机械动作花费的时间还是少得多。

虚地址到辅存实地址的变换过程如图 3-39 所示。其中，装入位表示该信息块（区）是否已由海量存储器（如磁带）装入磁盘。装入位为 1，表示外页表内的 N_{v_d} 为有效辅存（磁盘）的实地址。虚地址到辅存实地址的映像采用全相联方式，其变换用软件实现。

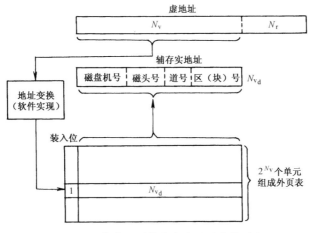

图 3-39 虚地址到辅存实地址的变换过程

3.5.3 多用户虚拟存储器

前面是按多用户共用一个总的虚存空间来分析的，虚存空间总共 2^{N_v} 页，由多个用户（多道）分用。每个用户（道）不具有与其他用户（其他道）完全无关的编址空间，这就给编制程序带来了麻烦。所以，后来的虚拟存储器都设计成每个用户具有独立的有 2^{N_v} 个页面的虚存空间，并增加用户标志位 u（其宽度为 u 位）对应 2^u 个用户，用以区分各用户在辅存所占的空间。辅存逻辑地址（即多用户虚地址）N_s 由 u 和指令地址码 N 两部分组成，如图 3-40 所示。

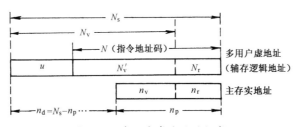

图 3-40 多用户虚地址的组成

多用户虚存总空间为 2^u 个用户空间，每个用户空间为 2^N 个单元，共有 $2^u \times 2^N$ 个单元。多用户虚地址与主存实地址的差 $n_d = N_s - n_p$，虚页号 $N_v = N_s - N_r$，而单用户中的 $N_v = N - N_r$，现用 $N'_v = N - N_r$ 表示。由虚地址变换成主存实地址就是将 $N_v = u + N'_v$ 变换成 n_v 再拼接上 N_r。

如果采用"全相联页式管理"查表法，每个用户（每道程序）有其内页表（由 2^{N_v} 个单元组成），且已在主存，则其地址变换如图 3-41 所示。由 u 指明该用户内页表的起始地址，

由 N'_v 提供内页表内对应单元（行）的偏移量，取出该单元内容，判断其装入位是否有效。若有效，则取其实页号 n_v，再与 N_r 拼接成主存地址；若无效，则进入页面失效处理。

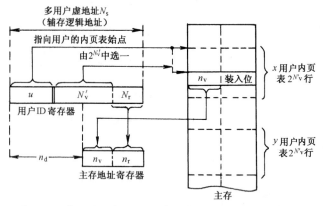

图 3-41　多用户全相联页式管理中将 N_s 变换成主存地址

对于"全相联段页式管理"，N 是多用户虚地址的指令地址码，N'_v 分成段号和页号，采用段表和页表层次，u 指 x 用户的段表的起始地址，段号 y 为该段表内偏移量，取出内容为 x 用户 y 段的页表的起始地址，页号为该页表内偏移量，取出该单元内容，即为实页号 n_v，再与 N_r 拼接成主存地址，如图 3-42 所示。注意，对于多用户虚拟存储器，每个用户的编址空间和总的虚存空间（即辅存空间）是不同的。

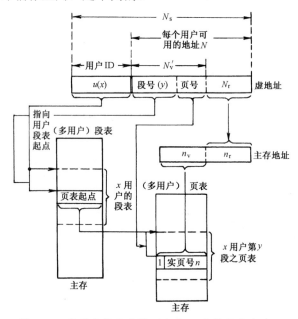

图 3-42　多用户段页式管理中将 N_s 变换成主存地址

虚拟存储器各部分综合起来如图 3-43 所示，其工作全过程如下。

① CPU 取指，得到用户虚地址 N_s（用户标志 u+用户虚页号 N'_v），送内部地址变换。

② 在内部地址变换中，依据 $u+N'_v$ 查内页表，取出内页表对应单元（行）内容，判断其装入位是否为 1，若是，则进入③；为 0，则进入④。

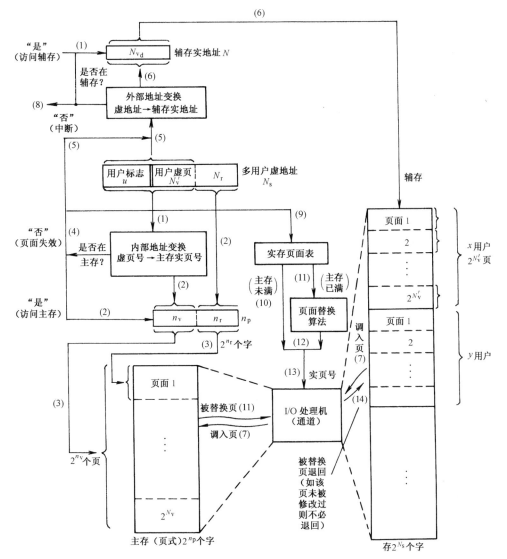

图 3-43 多用户虚拟存储器工作全过程

③ 内页装入位为 1，说明页面有效，则将内页表对应单元（行）内容 n_v 与虚地址 N_s 中的 N_r（即 n_r）拼接成主存实地址 n_p，然后在主存内完成读/写操作。

④ 内页装入位为 0，说明该页未在主存中，产生页面失效中断，则转入⑤，启动外部地址变换，同时转入⑨，启动查实存页表。

⑤ 依据"用户标志 u+用户虚页号 N'_v"（即二者拼接）在外部地址变换中形成辅存实地址。

⑥ 判断该页是否在辅存，若在辅存，则将辅存实地址送辅存硬件；若不在辅存，则引发中断，转入⑧。

⑦ 在 I/O 处理机（通道）参与下，将该页从辅存调入主存。该操作与 CPU 的运行并行进行。

⑧ 该页不在辅存，则转入中断，从海量存储器（如磁带）将该页调入辅存。

⑨ 页面失效时，进入查实存页表（LRU 页表），该操作与⑤、⑥并行。

⑩ 查实存页表得到主存未满结果，则将内部地址变换后得到的实页号送实存页表（即写入 LRU 页表）。

⑪ 查实存页表得到主存已满结果，则执行 LRU 算法。

⑫ 找到被替换的页，得到该页的实页号。

⑬ 将实页号（主存未满时为内部地址变换后得到的实页号，主存已满时为执行 LRU 算法后得到的被替换的实页号）送 I/O 处理机。I/O 处理机根据辅存实地址到辅存读出一页信息，然后根据主存实页号（实地址）将该页信息写入主存。

⑭ 在页面替换时，如果被替换的页调入主存后一直未经修改，则不需回送辅存；如果已经修改（查主存页面表可知），则需先将其送回辅存原来位置，而后再把调入页装入主存。

页面失效处理是设计存储体系的关键之一，考虑不周会使存储体系无法正常工作。前面已讲过，页面划分只是机械地对虚、实存空间进行等分，与程序的逻辑结构毫无联系。由于存储器是按字节编址的，因此可能出现指令、操作数、字符串跨页存储的情况。另外，对于间接寻址方式，尤其是多重间接寻址方式，在间接寻址过程中，可能出现跨页（甚至跨多页）访问，故页面失效中断完全可能出现在取指令、取操作数、间接寻址等过程中，即页面失效中断会在一条指令的分析、执行过程中发出，而且必须立即响应和处理，否则该条指令无法执行下去，这违反了通常应在一条指令执行结束才响应中断的惯例（事实上，它是由 CPU 硬件逻辑结构和时序所决定的，总线请求例外）。由此就引出了在处理主存页面失效后，如何恢复中断现场、回到断点的问题，这需要软硬结合进行。处理该问题一般有下列三种方法：

① 出现页面失效中断时，用后援寄存器技术把该条指令的现场全部保存下来，处理完该中断且把所需页调入中断后，能由该指令从出现页面失效点处继续执行该指令。

② 在页面失效中断的现场保存下来后，进行调页操作，并从头再执行该条指令。

③ 在执行字符串指令前，预判字符串操作数的首、尾字符所在页是否已在主存，只要有一个还没有装入主存，则发出页面失效中断，待该页调入后，才开始执行这条字符串指令。这种方法只适用于字符串长度不超过一页的情况。

上述跨页处理中需注意替换算法的设计，不能出现"颠簸"，即新调入的页不能把原已在主存内且当前要使用的页替换出去。当遇到指令和两个操作数都是跨页存储时（这是最坏情况，其概率很低），这条指令执行就要用到 6 个实页。因此，分配给各道程序的实页数要考虑上述情况。

3.5.4 加快地址变换的方法

由上述虚拟存储器工作全过程可知，它有两种地址变换：一种是由虚地址变换成主存实地址，每访问主存一次就要进行一次，故这种内部地址变换要求变换速度很快；另一种是只有当产生页面失效时才需进行虚地址到辅存实地址的变换，这种外部地址变换速度可慢些。至于替换算法的实现，由于它仅出现于页面失效且主存已满时，故其概率比外部地址替换还要低，所以对它的速度要求可更低一些。就虚拟存储器的速度要求而言，关键在于虚地址到主存实地址的变换速度，这个速度如果达不到要求，则虚拟存储器无法使用。

内部地址变换是通过查表得到实地址的，不同的表结构，其查表速度是不一样的。对于页表法，由于页表存于主存中，因此每访问主存一次，为查页表就要再增加一次访存。如果采用段页式，仅查表就需访存两次，所以为存、取一个单元，就需访存三次，比不采用虚拟存储多了两次，从而使速度严重下降。对于相联目录表法，在全相联时需要对 2^{n_v} 行相联查找，也很费时间。

在实际查表过程中，由于程序局部性的特点，对表内各行的使用不是随机性的，而是聚簇性的，即不论哪种表结构，在一段时间内，实际上只用到表内很少几行。因此，不采用有 2^{n_v} 行的全相联目录表，而是用快速硬件构成比全表小得多的部分相联目录表（如只有 8~16 行），这个部分目录表称为快表，而全表称为慢表。快表查找速度比慢表快得多，只是当快表查不到时，才从容量为 2^{n_v} 行的慢表（内页表）中查找对应的实页号。慢表存在主存内。运用快表和慢表实现内部地址变换如图 3-44 所示。

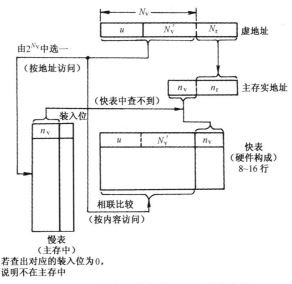

图 3-44 用快表和慢表实现内部地址变换

查表时，由虚页号 $N_v = u + N_v'$ 同时去查快表和慢表。如果在快表中查到，则能很快地得到实页号 n_v 并送主存头地址寄存器，且使慢表的查找作废，从而达到虽使用虚拟存储器但访问主存速度几乎没有下降的目的。如果快表中查不到，就费一个访问主存周期查慢表，查到的实页号 n_v 送主存实地址寄存器，同时将此虚页号和对应的实页号送入快表，替换快表中的内容。

虚拟存储器只是在有了快表以后才得以真正使用。快表和慢表实际上构成了层次，与"主存-辅存"层次在概念上是相同的，因而前述替换算法也适用于它，一般采用 LRU 法。如果是堆栈型的 LRU，则快表容量越大，其命中率越高；但容量越大，其相联查找速度也越慢，所以快表的命中率和查表速度是矛盾的。若快表取 8~16 行，每页容量为 1~4KB，则快表容量可反映主存中的 8~64KB，一般来说，这样的快表其命中率是不会低的。为了解决快表的容量（命中率）与速度之间的矛盾，可用速度比相联存储器快得多的按地址访问存储器芯片构成容量更大的快表，并采用硬件实现的散列法，使快表地址从 N_v 压缩到 $A=H(N_v)$。然而，散列不是唯一的，即 A 与 N_v 不是唯一对应的，这就存在可能查错的问题。为此，在快表内加上 N_v 项。在用散列法求得 A 并查到 n_v 后，将快表内同一行的 N_v 与虚地址中的 N_v 相比较。

若不等,就表明出现了散列冲突,即 A 地址单元内的 n_v 不是虚地址对应的实页号,这时就靠查慢表获得 n_v。判断相等可与访问主存并行进行。这样构成的快表容量比相联查找法大,可达 64~128 行,从而可进一步提高快表命中率,并且仍有很高的查表速度,其原理如图 3-45 所示。

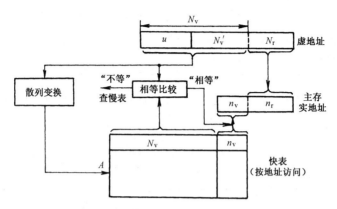

图 3-45 用散列法实现快表按地址查找

上述方法的出发点是让概率高的操作尽可能用最快的方法处理,即使不正确或出错,只要出错概率很低且能发现和纠正,即使这种纠正要花费较多时间,也仍然会带来系统整体效率的提高。这是哈夫曼(Huffman)概念的一种应用,也是当代计算机设计的重要思路。

IBM 370/168 的虚拟存储器快表结构是一个典型例子。它在采用散列法的基础上增加了两项措施,见图 3-46。一项措施是使每个地址 A 对应两个虚页号,即把虚页号 $1(N_v' + \text{ID})_1$ 和虚页号 $2(N_v' + \text{ID})_2$ 放在同一个 A 单元内,用两套相等比较电路,哪一个相符就送哪一个 N_v,只有当 A 单元的两个虚页号都不相符时才不命中,需要查慢表来取得 N_v。另一项措施是把虚地址中的用户标志 u 进行压缩。因为散列变换(压缩)的入、出位数差越小,散列冲突概率就越低。而在 IBM 370/168 中 u 长达 24 位,对应于 2^{24} 个任务(用户),但在比较长的一段时期内仅有几个任务在运行,远比 2^{24} 小得多,即在同一时期内 u 的变化概率比 N_v' 的变化概率要小得多,故只需把当前正在运行的那几个用户标志 u 值存在高速相联寄存器内(如 6 个),用 3 位 ID 表示,从而实现了将 24 位的 u 压缩成 3 位 ID。在进行地址变换时,先将虚地址中的 u 在相联寄存器组内进行查找,找到相应的 ID,再与 N_v' 拼接,由原来的 $u + N_v' = 36$ 位压缩成 $\text{ID} + N_v' = 15$ 位,从而既缩短相联比较位数,缩小散列变换的入、出位数差,在任务切换时又不易出错。这样,在快表内可以同时存在多达 6 个任务,在任务切换时,不必由操作系统使整个快表或某行内容作废,真正实现快表对操作系统和系统程序员是"透明"的。只有当 u 值与 6 行相联寄存器组的任意一个都不相符,即表明已切换到 6 个之外的新任务时,才需用替换算法将新任务的页表内容取入快表。所以,快表内容随着任务切换逐行地自动更换,而且常用任务(或主任务)被替换出去的概率很低,从而解决了因快表内容全部作废所带来的虚、实地址变换速度下降的问题。

在 IBM 370/168 之后的计算机中,快表结构基本上与 IBM 370/168 相似。该例子说明了把软件概念(如散列技术)应用于系统设计所带来的好处,以及软、硬相互渗透,设计出好的"透明"硬件对提高计算机系统性能的意义。

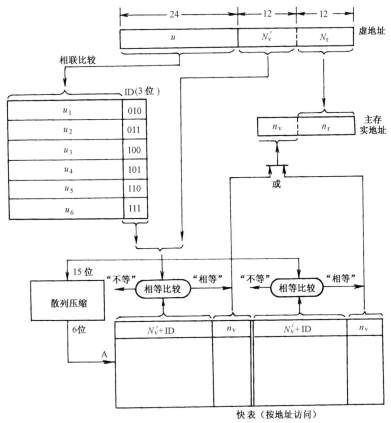

图 3-46 IBM 370/168 的虚拟存储器快表结构

3.5.5 虚拟存储器性能分析

1. 主存空间利用率

主存容量有限（与辅存、海量存储器相比而言），减少主存空间的浪费、提高其利用率是设计存储体系的目标之一。主存空间利用率是指用户程序占据的主存空间与分配给该用户的主存容量之比。

设 S_S 为用户程序的平均长度（按字节编址），页面长度为 S_P，当 $S_S \gg S_P$ 时，页内零头的平均值为 $S_P/2$。所以，S_P 越大，零头损失越大。从这一点出发，页面小可以提高主存利用率。然而，程序需要有页表（内、外页表），其大小为 S_S/S_P，若页面过小，就需用很大的页表，这会降低主存利用率。因此，页面过大或过小，都会降低主存空间利用率。在主存内非程序占据的空间（页内零头和页表）共为：

$$S_u = \frac{S_P}{2} + \frac{S_S}{S_P}$$

则对应该程序的主存空间利用率为：

$$\eta = \frac{S_S}{S_S + S_u} = \frac{2 S_S S_P}{S_P^2 + 2 S_S (1 + S_P)}$$

η 最大值应对应于 S_u 的最小值，而对应最小 S_u 的 S_P 就是最佳页面大小 S_P^{OPT}，所以对 S_P

求导有：

$$\frac{dS_u}{dS_P} = \frac{1}{2} - \frac{S_S}{S_P^2} = 0$$

得：

$$S_P^2 = 2S_S$$

所以：

$$S_P^{OPT} = \sqrt{2S_S}$$

代入 η 式，化简后得：

$$\eta^{OPT} = \frac{1}{1+\sqrt{2/S_S}}$$

对应不同 S_P 值的 η 与 S_S 的关系曲线如图 3-47 所示。如果只从主存空间利用率考虑，页面大小应按 $\sqrt{2S_S}$ 选取，但这个值往往比实际所用 S_P 值要小，这是因为实用 S_P 大小的确定需考虑多种因素。实用 S_P 大小的确定方法如下：首先从用户程序占用的 S_S 出发，计算 S_P^{OPT}，η^{OPT}，然后考虑其他因素，对 S_P^{OPT} 予以调整。例如，磁盘查找时间要比传送时间长得多，不论页面多大，其查找时间都一样，为了提高调页效率，应使 S_P 增大。又如，可从降低指令、操作数和字符串跨页存储的概率来调整 S_P，也可以通过调整操作系统为页面替换而花费的时间来调整 S_P。此外，还应联系提高主存命中率的需要来确定 S_P。总而言之，一个合适的、实用的 S_P 是各方因素综合平衡的结果。

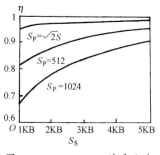

图 3-47　η，S_P，S_S 关系曲线

2．主存命中率

主存命中率 H 是评价存储体系的重要指标，而页面大小 S_P 和分配给该道程序的主存容量 S_1（$S_1=S_S=S_u$）是影响命中率 H 的重要因素，其典型关系如图 3-48 所示。

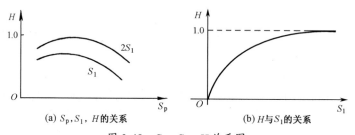

图 3-48　S_P，S_1，H 关系图

对于给定的 S_1，随着 S_P 的增大，H 先增大，达到某个最大值后，随 S_P 增大反而减小。其原因如下：设任务地址流 A 中相邻逻辑地址之间的距离为 d_r，在 S_P 较小时，若 $d_r<S_P$，则随着 S_P 增大，同页内访问的概率会提高，从而 H 随着 S_P 增大而上升。若 $d_r>S_P$，两个地址相隔较远，不在同一页，如果另一页也在主存内，那么当然会命中。然而，对于堆栈型 LRU 替换算法，在分配给该程序的主存容量 S_1 一定时，增大 S_P，则总页数要减少，这会使命中率 H 下降（见 3.2 节所述）。所以，当 S_P 较小时，前一种因素起主要作用，H 随着 S_P 增大而上升；当 S_P 达到某值之后，后一种因素起主要作用，页数明显减小，导致增大 S_P 反而使 H 下降。当然，从图上可见，增大分配给该程序的容量 S_1 能延缓后一种因素所引起

的 H 下降。

增大 S_1 在开始时作用明显,当 S_1 值取得能把整道程序全部装入时,H 达到最高值。然而,同一时期只有一部分主存在用,必然使主存利用率 η 变低,这也不符合采用存储层次的目的。因此,S_P、S_1 的选择都是折中平衡,目标是使系统的性能价格比尽可能高。目前还没有确实能反映实际状况的分析模型,以致不能定量地确定 S_P 的值。就虚拟存储器的命中率 H 和主存利用率 η 来看,H 是更重要的,所以 S_P 应以 H 为主选定,但要兼顾到 η,不能使 η 太低。目前,一般机器的 S_P 取 1～4KB。除了 S_P、S_1 对 H 有影响,替换算法也对 H 有重要影响,在讲述替换算法的 3.2 节已经分析过了。

以上讨论主要是围绕单道程序运行的情况来分析的。从多道程序运行角度分析,影响的因素更多。

对于分时系统,分配给 CPU 的时间片大小会影响虚拟存储器的使用。时间片较小,应尽量减少页面交换次数,此时,S_P 应较大,否则时间片的大部分时间会被调页消耗掉;可降低 S_1,因为时间片的限制,可使用的主存容量会较小。当然,S_P 也不能过大,不然会出现连一页也没有用完就换道的情况。

对于多任务系统,因为每道程序占有的主存页面数比只运行单道程序时要少,会使该道程序的 H 值下降。但在调页时,CPU 可切换到另一道程序,不是空等,而是与 I/O 处理机并行工作,所以 CPU 的效率不会降低。因此,运行多道程序时 CPU 效率比单道程序高。但任务数 J 不能无限增加,否则会适得其反。用概率模型进行模拟分析,当 $J<J_{OPT}$ 时,因为调页和 CPU 并行工作而使 CPU 效率随 J 增大而增加;但当 $J>_{OPT}$ 后,J 的增大会使每道任务的主存分配量过小而使 H 过分下降,从而使 CPU 效率下降。

为了在多任务系统中优化 CPU 效率,人们提出了各种调页模型。第一种认为,如果调页操作能使辅存约有一半时间是忙着的,则 CPU 效率为最大(即 50%准则)。这里程序的道数和随之而来的为每道程序分配的主存量明显影响页面失效率。第二种认为,调页时间近似等于二次页面失效之间的平均时间时,CPU 效率最高。第三种认为,每道程序的页面分配量应能使二次页面失效之间的平均时间达到最大值。按照这些观点可提出调整道数(并行任务数)的算法以及使系统吞吐量最大的存储管理策略。

上述都是按虚存空间大于实存空间来讲述的,这是虚拟存储系统的基本特征。但也有一些小型机把小的虚存空间映像到大的实存空间,这能使实际主存空间大于 CPU 直接扫描的存储空间,是增强存储功能的一种办法,而且便于实现快速的虚、实地址变换(因为 $N_v<n_v$,页表入口 2^{N_v} 相对较小,便于用高速随机访问存储芯片构成)。

3. "Cache-主存-辅存"层次

目前计算机系统的存储体系几乎都是"Cache-主存-辅存"层次,而且 CPU 以虚地址访问存储系统。若对应虚地址的单元已在 Cache 中,则需把虚地址变换成 Cache 地址,再访问 Cache;若对应虚地址的单元已在主存,但未调入 Cache,则需把虚地址变换成主存地址(经快表)和 Cache 地址,再访问主存,并将该单元所在块调入 Cache;若对应单元不在 Cache,也不在主存,则需把虚地址变换成辅存实地址、主存地址(经慢表)和 Cache 地址,由辅存将该单元所在页调进主存,并接着由主存调进 Cache,对主存进行访问(与调进 Cache 并行)。虚地址、主存实地址、Cache 地址的对应关系如图 3-49 所示。

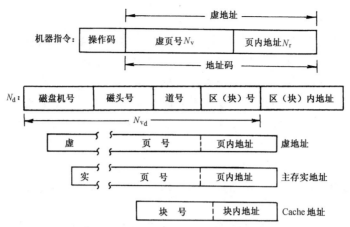

图 3-49 虚地址、主存实地址、Cache 地址的对应关系

由虚地址到主存实地址的变换需经过快表,如果访问 Cache 是在查取主存实地址后才开始的,那么势必要在访问 Cache 的周期内增加访问快表的时间。因此,多数处理方法是查快表和访问 Cache 并行进行,其基本思想是:在用虚页号去查快表以取得主存实地址的同时,也用虚地址对应 Cache 块号位置的虚块号经组相联去访问 Cache(Cache 中每个单元包含主存实地址和所对应的数据),并用由快表取得的主存实地址与由 Cache 读出单元内的主存实地址相比较。相符时,所在单元的数据即为对应此虚、实地址的 Cache 内容(即有效信息);不相符时,即出现 Cache 不命中,按既定替换策略对 Cache 进行调块,同时以主存实地址访问主存的对应单元。写 Cache 过程与此类似。由于每次访问 Cache 都要查快表,因此,查快表的速度必须尽可能快,不能因它而延长访问 Cache 的周期。快表的内容是能随任务切换而变化的,因此 Cache 内容要能正确反映任务的切换。在实际实现中,可以有很多方法。例如,Cache 中每个单元所存的是主存实地址的某种压缩编码,或者以与主存实地址无关的虚地址访问 Cache,等等。构建多级存储层次会出现许多问题,如多个虚地址对应同一个实地址等,但只要掌握前述"主存-辅存"和"Cache-主存"这两级层次的基本概念和分析方法,问题都是可以解决的。存储体系的设计不能只从自身出发,还必须根据处理机的要求和操作系统的需求来全面考虑。

3.6 主存保护与控制

3.6.1 主存保护

对于多用户系统和多处理机系统,其主存同时存有多个用户程序和系统软件。为了使系统能正常工作,应防止由于一个用户程序出错而破坏主存内的系统软件和其他用户程序,同时要防止用户程序超出分配给它的主存区域而进行非法访问。为此,系统结构要为主存的使用提供存储保护,这是多用户系统和多处理机系统必不可少的。

主存保护包括存储区域的保护和访问方式的保护。为了实现区域保护,对于不具备虚拟存储器的主存系统采用界限寄存器方式,由系统软件经特权指令对上、下界限寄存器置值,从而划定每个用户程序的区域,禁止越界访问。由于用户程序无权改变上、下界限寄存器的值,因此不论它如何出错,都只能破坏该用户程序本身,而不能侵犯别的用户程序和系统软件。界限寄存器方式只适用于每个用户程序占用一个或几个（当有多对上、下界限寄存器时）连续的主存区域。对于虚拟存储器系统，由于一个用户的各页离散地分布于内存，因此无法使用这种保护方式。虚拟存储器常采用页表、键式、环式等主存保护方式。

1．页表保护

每个程序都有自己的页表，页表大小（行数）等于该程序的虚页数。若它有 5 页，则只能有 0、1、2、3、4 五个虚页号，由操作系统建立的该程序页表如表 3-6 所示。

表 3-6 程序页表

虚页号	实页号
0	1
1	3
2	8
3	12
4	18

由表 3-6 可知，不论该程序的虚地址如何出错，只能影响到分配给它的 1、3、8、12、18 号实页。假如虚页号错成"6"，必然不可能在该页表内找到，其结果是不能访问主存，也就不能侵犯其他程序的区域，这是虚拟存储器系统本身固有的保护机能，也是它的一大优点。为了便于实现，可在段表（可以是页表层次中第一级，不只是段、页式管理中才有）中的每行内设置下一层次页表的起点和该段的长度（即页数），若出现该段内的虚页号大于段长，则可发出越界中断。页表保护是在形成主存实地址前进行的，使之无法形成侵犯其他程序区域的主存实地址。然而，若由于形成地址的硬、软件出现故障，出现了非法的主存实地址，页表保护则无能为力。因此，应采取进一步的保护措施，即键式保护。

2．键式保护

由操作系统根据当时主存分配情况，给主存的每页配一个键，称为存储键（即关键字，按某种形式组成的编码）。所有页的存储键存在主存相应的快速寄存器内，每个用户（任务）的存储键值是不相同的，但分配给一个用户的所有实页的存储键值是相同的，与存储键对应的是访问键，由操作系统为每个用户确定，存在处理机的程序状态字（PSW）或控制寄存器中。程序每次访问主存前，要核对主存实地址所在页的存储键与该程序的访问键是否相符，只有相符，才能访问。这样，即使错误地形成了侵犯别的程序的主存实地址，也因为有键的保护而仍然不能访问。属操作系统的访问键，不论是否与存储键相符都可访问，这是操作系统应能访问整个主存区域所要求的。

3．环式保护

上述保护方式仅对别的程序区域不受侵犯起保护作用，若要使正在执行的程序本身不被破坏则需采取另外的措施，环式保护即是其中之一。环式保护的基本思想是：把系统软件和用户程序按其重要性及对整个系统能否正常工作的影响程度分层，如图 3-50 所示，设 0，1，2 层是系统软件层，其外侧各层是同一用户程序层。环号表示保护的级别，环号越大，等级越低。在现行程序运行前，由操作系统定好程序各页的环号，并填入页表，然后把该道程序的开始环号填入处理机内的现行环号寄存器，并把操作系统规定该程序所能进入的最内层环号（也称上限环号）同时填入相应的寄存器。设 P_i 是在某一时期属 i 层的各页的集合，当进程执行 $P \in P_i$ 页内程序时，若 $j \geqslant i$，则允许访问 $F \in P_j$ 页；若 $j<i$，则由操作系统的环控制程序判定向内层访问是否合法，合法时允许访问，非法时则出错，进入保护处理。通常，j 值不能小于给定的上限环号。换言之，只要 $j \neq i$，就进入中断，如果允许访问，就用特权指令把现行环号寄存器内的 i 改为 j。

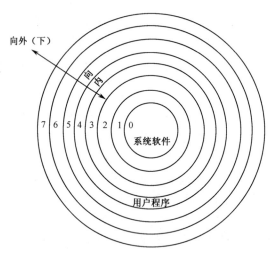

图 3-50 环式保护

环式保护既能保证用户程序出错不至于侵犯系统软件,也能保护用户程序低级(环号大)部分出错不至于破坏其高级(环号小)部分。环式保护有利于系统软件的研制和调试,因为可以做到修改系统软件的外层部分而不必担心影响到已调好的核心部分。至于 $j\neq i$ 的跨层访问,可用规定的转移指令执行,且可以对 $j>i$ 和 $j<i$ 分别用不同的转移指令。

上述各种区域保护均由硬件实现,因此速度很快。区域保护允许对访问的区域进行任何形式的访问,而对允许区域之外,任何形式的访问都不允许。但这种限制还不能满足各种应用的要求,因此,还需加上访问方式的限制(保护)。

对主存信息的操作有读(R)、写(W)和执行(E)(执行是对指令而言),相应就有 R,W,E 的访问方式保护。这三者的逻辑组合可反映各种应用要求。例如:

$\overline{R+W+E}$ ——不允许进行任何访问(如专用的系统表格)。

$R+W+E$ ——可进行任何访问。

$(R+W) \cdot \overline{E}$ ——只能进行数据读、写,而不能执行指令(如阵列数据)。

$\overline{R+W} \cdot E$ ——只能执行,不能读写数据(如专用程序)。

$\overline{R+E} \cdot W$ ——只能写访问(如用户对操作系统缓冲寄存器的写入)。

$(R+E) \cdot \overline{W}$ ——不允许写访问。

$\overline{E+W} \cdot R$ ——只能读访问(如对各用户都要用的表格常数)。

$(E+W) \cdot \overline{R}$ ——不允许读访问。

前述各种区域保护都可增加相应的访问方式位,以实现各种访问限制。

对于界限寄存器方式,可以在下界寄存器添加一位访问方式位。它为"0"时,表明该区域可读、可写;它为"1"时,表明只准读、不准写。

对于键方式,也可添加访问方式位。它的作用可与键值相符一起考虑。如可设计成当读保护位为"0"时,不论键值是否相符,均可进行读访问;当读保护位为"1"时,只有键值相符才能进行读访问。对于写访问,只有键值相符才能进行。由于写保护而禁写时,被保护的页的内容可保持不变;因读保护而禁读时,被保护的页的内容不能取到寄存器,也不能传送到其他页或 I/O 设备。当然,通过使读保护位为"0",可实现主存只读部分的多用户共享。

对于页表保护方式，可把 R，W，E 等访问方式位设于各道程序的段、页表的各行内，从而使同一段内各页可以有上述各种访问保护，以增强灵活性，而且可以做到各用户对同一共享页的访问方式不同，有的只能读，有的读、写均可。

对于环式保护，与页表保护类似，可使同一环内各页有上述各种不同的访问保护，还可以做到使访问保护不仅取决于 R，W，E 的组合，还取决于 j 与 i 值相比之结果（如相等、大于、小于等）。

上述各种访问方式的保护也是由硬件实现的。除此之外，对于多用户共享页，可实现只有当前用户访问结束后，别的用户才可访问该页，以防止一个用户还未把共享文件写好之前，别的用户就把它读走了，可利用"测试与置定"和"比较与交换"指令实现这一点。

3.6.2 主存控制部件

由于计算机结构从以 CPU 为中心发展到以主存为中心，存储器形成了体系（层次），因此，对存储器的访问出现了多种形式，也提出了多种要求。例如，虚地址需经过复杂变换才能得到访问主存的实地址；在存储体读/写操作之前需经过存储保护的检验；从存储体读出的信息不能直接送处理机，而需要经过错误检测及错误纠正；对于按字节编址的主存以及采用多体并行交叉结构的主存，存储体读出的信息经过合并或分离之后才能成为处理机所需的信息；对于有 Cache 的存储体系，需要确定虚地址是访问主存，还是访问 Cache；对于多处理机系统，还需协调多个 CPU 和多个 I/O 处理机（通道）对主存的访问。凡此种种，都使得主存系统除存储体外，还要有复杂的主存控制部件（存控）来完成这些功能。不同的计算机对存控的安排不同，有的把上述某些功能（如主存地址形成和读出信息的合并或分离）交由处理机实现。但是，不论放在哪里，上述这些控制功能是必须具备的。

在单 CPU 系统内，访问主存的申请有若干种类，应该按照申请优先级制分别处理。优先次序一般如下排列：Cache 访存申请、通道访存申请、CPU 直接对主存写数申请、CPU 直接对主存读数申请、CPU 取指申请等。Cache 申请级别最高，这是因为 Cache 调块时 CPU 空等。至于通道申请级别比 CPU 高，主要原因是通道的缓冲量小，如不及时响应就有可能造成 I/O 信息丢失，而且通道申请中包括取通道控制字和通道地址字，如不及时提供就会造成通道不正常和外设的错误动作。对于 CPU 的写数、读数、取指三种申请，在流水线计算机中，由于地址相关问题，要把写数申请置于读数申请之前，使读出的数据确是在它之前应写入的数据；取指申请级别最低是因为取指迟一些不会造成整个计算机工作出错，何况采用指令先取技术的计算机有指令队列缓冲寄存器，取指可与指令执行重叠，在主存空闲时取指。对于多处理机系统，应设定每个处理机有一个优先级别，存控有排队控制逻辑，按照各处理机优先级别安排访存的先后次序，以达到减少访存冲突、提高访存效率的目的。

大多数计算机是把访存优先级别定死的，但也有些计算机在程序执行过程中动态地改变优先级别。有的计算机主存系统只有一个入、出端口，由存控排队控制逻辑决定各申请的响应次序；有的计算机有多个入、出端口，各端口优先级别不同，对每个端口的申请可进一步分级。

随着系统结构的发展，可能把更多的逻辑功能扩散到存控部件。例如，对于"测试与置定"和"比较与交换"等指令，就要求由存控保证对指定单元的读/写操作期间不准别的指令和处理机访问。

对存控所有要求确定后,可进行存控的具体逻辑设计,在设计时一定要减少由虚地址到存储体地址之间、由存储体输出到处理机相应寄存器之间的级数,尽可能不要由于上述种种要求而使访存时间过分增加。

总之,存控是改善系统吞吐能力、提高系统速度和可靠性的不可缺少的部件,也是存储体系能有效工作的重要保障。

3.6.3 磁盘冗余阵列

磁盘阵列(Disk Array)可以有效提高存储系统的可靠性和性能。相比于一个大驱动器、一个盘片和两个磁头,磁盘阵列的多个盘驱动器、多个盘片和多个磁头可以更大程度上提高吞吐率和容错能力:它将数据分布到多个磁盘上(即数据带状分布),可以同时访问几个磁盘,自然提升了吞吐率;它将若干磁盘列为检测磁盘和备用盘,存储文件的备份,从而提高了容错能力。磁盘阵列的缺点是多个设备导致设备故障率提升,但通过增加冗余磁盘可有效提高磁盘阵列的可靠性。这样的系统称为 RAID (Redundant Array of Inexpensive Disk,廉价磁盘冗余阵列)。

不同的冗余管理方法代价和性能各不相同。表 3-7 列出了标准 RAID 级别,每个级别有 8 个数据盘和相应的冗余或检测磁盘。RAID 0 为非冗余磁盘阵列。

表 3-7 RAID 级别列表

RAID 级别	名 称	可接受最小故障数	数据磁盘数目(举例)	相应检测磁盘数目	生产该级别 RAID 产品的企业
0	带状无冗余	0	8	0	广泛使用
1	镜像	1	8	8	EMC,Compaq(Tandem),IBM
2	海明码校验	1	8	4	
3	位交错奇偶校验	1	8	1	Storage Concepts
4	块交错奇偶校验	1	8	1	Network Appliance
5	块交错分布式奇偶校验	1	8	1	广泛使用
6	P+Q 冗余	2	8	2	

(1)带状无冗余(RAID 0)

数据在磁盘阵列中是带状分布(Striping)的,没有冗余容错功能。带状分布对于软件而言,相当于单个大磁盘,简化了存储管理。同时,多个磁盘同时工作,提高了大规模访问的性能,如影视编辑系统。

(2)镜像(RAID 1)

每个数据盘配一个冗余盘,数据写入一个盘,同时也写入对应的冗余盘,因此所有信息都有一个副本。如果一个磁盘发生故障,系统可在对应的镜像盘上找到所需信息。因为使用了两倍的磁盘,所以 RAID 1 的硬件代价是最高的。镜像和带状分布可以组合在一起。设要存储 4 个盘的数据,有 8 个盘可使用。一种方式是以 RAID 1 组织方式,把磁盘组成 4 对,然后把数据带状分布,称为 RAID 1+0 或 RAID 10;另一种方式是采用 RAID 0 组织方式,创建两个 4 磁盘系列,然后再镜像写入,称为 RAID 0+1 或 RAID 01。RAID 10 为带状镜像,RAID 01 为镜像带状分布。

(3)海明码校验(RAID 2)

RAID 2 将数据条块化分布于不同的硬盘上,条块单位为位式字节,使用海明码进行错误检查及恢复。海明码需要多个磁盘存放检查及恢复信息，使得 RAID 2 技术实施更加复杂，因此在商业环境中很少使用。

（4）位交错奇偶校验（RAID 3）

RAID 3 用 N 个磁盘作为一个磁盘组存储数据，另外用一个磁盘存放用于数据恢复的冗余信息，而不是每一个磁盘的原始数据都有一个完整的副本。因此，冗余盘减少到原来的 $1/N$。读/写操作都是对所有磁盘同时进行的。出现故障时用一个磁盘记录检验信息。RAID 3 用于大数据量的应用，如多媒体和特殊科学代码。用一个冗余磁盘存放所有其他磁盘数据的和，当一个磁盘发生故障时，用校验盘上数据减去其他非故障磁盘数据的和，剩下的数据信息就是所丢失的信息。奇偶校验就是简单的模 2 操作。RAID 3 要求故障率低，优点是只需一个冗余盘，成本较低，缺点是故障恢复时间长。

（5）块交错奇偶校验（RAID 4）和块交错分布式奇偶校验（RAID 5）

RAID 4 和 RAID 5 与 RAID 3 一样，只用一个冗余盘，但访问数据的方法不同。盘上数据以扇区（块）为单位读/写，奇偶校验也是针对扇区内数据进行的。RAID 3 每次访问都是针对所有磁盘进行的。对于小数据量访问，只要访问的信息在一个扇区内，就允许这些不相干的小数据量读操作并行进行。但是写操作是另一回事，一次小数据量的写操作需要所有其他磁盘读出用于计算奇偶校验的其他信息。设有 4 个数据盘和 1 个校验盘，如图 3-51 所示，有一块新数据 D_0' 写入（D_0' 来自 CPU），首先要读出 D_1、D_2、D_3 的数据，与 D_0' 一起进行异或（即计算奇偶）操作，得到新的奇偶校验块 P'，然后把 D_0' 写入，再把 P' 写入。

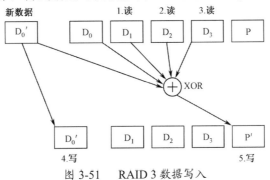

图 3-51　RAID 3 数据写入

RAID 4 和 RAID 5 写入与 RAID 3 不同，如图 3-52 所示。先读出旧块 D_0 与新块 D_0' 比较，确定哪些位改变，然后读取旧校验块 P 并改变相应位成为 P'，最后写入 D_0'、P'。当然比较仍然采用异或（XOR）。RAID 4 和 RAID 5 用读两块（D_0、P）写两块（D_0'、P'）代替 RAID 3 读三块（D_1、D_2、D_3）写两块（D_0'、P'）。RAID 4 和 RAID 5 只对两个磁盘（D_0、P）进行操作。

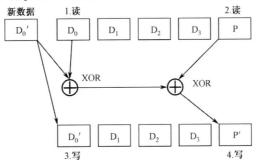

图 3-52　RAID 4 和 RAID 5 数据写入

奇偶校验只是信息的按位和（异或），即：

偶校时，校验位=$b_{n-1} \oplus b_{n-2} \oplus \cdots \oplus b_1 \oplus b_0$

奇校时，校验位=$b_{n-1} \oplus b_{n-2} \oplus \cdots \oplus b_1 \oplus b_0 \oplus 1$

所以，分析写入新数据后哪些位发生变化，然后改变校验盘上的对应位即可。图 3-57 说明了这种方法，通过读出旧数据，用旧数据与新数据比较，判断哪些位发生变化，再读旧校验和，改变对应有变化的位，最后写入新数据和新的校验和。因此，一次小数据量的写操作包含对两个磁盘的 4 次访问，而不是访问所有的磁盘（RAID 3），这种结构就是 RAID 4。RAID 4 可以有效支持大数据量读、小数据量读、大数据量写、小数据量写的混合操作；缺点是每次写操作都要更新校验盘，这是顺序写操作的瓶颈。为了打破这种瓶颈，RAID 5 采用将校验信息分布到所有其他盘上，使写操作不存在单一的瓶颈。图 3-53 显示了 RAID 4 和 RAID 5 的数据分布。RAID 5 校验信息不再限于某个磁盘，只要写的信息不同时位于同一个磁盘中，就可以使多个写操作并行进行。例如，第一个写操作访问第 8 块，需要同时访问 P_2。第二个写操作访问第 5 块，需要更新 P_1。对于 RAID 4，由于 P_1，P_2 同在第 5 个盘上，写第 5 块和写第 8 块不能同时进行，出现了瓶颈。而对于 RAID 5，第 5 块在第 2 个盘上，P_1 在第 4 个盘上；第 8 块在第 1 个盘上，P_2 在第 3 个盘上，相互无干扰，两个操作可以并行进行。

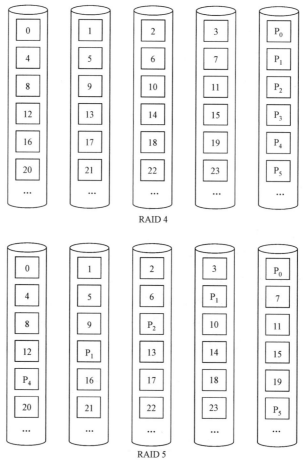

图 3-53　RAID 4 和 RAID 5 的数据分布

（5）P+Q 冗余（RAID 6）

奇偶校验只能发现奇数个错误，对于偶数个错误不能发现。RAID 6 则是在一次奇偶校验的基础上，对数据和校验盘（P）的信息进行二次奇偶校验，形成第二个校验盘（Q）。二次校验机制可使系统从二次故障中鉴别出错误。二次校验比一次复杂，因此 RAID 6 代价是 RAID 5 的两倍。对于图 3-51 所示的数据写操作，RAID 6 需要同时访问 6 个盘，并改写 P 盘和 Q 盘。

RAID 具有较高吞吐率及故障恢复能力，同时，盘径小，驱动器体积小，能耗低。RAID 在大型存储系统中是非常重要的一环，得到广泛应用。在 RAID 设计时，要解决三个问题：

① 记录磁盘故障。磁盘的扇区上记录了该扇区是否发生故障的信息，在读磁盘时，电子设备可通过这些信息发现磁盘故障或信息丢失的情况。

② 缩短平均修复时间（MTTR）。典型方法是在系统中加入热备件（Hot Spare），就是在正常情况下不使用的磁盘。当 RAID 出现故障时，热备件启动，将其他磁盘中的冗余数据（即故障盘数据备份）恢复到热备件中。该过程是自动进行的，所以平均修复时间将大大缩短。

③ 热交换（Hot Swapping）。在不中断计算机工作（不脱机）的前提下，更换 RAID 中损坏的组件，丢失的数据可以立即填入备件中。

3.7 小结

本章围绕存储器，从地址变换和映像、替换算法、并行主存系统、Cache、虚拟存储器等方面出发，介绍了存储系统的结构、设计和发展，简要说明了存储器的性能评价方式，并在最后对主存保护和控制、磁盘冗余阵列进行了介绍。

程序定位，即如何把程序的逻辑地址变换成实际的主存物理地址，分为加基址方式和地址映像方式。加基址方式分为静态定位和动态定位两种，地址映像方式有段式管理、页式管理和段页式管理三种。

在分页虚拟存储体系中，地址映像是指每个虚页按什么规则装入实存；地址变换是指虚地址如何变换成对应的实地址。全相联映像是指任何虚页可映像到实存的任何页面位置。地址变换方法分为页表法和目录表法两种。直接映像的定义是每个虚页只能映像到实存的一个特定页面，优点是地址变换时，只需将相应部分拼接，缺点是实页冲突概率高、利用率低。组相联映像中，各组之间是直接映像，组内各页间是全相联映像。它是全相联映像和直接映像两种映像方式的结合。段相联是全相联的一个特例，即段间是全相联映像，段内各页间是直接映像。

替换算法主要有 4 种：随机算法（RAND）、先进先出算法（FIFO）、近期最少使用算法（LRU）、优化替换算法（OPT）。FIFO 整体命中率较低；LRU 整体命中率较高，实用性强；OPT 整体命中率最高，但使用困难，用于理论分析。

并行存储器是将存储器分成多个模块、可以并行读出多个单元的存储结构，主要有两种组成方式：单体多字方式和多体并行方式。与单体方式相比，多体方式控制线路复杂，但地址设置灵活。

并行存储器将主存划为多个容量相同的存储模块，在同一时间允许对多个模块进行独立的访问。划分地址空间有三种方式：按高位地址划分、按低位地址划分、混合划分。并行存储器具有同时访问和交叉访问两种访问方式。

Cache 是一种高速缓冲存储器，是为了解决 CPU 与主存之间速度不平衡而产生的一项硬件技术。Cache 地址一般采用组相联映像，替换算法选用 LRU 算法。Cache 的性能评价主要看命中率的高低。在多处理机中，Cache 主要有所有处理机共享同一 Cache、每个 CPU 拥有独立 Cache 两种存在方式。目前，有下列几种 Cache 优化策略：减少不命中代价、降低不命中率、采用并行技术、减少 Cache 命中时间。

对存储器层次结构的评价采用平均存储器访问时间：平均存储器访问时间 = 命中时间+不命中率×不命中代价。

虚拟存储器是指"主存-辅存"层次，它能使该层次具有辅存容量、接近主存的等效速度和辅存的每位成本，使程序员可以按比主存大得多的虚拟存储空间编写程序。虚地址到辅存实地址的映像采用全相联方式，通过页表完成虚地址到辅存实地址的变换。快表和慢表的引入加快了虚拟存储器的地址变换。主存空间利用率和主存命中率是评价虚拟存储器好坏的两个主要指标。

为了使系统能够正常工作，必须对主存的使用进行存储保护，包括存储区域的保护和访问方式的保护两种。对于虚拟存储器，通常采用页表、链式、环式等主存保护方式。

磁盘阵列可以有效提高存储系统的可靠性和性能，通过将数据分布到多个磁盘上，可以同时访问几个磁盘，提升吞吐率。其中，RAID 1 在 RAID 0 的基础上配备了冗余盘，RAID 3 采用位交错奇偶校验，RAID 4 和 RAID 5 分别采用块交错奇偶校验和块交错分布式奇偶校验，RAID 6 使用 P+Q 冗余。

习题

一、填空题

1. 程序定位，即如何把程序的逻辑地址变换成实际的主存物理地址，分为_____方式和_____方式。

2. 在分页虚拟存储体系中，_____是指每个虚页按什么规则装入实存；_____是指虚地址如何变换成对应的实地址。

3. 常见的页面替换算法主要有以下四种：_____、_____、_____、_____。

4. _____是将存储器分成多个模块、可以并行读出多个单元的存储结构。

5. 并行存储器将主存划为多个容量_____（相同/不同）的存储模块，在同一时间允许对多个模块进行独立的访问。

6. _____是一种高速缓冲存储器，是为了解决 CPU 与主存之间速度不平衡而产生的一项技术。

7. 虚拟存储器的虚地址到辅存实地址的映像采用_____，通过_____完成虚地址到辅存实地址的变换。

8. 为了使系统能够正常工作，必须对主存的使用进行存储保护，包括_____的保护和_____的保护两种。

9. _____ 可以有效提高存储系统的可靠性和性能，通过将数据分布到多个磁盘上，可是同时访问几个磁盘，提升吞吐率。

二、选择题

1. （　　）是指任何虚页可映像到实存的任何页面位置，地址变换方法分为页表法和目录表法两种。
   A．全相联映像　　　　　　B．直接映像
   C．组相连映像　　　　　　D．段相连映像

2. （　　）是指每个虚页只能映像到实存的一个特定页面，优点是地址变换时，只需将相应部分拼接，缺点是实页冲突概率高、利用率低。
   A．全相联映像　　　　　　B．直接映像
   C．组相连映像　　　　　　D．段相连映像

3. 以下不属于并行存储器划分地址空间的方式是（　　）。
   A．按高位地址划分　　　　B．按低位地址划分
   C．随机划分　　　　　　　D．混合划分

4. Cache 地址一般采用（　　），替换算法选用 LRU 算法。
   A．全相联映像　　　　　　B．直接映像
   C．组相联映像　　　　　　D．段相连映像

5. 虚拟存储器是指"主存-辅存"层次，它能使程序员可以按比主存（　　）的虚拟存储空间编写程序。
   A．更大　　　　　　　　　B．更小
   C．相同　　　　　　　　　D．更大或更小

6. 关于磁盘阵列，RAID 3 采用的是（　　）。
   A．配备冗余盘　　　　　　B．块交错奇偶校验
   C．块交错分布式奇偶校验　D．位交错奇偶校验

三、问答题

1. 简述程序定位及其内容。
2. 简要概括几种常见的 Cache 优化策略。
3. 常见的地址映像有哪几种？各自有何特点？
4. 常见的页面替换算法有哪几种？各自有何特点？
5. 简要概述虚拟存储器与 Cache 之间的区别。

四、计算题

1. 假设 CPU 执行程序 A 时，Cache 完成存取的次数为 2420 次，主存完成存取的次数为 80 次，已知 Cache 存储周期为 40ns，主存存储周期为 240ns，求 Cache/主存系统的效率和平均访问时间。

2. 某 32 位计算机的 Cache 容量为 16KB，Cache 块的大小为 16B，若主存与 Cache 的地址映射采用直接映射方式，试求主存地址为 1234E8F8（十六进制）的单元装入的 Cache 地址。

第 4 章 流水线结构

4.1 流水线结构原理

加快指令的解释过程是计算机系统设计的基本任务。除了采用高速部件，一次重叠、先行控制和流水线等控制方式也是常用的，意在提高指令的并行性，从而加速指令的解释过程。

流水线技术不只用于指令的解释过程，还广泛应用于计算机系统结构的其他方面，如向量的流水线处理。

4.1.1 重叠方式

1. 重叠方式原理

一条指令的解释过程可以根据完成这个过程的微操作分为若干子过程。如一般讨论时，分成取指和分析执行两个子过程或取指、分析和执行三个子过程，如图 4-1 所示。取指子过程把要处理的指令从存储器里取到处理机的指令寄存器；分析子过程包括对指令的译码，形成操作数有效地址并取操作数，形成下一条指令地址；执行子过程对操作数进行运算并保存结果。

取指、分析子过程在指令分析器里完成，执行子过程在执行部件里实现，而这两个部件是独立的，如图 4-2 所示。

图 4-1 指令的解释

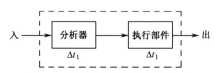

图 4-2 指令解释在两个部件里实现

可以设想，当一条指令的分析子过程在指令分析器中结束，并将结果送入执行部件去实现执行子过程时，指令分析器不必等本指令在执行部件中完成后再对下一条指令进行分析子过程，而是同时进行。如果分析子过程所需的时间（即分析周期）为Δt_1，执行子过程所需时间（即执行周期）与分析周期相同，那么执行部件里处理的是第 n 条指令的执行子过程，而分析器里处理的是第 $n+1$ 条指令的分析子过程，这就是一次重叠方式，它体现了一定的并行性。从顺序处理看，每条指令需 $T=2\Delta t_1$ 时间，如图 4-3(a)所示；而一次重叠则每个 Δt_1 时间就完成一条指令的处理，使处理机的速度提高一倍，如图 4-3(b)所示。

若取指、分析和执行时间相等，设均为 t，则采用顺序方式解释 n 条指令所需时间为：

$$T_0 = 3nt$$

若时间不等，则所需时间为：

$$T_0=\sum_{i=1}^{n}\left(t_{\text{取指}\,i}+t_{\text{分析}\,i}+t_{\text{执行}\,i}\right) \quad (i=1,2,\cdots,n)$$

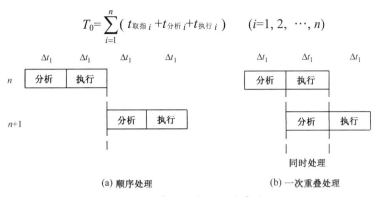

图 4-3 顺序处理与一次重叠处理

按照图 4-3(b)所示的一次重叠处理方法,把"执行"和"分析"重叠,假设各机器周期时间相等,则解释同样的 n 条指令所需时间为:

$$T_1=(1+2n)t$$

时间减少近 1/3。这不但使主存一直处于工作状态,而且使其他部件的利用率也得到提高。但为了实现重叠方式,处理机必须增加一个指令缓冲寄存器,在执行第 k 条指令时,存储取来的第 $k+1$ 条指令。如果进一步增加重叠,如图 4-4 所示(k、$k+1\cdots$表示第 k 条、第 $k+1$ 条指令……),把"分析"与"取指"重叠起来,则处理机速度还可以进一步提高。仍假定各机器周期时间相等,则按这种方式解释 n 条指令所需时间为:

$$T_2=(2+n)t$$

所需时间减少近 2/3,这是一种理想的重叠方式,加快了相邻两条指令至一段程序的解释。

图 4-4 一次重叠的第二种方式

2. 重叠方式结构

为了实现重叠方式,处理机组成上有相应的结构。图 4-5 为一次重叠方式的基本结构。

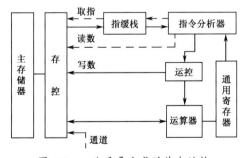

图 4-5 一次重叠方式的基本结构

首先,为了在"执行 k"的同时,能"分析 $k+1$"和"取指 $k+2$",就需要有独立的取指令部件、指令分析部件和指令执行部件。它们有各自的控制线路，实现各自的功能。为此，把处理机中原来一个集中的控制器，分解为存储控制器（存控）、指令控制器（指控）和运算控制器（运控）三部分。

其次，还要解决访存冲突（Collision）。"分析 k"要访存取操作数，"取指 $k+1$"也要访存取指令，在一般机器中，操作数和指令存储在同一主存内，而主存在同一时刻只能访问一个存储单元。这样就形成了"分析 k"与"取指 $k+1$"的访存冲突，也就是在这一步不能实现重叠。

解决方法有三种：

① 使操作数和指令分别存于两个独立编址且可同时访问的存储器内。显然，这种方法对程序员是不透明的。

② 采用多体交叉存储器。这时，操作数和指令仍能够混存。但是，如果第 k 条指令所需操作数与第 $k+1$ 条指令不在一个存储体内，则可同时取到两者，实现"重叠"；如果正好在同一存储体内，则无法实现"重叠"。

③ 设置指令缓冲寄存器组（指缓栈），如图 4-5 所示。把所需的后继指令预先取到指缓栈（指令先取队列），"分析 k"与"取指 $k+1$"就能够重叠。因为前者访存是取操作数，后者到指缓栈取下一条指令，互不干扰。有的指令在"分析"时不需取操作数，有的指令在"执行"时所需时间又比"分析"时间长，因此主存总会有空闲时间。利用这段时间，可以把指令预先取进队列中。指缓栈的基本组成如图 4-6 所示。它除了有一组指令缓冲寄存器，还有自己的控制逻辑，按"先进先出"的方式工作，保证指令顺序不乱。原则上，只要指令缓冲寄存器没有满，就可以自动向存控发出取指请求。指令分析器完成一条指令的分析，就向指令缓冲寄存器求取指令。由于主存读取指令速度与指令分析器取走指令速度不一样，因此队列中存放的指令条数是动态的。具有指令缓冲寄存器的处理机有两个程序计数器：一个是程序先行计数器 PC_1，用于向内存取指；另一个是现行程序计数器 PC，用于记录指令分析器正在分析的指令地址。

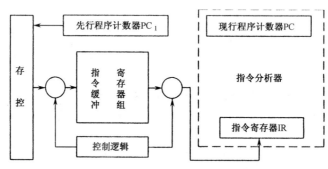

图 4-6 指缓栈的基本组成

若每次"取指"的时间很短，则可将"取指"合并在"分析"周期内，从而构成如图 4-4 所示的一次重叠方式。一次重叠方式连续解释 n 条指令时，其所需时间为：

$$T=(1+n)t$$

由于程序中不可避免地会出现"转移""调子程序"和各种中断，因此会改变程序的顺序流程。而各种类型指令的"分析"和"执行"周期不尽相同。所以，T 是一种难以到达的、理想的境界。

4.1.2 先行控制

1. 先行控制原理

一次重叠方式进行时，都是"执行 k"与"分析 k+1"重叠。如果指令"分析"与"执行"的时间均相等，则一次重叠的流程非常流畅，无任何阻碍，指令分析部件和执行部件的功能能得到充分发挥，机器的速度也能显著提高。但是，现代计算机的指令系统很复杂，各种类型的指令难以做到"分析"与"执行"时间始终相等。此时，一次重叠流程中可能出现如图 4-7 所示的情况。当"分析 k+1"结束后，指令分析部件要等待"执行 k"完成，才能接着"执行 k+1"，进行"分析 k+2"。这就出现了"分析 k+1"时间小于"执行 k"的情况。又如，"执行 k+2"时间小于"分析 k+3"时间，又出现了执行部件等待的情况。这样，指令分析部件和执行部件就不能连续、流畅地工作，从而使整体速度受到影响。图 4-7 中 Δt_1 和 Δt_2 为指令分析部件流程中的等待时间；Δt_3 为执行部件流程中的等待时间。

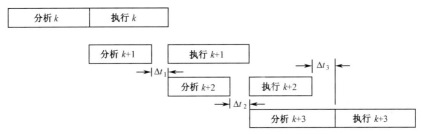

图 4-7 "分析"和"执行"时间不等的一次重叠

在只有一套指令分析部件和执行部件的前提下，如何减少这种情况下计算机速度的损失呢？其基本思想是：在执行部件执行第 k 条指令的同时，指令控制部件对其后继的 k+1, k+2… 条指令进行预取和预处理，为执行部件执行新的指令做好必要和充分的前期准备。这样，就能使指令分析部件和指令执行部件连续、流畅地工作。流程中指令分析部件和执行部件之间有等待的时间间隔 Δt，但它们各自的流程却是连续的。这种方式称为先行控制方式，其时序如图 4-8 所示。

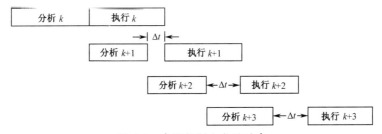

图 4-8 先行控制方式的时序

采用先行控制方式，在理想的情况下，连续解释 n 条指令所需的时间为：

$$T_{先行}=T_{分析_1}+\sum_{i=1}^{n}T_{执行_i} \quad (i=1,2,\cdots,n)$$

2. 先行控制结构

采用先行控制方式的处理机结构如图 4-9 所示。在指令控制部件中，除了原有指令分析器，又增加了先行指令栈、先行读数栈、先行操作栈和后行写数栈。

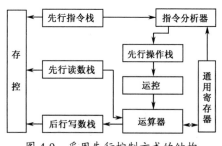

图 4-9 采用先行控制方式的结构

现代计算机组成中,缓冲部件使用较多,它们一般设置在两个工作速度不同的部件之间,起到平衡其工作速度的作用。缓冲技术是计算机组成设计的一个重要技术。

先行指令栈的作用是后继指令预取,保证指令分析器在顺序取指时能从先行指令栈内取到,它相当于一次重叠结构中的指缓栈(如图 4-5 所示)。所以,先行指令栈是主存与指令分析器之间的一个缓冲部件,用于平衡主存和指令分析器之间的工作速度。当指令分析器分析某条指令用时较长或主存空闲时,可多取几条指令存入先行指令栈,以作备取。

指令分析器完成指令译码后,经过寻址操作得到操作数有效地址。如果仍由指令分析器向存控发取数请求信号,则必然要等待存控的响应,这就妨碍了后继指令的连续处理。若将有效地址送先行读数栈内的先行地址缓冲寄存器,则指令分析器可以继续处理后继指令。先行读数栈由一组先行地址缓冲寄存器、先行操作数缓冲寄存器和相应的控制逻辑组成。每当地址缓冲寄存器接到有效地址时,控制逻辑主动向存控发取数请求信号,读出的数据送到先行数据缓冲寄存器内。先行读数栈以"先进先出"的方式工作。运算器直接从其中读取数据,不向主存取数。所以,先行读数栈是主存和运算器间的缓冲部件。先行读数栈内的数据对运算器内正在执行的指令而言属于后继指令执行所需的数据,故称"先行"。指令分析器对指令预处理,将原来交给运算器执行的各种机器指令转换成运算器能够执行的操作命令,从而把运算器原来的访存操作变成访问先行操作缓冲器。

指令分析器与运算器之间的缓冲部件是先行操作栈。由一组操作命令缓冲寄存器及相应的控制逻辑组成。指令分析器预处理完一条指令,将相应操作命令送入先行操作栈,指令分析器继续对后继指令进行预处理。而运算器通过运控从栈内按顺序逐个取出操作命令执行。同样,先行操作栈内的命令对于运算器内正在执行的命令而言是"先行"的。

对于"写数"命令,则需将有效地址送入后行写数栈中的后行地址缓冲器。运算器执行"写数"操作命令,只需将数据送入后行写数缓冲寄存器即可,不与主存打交道,可继续执行后继命令。后行写数栈由一组后行地址缓冲寄存器、后行写数缓冲寄存器及相应的控制逻辑组成。每当接到运算器送来的要写入主存的数据时,由控制逻辑自动向主存发写数请求信号,完成存数操作。它是运算器和主存间的缓冲部件。由于后行写数栈中写回的数据对于运算器中正在执行的命令而言,是先前命令"滞后"写回的数据,故叫后行写数栈。它也是按"先进先出"的方式工作的。

综上所述,先行控制技术实际上是缓冲技术和预处理技术相结合的产物。通过对指令流和数据流的先行控制,尽量使指令分析部件和执行部件处于忙碌状态。与一次重叠相比,其不同之处在于,指令分析部件和执行部件可以同时处理两条不相邻的指令,即实现多条指令重叠解释,因此它的并行性更高。通常把先行指令栈、先行读数栈、先行操作栈和后行写数栈统称为先行控制器,它与指令分析器一起构成先行控制方式中的指令分析、控制部件,而运算器及运控构成执行部件。

4.1.3 流水线技术

1. 流水线技术原理

在一次重叠方式中,把一条指令解释过程分解为"分析"与"执行"两个子过程,每个子过程需用时Δt_1(见图4-2、图4-3)。

如果把解释过程进一步细分为"取指""译码""取操作数"和"执行"4个子过程且每个过程的执行时间是Δt,并分别由各自独立的部件来实现。显然,按顺序处理,每条指令需要的时间为$T=4\Delta t$,而现在则是每一个Δt流出一条指令的处理结果。这种工作方式类似于现代工厂的装备流水线,每隔Δt时间流水线就流出一个产品,而制造一个产品的时间远远大于Δt,这就是计算机设计中的流水线概念。

流水线技术将一个重复的时序过程分解为若干子过程,而每个子过程都可以有效地在其专用功能上与其他子过程同时执行。

描述流水线的工作过程,常采用时(时间)空(空间)图的方法。图4-10是4个解释子过程连续处理5条指令的流水线过程。时空图的横坐标表示时间,纵坐标表示流水线的各功能段。

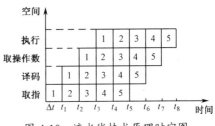

图 4-10 流水线技术原理时空图

一般而言,流水线技术有如下特点:

① 可以划分为若干互有联系的子过程(功能段)。每个功能段由专用功能部件实现。

② 实现功能段所需的时间应尽可能相等,避免因不等产生处理瓶颈,造成流水线"断流"。

③ 形成流水线处理,需要一段准备时间,称为"通过时间"。只有在此之后流水过程才能够稳定。

④ 指令流不能顺序执行时,会使流水过程中断;再形成流水过程,则需经过一段时间。不应经常"断流",否则效率不会很高。

⑤ 流水线技术适用于大量重复的程序过程,只有输入端能连续地提供服务,流水线效率才能够得到充分发挥。

2. 流水线结构分类

流水线结构不仅在指令的解释过程中可以提高处理速度,而且可以应用于各种大量重复的时序过程,如浮点数加法器等。

(1)按完成的功能分类

① 单功能流水线,即只能完成一种功能的流水线,如只能实现浮点数加法、减法或乘法。在计算机中要实现多个功能,采用多个单功能流水线。图4-11显示的是浮点数加法单功能流水线时空图。

② 多功能流水线。同一个流水线可用多种连

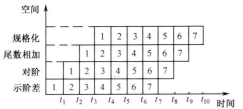

图 4-11 浮点数加法单功能流水线时空图

接方式来实现多种功能,一个典型的例子是 ASC 运算器,它有 8 个功能段,经适当连接可以实现浮点数加/减法或定点数乘法等功能,如图4-12所示。

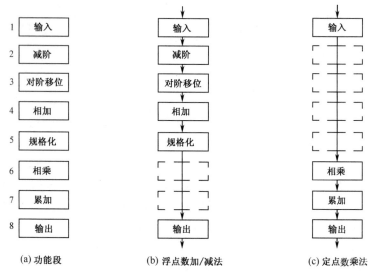

图 4-12 ASC 运算器多功能流水线

(2) 按同一时间内各段之间的连接方式分类

① 静态流水线。同一时间内，流水线的各段只能按同一种连接方式工作。如图 4-13(a) 所示，只能按浮点数加法或定点数乘法工作。

② 动态流水线。在同一时间内，流水线的各段可按不同运算的连接方式工作。如图 4-13(b) 所示，有些段实现浮点数加法，有些段实现定点数乘法。显然，工作效率提高了，但控制复杂多了。因此，大多数流水线都是静态的。

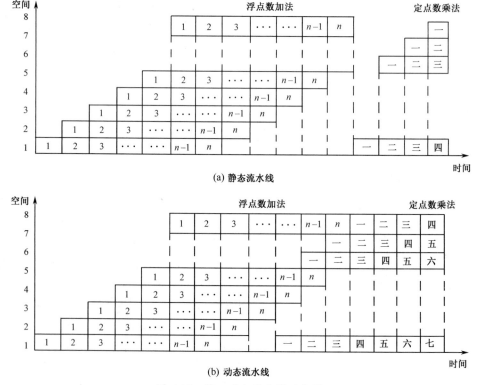

图 4-13 静、动态流水线时空图

（3）按流水线的级别分类

① 部件级流水线。又称运算器流水线，它按处理机的算术逻辑部件分段，使各种数据类型能进行流水线操作，就像图4-11和图4-12所举的例子。

② 处理机级流水线。又称指令流水线，它是在指令解释过程中将其划分为若干功能段并按流水线方式组织起来，就像图4-10所举的例子。先行控制也是指令流水线，它把指令过程分为5个子过程，用5个专用功能段进行流水线处理，如图4-14所示。

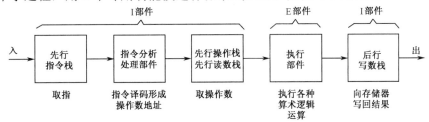

图4-14 先行控制流水过程

如果把解释过程分成两个子过程，"分析"和"执行"的"一次重叠"就是最简单的指令流水线。

③ 处理机间流水线。又称宏流水线，它是指两个以上的处理机串行地对同一数据流进行处理，每个处理机完成一个任务。这种结构往往又称为异构型多处理机系统，如图4-15所示。

图4-15 宏流水线

（4）按数据表示分类

① 标量流水线。它只能对标量数据进行处理。

② 向量流水线。它具有向量指令，能对向量的各个元素进行流水线处理。

（5）按流水线中是否有反馈回路来分类

① 线性流水线。流水线各段串行连接，没有反馈回路。

② 非线性流水线。流水线中除了串行连接通路，还有反馈回路。在流水过程中，有些段要反复多次使用。它常用于递归或组成多功能流水线，如图4-16所示。

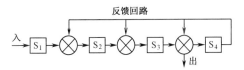

图4-16 非线性流水线

3. 流水线结构

按照指令的要求，选择合适的算法，把运算过程分为多个子过程，使各个子过程的时间尽量相等。但由于实际执行的误差，可能引起各段之间的干扰。为避免干扰，保证各段之间数据通路宽度匹配，在各段之间增加锁存器（Latch），如图4-17所示。因此，锁存器成了各段之间的标志。所有段与一个统一的时钟同步，经常采用集中控制方式。这种方式的基本问题是如何分段，从而确定时钟周期的大小。

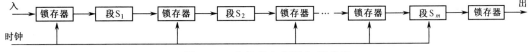

图4-17 在各段之间增加锁存器

4.2 线性流水线性能指标

流水线的主要性能指标包括吞吐率、加速比和效率，它们是评价处理机的重要指标。

4.2.1 吞吐率

吞吐率（Throughput Rate）指单位时间内流水线能够处理的任务数（或指令数）或流水线能输出的结果的数量，它是衡量流水线速度的主要性能指标。

流水线在连续流动达到稳定状态后得到的吞吐率称为最大吞吐率，设流水线各功能段时间Δt都相等，即$\Delta t_i = \Delta t_0$，则流水线的最大吞吐率为：

$$\mathrm{TP}_{\max} = \frac{1}{\Delta t_0}$$

当流水线各功能段时间不等时：

$$\mathrm{TP}_{\max} = \frac{1}{\max\{\Delta t_i\}}$$

显然，最大吞吐率取决于流水线中最慢的那个功能段，也称为"瓶颈"。

借助时空图来分析吞吐率有利于得到实际的吞吐率指标，图4-18显示的是各功能段时间相等的流水线时空图，设流水线由m段组成，要完成n个任务，所需时间T为：

$$T = n \times \Delta t_0 + (m-1) \times \Delta t_0 \quad \text{或} \quad T = m \times \Delta t_0 + (n-1) \times \Delta t_0$$

实际吞吐率为：

$$\mathrm{TP} = \frac{n}{T} = \frac{n}{m \times \Delta t_0 + (n-1) \times \Delta t_0} = \frac{1}{\Delta t_0 \times \left(1 + \frac{m-1}{n}\right)} = \frac{\mathrm{TP}_{\max}}{1 + \frac{m-1}{n}}$$

所以，实际吞吐率小于最大吞吐率，它除了与Δt_0有关，还与段数m、任务数n有关，只有当$m \ll n$时，吞吐率TP才能接近于$\mathrm{TP}_{\max} = 1/\Delta t_0$。

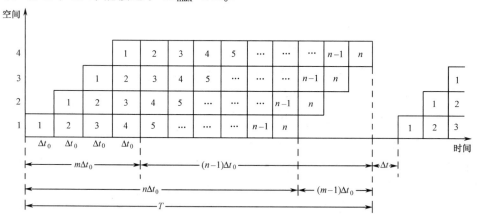

图4-18 用时空图分析吞吐率

如果各段时间不等，完成n个任务的实际吞吐率为：

$$\mathrm{TP} = \frac{n}{\sum_{i=1}^{m} \Delta t_i + (n-1)\Delta t_j}$$

式中，Δt_j 为最长的一段时间。

4.2.2 加速比

m 段流水线的速度与等效的非流水线的速度之比称为加速比（Speedup Ratio）。

设在各段时间相等的流水线上完成 n 个任务的时间是 $T_{流水}=m\Delta t_0+(n-1)\Delta t_0$，而非流水线所需的时间为 $T_{非流水}=mn\Delta t_0$，所以加速比为：

$$S=\frac{T_{非流水}}{T_{流水}}=\frac{mn\Delta t_0}{m\Delta t_0+(n-1)\Delta t_0}=\frac{mn}{m+n-1}=\frac{m}{1+\frac{m-1}{n}}$$

由此可见，只有当 $n\gg m$ 时，加速比 S 才接近于段数 m。也就是说，流水线的段数越多，加速比就越高，但此时的任务数 n 也要求越大。

如果各段的时间不等，则有：

$$S=\frac{n\sum_{i=1}^{m}\Delta t_i}{\sum_{i=1}^{m}\Delta t_i+(n-1)\Delta t_j}$$

式中，Δt_j 为最长的一段时间。

4.2.3 效率

流水线上各段有通过时间和排空时间，即并不都是满负荷工作的。流水线上的设备利用率就是效率（Efficiency）。

设在各段时间相等的流水线上，每段的效率是相等的，即：

$$e_0=e_1=\cdots=e_m=\frac{n\Delta t_0}{T}=\frac{n}{m+(n-1)}$$

整个流水线的效率为：

$$E=\frac{e_1+e_2+\cdots+e_m}{m}=\frac{me_0}{m}=\frac{mn\Delta t_0}{mT}$$

式中，分母是时空图中 m 个段和 T 时间所围成的总面积，而分子是 n 个任务实际占用的面积（在图上常用阴影表示）。

如果各段时间不等，各段的效率也不等，则整个流水线的效率为：

$$E=\frac{n\sum_{i=1}^{m}\Delta t_i}{m\left[\sum_{i=1}^{m}\Delta t_i+(n-1)\Delta t_j\right]}=\frac{n\text{ 个任务占用的时空区}}{m\text{ 个段总的时空区}}$$

式中，Δt_j 为瓶颈段的执行时间。

流水线的效率与吞吐率之间一般为正比关系：

$$E=\frac{n\Delta t_0}{T}=\text{TP}\times\Delta t_0=\frac{n}{m+(n-1)}=\frac{1}{1+\frac{m-1}{n}}$$

所以，当 $n>>m$ 时，$E=1$。根据加速比公式可知，$E=S/m$ 或 $S=mE$，效率 E 是实际加速比 S 和最大加速比 m 之比，只有 $E=1$ 时，$S=m$，实际加速比达到最大。

如果流水线的各段时间不等，各段效率也不等，从上式可知：

$$E = \mathrm{TP} \times \frac{\sum_{i=1}^{m} \Delta t_i}{m}$$

$$\mathrm{TP} = E \times \frac{m}{\sum_{i=1}^{m} \Delta t_i}$$

除了最慢段，其他段都出现空白区，效率 E 是较低的，对吞吐率 TP 影响较严重（因为 $m/\sum_{i=1}^{m}\Delta t_i < 1$，$i=1,2,3,\cdots,m$）。

在实际计算流水线效率时，还需考虑各段设备量不等的情况。根据每段设备量在总设备量中的比例，分别赋予不同的权值 α_i，此时流水线效率为：

$$E = \frac{n \text{ 个任务占用加权时空区}}{m \text{ 个段总的加权时空区}} = \frac{n \cdot \sum_{i=1}^{m} \alpha_i \Delta t_i}{\sum_{i=1}^{m} \alpha_i \left[\sum_{i=1}^{m} \Delta t_i + (n-1)\Delta t_j \right]}$$

式中，$\alpha < m$，且 $\sum_{i=1}^{m} \alpha_i = m$ （$i=1,2,3,\cdots,m$）。

对于非线性流水线和多功能流水线，也可仿照上述对线性流水线性能的分析方法，在正确画出时空图的基础上，分析其吞吐率和效率。

4.2.4 流水线段数选择

增加流水线的段数，流水线的吞吐率和加速比都会提高。由于在每段的输出端都必须设置一个锁存器（或称缓冲寄存器），因此段数增多时各锁存器的延迟时间累加值也将增加，甚至有可能超出流水线各段的延迟时间的累加值。同时，增加锁存器也增加了流水线硬件价格。所以，在设计流水线时，要综合各方面的因素，根据最佳性能价格比的要求，选择流水线的最佳段数。

设在非流水线的机器上顺序执行一个任务所需时间为 t，在同等速度的有 K 段流水线的机器上执行一个任务所需时间为：

$$\frac{t}{K} + d$$

式中，d 为锁存器的延迟时间。流水线的最大吞吐率为：

$$\mathrm{TP}_{\max} = \frac{1}{\dfrac{t}{K} + d}$$

对于单功能、线性流水线、输入任务连续的情况，可以通过上述有关公式计算 TP、S、E。对于单功能或多功能、线性流水线、输入任务不连续的情况，如何计算 TP、S、E 呢？只能先画出正确的时空图,然后通过"数格子"求出答案。

【例 4-1】 如图 4-19 所示,有一条 4 段浮点数加法器流水线,求 Z=A+B+C+D+E+F+G+H 浮点数之和。

图 4-19 浮点数加法器流水线

解答:Z=A+B+C+D+E+F+G+H,由于存在数据相关,依次相加,如同非流水线一样。现变形为:

$$Z= [(A+B)+(C+D)]+[(E+F)+(G+H)]$$

消除部分数据相关后可以连续输入流水线中,其时空图如图 4-20 所示。

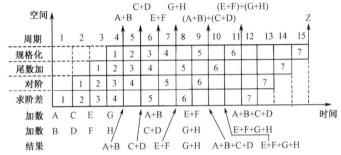

图 4-20 用一条 4 段浮点数加法器流水线求 8 个浮点数之和的流水线时空图

设每个功能段延迟时间相等,均为 Δt_0,则 $T=15\Delta t_0$,输出中间结果和最后结果 $n=7$,吞吐率为:

$$TP = \frac{n}{T} = \frac{7}{15 \times \Delta t_0} = 0.47 \times \frac{1}{\Delta t_0}$$

加速比为:

$$S = \frac{T_{非流水}}{T_{流水}} = \frac{4 \times 7 \times \Delta t_0}{15 \times \Delta t_0} = 1.87$$

效率为:

$$E = \frac{7 \text{ 个任务占用的时空区}}{4 \text{ 个段总的时空区}} = \frac{4 \times 7 \times \Delta t_0}{4 \times 15 \times \Delta t_0} = 0.47$$

【例 4-2】 参照如图 4-12 所示的流水线结构,运用多功能静态流水线计算下式:

$$Z=AB+CD+EF+GH$$

解答:为了尽量减少数据相关性,充分发挥流水线作用,应该先做 4 个乘法,然后做两个加法,最后求总的结果 Z,其时空图如图 4-21 所示。设每个功能段延迟时间相等,都是 Δt_0,则 $T=20\times \Delta t_0$,$n=7$。

吞吐率为:

$$TP = \frac{n}{T} = \frac{7}{20 \times \Delta t_0} = 0.35 \times \frac{1}{\Delta t_0}$$

如果采用非流水线、顺序执行方式,一次乘法为 $4\Delta t_0$,一次加法为 $6\Delta t_0$,完成全部运算用时:

$$T_{\text{非流水}}=4\times4\times\Delta t_0+3\times6\times\Delta t_0=34\times\Delta t_0$$

则加速比为:

$$S=\frac{T_{\text{非流水}}}{T_{\text{流水}}}=\frac{34\times\Delta t_0}{20\times\Delta t_0}=1.70$$

效率为:

$$E=\frac{7\text{个任务占用的时空区}}{8\text{个段总的时空区}}=\frac{34\times\Delta t_0}{8\times20\times\Delta t_0}=0.21$$

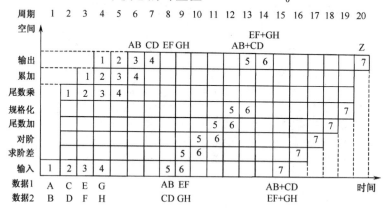

图 4-21 用 ASC 多功能静态流水线求两个向量点积的流水线时空图

整个流水线效率很低，原因如下：
① 多功能流水线在做某种运算时，总有一些功能段空闲。
② 静态流水线必须等前一种运算全部排出流水线后，才能启动下一种运算。
③ 本题有数据相关。
④ 流水线有装入与排空部分。

4.3 非线性流水线

在线性流水线中，由于每个任务在流水线每个功能段内只通过一次，因此可以在每个时钟周期（即每个节拍）向流水线输入一个新任务。这些任务不会争用同一个功能段，所以线性流水线调度非常简单。在非线性流水线中，由于存在反馈回路，当一个任务在流水线中流过时，在同一功能段可能要经过多次。因此，就不能在每个节拍输入一个新任务，否则会发生在同一时刻有若干任务同时争用同一功能段的情况。这种情况称为功能部件冲突或流水线冲突。

为了避免发生流水线冲突，一般采用延迟输入新任务的方法，由此产生了非线性流水线的调度问题：间隔多少节拍向流水线输入一个新任务才能使流水线各个功能段都不发生冲突？在许多非线性流水线中，间隔的节拍数往往不是一个常数，而是一串周期变化的数字。因此，非线性流水线调度的目的是找出一个最小的循环周期，按照这个周期向流水线输入新任务就不会发生流水线冲突，而且流水线的吞吐率和效率最高。

4.3.1 预约表和等待时间分析

非线性流水线的表示与线性流水线有两个明显的不同：

① 非线性流水线有反馈线和前馈线。
② 其输出端可以不在最后一个功能段，而可能从中间任意一个功能段输出。

1971 年，E. S. Davidson 提出使用一个二维的预约表（Reservation Table）来描述一个任务（指令、操作）在非线性流水线中对各功能段的使用情况。预约表相当于时空图，预约表的行表示功能段，列表示时钟周期（即节拍，Δt 或 t），列数只反映非线性流水线处理一个任务的 Δt 数，所以预约表只反映非流水线处理一个任务的时空流。静态非线性流水线的预约表呈现"对角线"形态，价值不大。而动态非线性流水线的预约表是分析的基础，不同功能组合可有不同的预约表，所以对同一个动态非线性流水线可以有多个预约表。静态非线性流水线每次启动用同一张预约表。动态非线性流水线对应不同功能、不同任务，使用不同预约表启动。预约表一行内有多个符号（x 或 y），表示不同 Δt 内重复使用同一段 S_i；预约表一列内有多个符号（x 或 y），表示同一个 Δt 内不同的功能段并行工作。所以，预约表可以分析动态非线性流水线对于多个性质相同的任务因为不恰当启动而引起的冲突，即如何保证不引发冲突而使动态非线性流水线的使用效率（吞吐率、加速比、设备效率）达到最佳。

图 4-22(a)所示的是一条有三个功能段的多功能动态非线性流水线，除了从 S_1 到 S_2 和从 S_2 到 S_3 的流水线连接，还有从 S_3 反馈到 S_2、从 S_3 反馈到 S_1 的反馈线以及从 S_1 直接送 S_3 的前馈线。输入的任务有两个：x 和 y。任务 x 输入，途径 $S_1 \to S_2 \to S_3 \to S_2 \to S_3 \to S_1 \to S_3 \to S_1$，然后输出 x 结果。任务 y 输入，途径 $S_1 \to S_3 \to S_2 \to S_3 \to S_1 \to S_3$，然后输出 y 结果。由此，可得到任务 x 和任务 y 的两张预约表，如图 4-22(b)和图 4-22(c)所示。

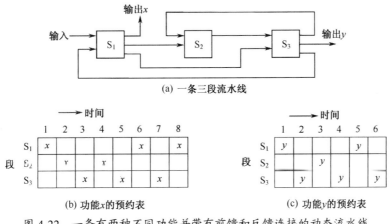

图 4-22 一条有两种不同功能并带有前馈和反馈连接的动态流水线

流水线两次启动之间的时间间隔就是等待时间（Latency），用间隔的时钟周期数表示（即间隔的 Δt 数）。等待时间 k 是指两次启动之间有 k 个 Δt 的间隔。等待时间一定是正整数。

冲突（Collision）指在同一条流水线内两次启动之间的资源冲突，即同一功能段在同一 Δt 内，出现不同的任务。引起冲突的等待时间称为禁止等待时间，简称禁止时间。不引起冲突的等待时间称为允许等待时间，简称允许时间。因此，在对流水线连续启动进行安排时，必须避免任何冲突，即必须避免在禁止时间内启动。以图 4-22(b)中功能 x 的预约表为例，使用禁止时间 2 引起的冲突如图 4-23(a)所示，使用禁止时间 5 引起的冲突如图 4-23(b)所示。

使用允许时间就不会引起冲突。仍以图 4-22(b)中功能 x 的预约表为例，使用等待时间 1、8 循环（平均等待时间为 4.5）如图 4-24(a)所示；使用等待时间 3 循环（平均等待时间为 3）

如图 4-24(b)所示；使用等待时间 6 循环（平均等待时间为 6）如图 4-24(c)所示。在允许时间内反复启动流水线也不会引起冲突，问题在于选择一个合适的允许时间，使流水线的使用效率较高。从图 4-24 中可以看出，允许时间为 3 循环时流水线的效率较高。

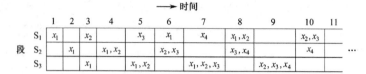

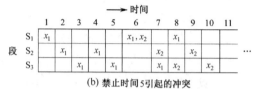

图 4-23 禁止时间 2 和 5 所引起的冲突

图 4-24 一条有两种不同功能并带有前馈和反馈连接的动态流水线

测定禁止时间的方法如下：检查预约表内同一行中任意两个格子之间的距离（即间隔的格子数）即可。以图 4-22 的预约表为例。功能 x 的预约表内，S_1 行内有 5 格（1→6）、7 格（1

→8)、2格（6→8）；S_2行内有2格（2→4）；S_3行内有2格（3→5）、4格（3→7）、2格（5→7）。归纳后，x表的禁止时间为2，4，5，7。功能y的预约表内，S_1行有4格（1→5）；S_2行内无；S_3行内有2格（2→4）、4格（2→6）、2格（4→6）。归纳后，y表的禁止时间为2，4。

一个等待时间循环的平均等待时间由一次循环之内的所有等待时间之和除以等待时间种类数求得。图4-24(a)的等待时间循环为1，8，等待时间种类为2，所以平均等待时间是(1+8)/2=4.5。只有一个等待时间值的等待时间循环称为恒定循环，图4-24的(b)和(c)即是。恒定循环的平均等待时间就是它本身的等待时间。

4.3.2 无冲突调度

流水线调度的主要目的是使两次启动之间的平均等待时间最短，而不引起冲突。流水线无冲突调度的设计理论最早是由Davidson在1971年提出并与其学生一起逐步完善的。它涉及冲突向量、状态图、简单循环、迫切循环和最小平均等待时间。

1. 冲突向量

对预约表进行分析，可以从禁止时间集合中识别出允许时间集合。对于一张n列的预约表，最大禁止时间$m \leq n-1$，允许时间p在1～$m-1$范围内选择（即$1 \leq p \leq m-1$）。p应尽可能小，理想情况下$p=1$，即静态流水线的等待时间总是1，可见于对角线或流线型预约表。所谓冲突向量（Collision Vector），是指允许时间和禁止时间的集合。冲突向量是一个m位的二进制向量$C=(C_m, C_{m-1}, \cdots, C_1)$。如果等待时间$i$引起冲突，则$C_i=1$；如果等待时间允许启动（即进入流水线），则$C_i=0$。注意，$C_m$总等于1，对应于最大等待时间（即冲突向量中最高位常等于1）。例如，对于图4-22中的x预约表，$m=n-1=8-1=7$，因为x预约表的禁止时间集合为2、4、5、7（见前述），则允许时间集合就是1、3、6，x预约表的冲突向量C_x为7位。从$C_7 \sim C_1$，已知禁止时间集合为2、4、5、7，即$C_7=C_5=C_4=C_2=1$，余下的1，3，6为允许时间，即$C_6=C_3=C_1=0$，则$C_x=1011010$。同理，对于图4-22中的y预约表，$m=n-1=6-1=5$，因为y预约表的禁止时间集合为2，4（见前述），则允许时间集合就是1、3、5。y预约表的冲突向量C_y按理应为5位，从$C_5 \sim C_1$，已知禁止时间集合为2，4，即$C_4=C_2=1$，余下的1，3，5为允许时间，即$C_5=C_3=C_1=0$，则C_y应该为01010，但由于冲突向量规定最高位必须为1，所以将$C_5=0$去掉，$C_y=1010$。

2. 状态图

根据上述冲突向量可以构造一张状态图（State Diagram），说明在相继的启动之间可允许状态的变换。流水线在起始时间（即第一格）时，初始状态相对应的冲突向量（上述C_x或C_y）称为初始冲突向量。令p为1～$m-1$范围内的可允许时间。建立一个m位的右移寄存器（如图4-25(a)所示），实现逻辑右移运算。开始时寄存器内是初始冲突向量，此时，$p=0$，每右移一位，$p+1$，当移出为1时，表示冲突，此时的p为禁止时间；当移出为0时，表示安全，此时p为允许时间。每右移p位后，寄存器内状态与初始冲突向量进行逻辑加（即或运算）得到新状态进入寄存器。

以图4-22中的x预约表为例。初始冲突向量$C_x=1011010$，寄存器内初始为1011010。

初始	1011010		$p=0$
右移 1 位	0101101	0	$p+1 \to p$，$p=1$，移出 0，安全
	∨1011010		
	1111111		寄存器内为 1111111
初始	1011010		
右移 2 位	0010110	10	$p+2 \to p$，$p=2$，移出最高位为 1，冲突
	∨1011010		
	1011110		寄存器内为 1011110
初始	1011010		
右移 3 位	0001011	010	$p+3 \to p$，$p=3$，移出最高位为 0，安全
	∨ 1011010		
	1011011		寄存器内为 1011011

对于图 4-22 中的 y 预约表，C_y=1010，则：

初始	1010		$p=0$
右移 1 位	0101	0	$p+1 \to p$，$p=1$，移出 0，安全
	∨1010		
	1111		寄存器内为 1111
初始	1010		
右移 2 位	0010	10	$p+2 \to p$，$p=2$，移出最高位为 1，冲突
	∨1010		
	1010		寄存器内为 1010
初始	1010		
右移 3 位	0001	010	$p+3 \to p$，$p=3$，移出最高位为 0，安全
	∨1010		
	1011		寄存器内为 1011

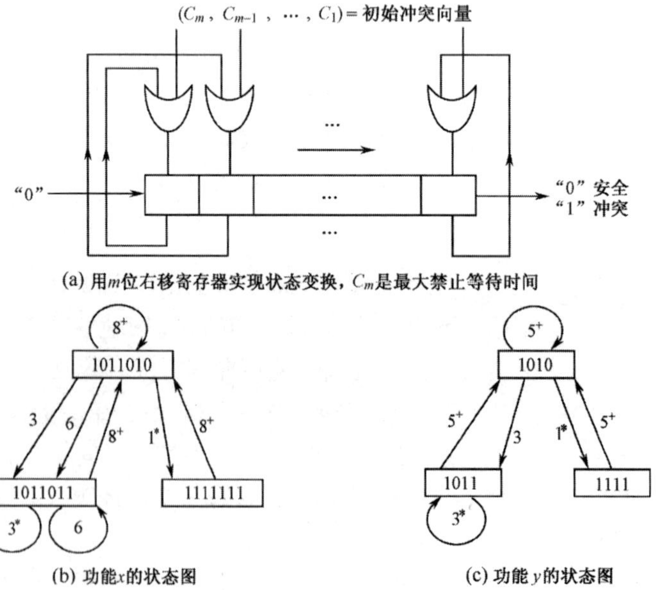

(a) 用 m 位右移寄存器实现状态变换，C_m 是最大禁止等待时间

(b) 功能 x 的状态图

(c) 功能 y 的状态图

图 4-25 从图 4-22 的两张预约表分别得到状态图

在图 4-25(b)中，得到了功能 x 的状态图。从初始状态 1011010 只可能有三个输出变换，对应于三个可允许时间 6、3、1。类似地，从状态 1011011 右移 3 位或右移 6 位后，就达到同一状态。当移位次数 $p \geq m+1$ 时，寄存器内返回到初始状态。例如，右移 8 位或更多位（记作 8^+）后，下一个状态一定是初始状态。同理，在图 4-25(c)中得到了功能 y 的状态图。状态图要点如下：

① 只画出了允许时间的状态变化。
② ——3——→ 表示从初始状态转到结束状态，其上数字表示右移位数。
③ ↻3 表示从此状态再右移3位恢复到原状态。
④ 8^+ 中 + 表示大于等于 8 的右移位数。
⑤ 1*、3* 中 * 表示迫切循环（见下述）。

3．迫切循环

寻找最小平均等待时间（Minimal Average Latency，MAL）是流水线调度中需解决的问题。从状态图中可确定形成 MAL 最佳等待时间循环。在状态图内，可组合出多种允许时间的循环。例如，在图 4-25(b)中可得到(1,8)，(1,8,6,8)，(3)，(6)，(3,6)，(3,8)，(3,6,3)等循环组合。从中可找到简单循环——每个状态只出现一次的等待时间循环。例如，(3)，(6)，(8)，(1,8)，(3,8)，(6,8)为简单循环，而(1,8,6,8)就不是简单循环，因为二次穿越（1011010）状态。类似地，(3,6,3,8,6)也不是简单循环，因为它三次重复状态（1011011）。

简单循环中有迫切循环。所谓迫切循环（Greedy Cycle），是指从各自初始状态输出的边缘都具有最小等待时间，即平均等待时间比其他等待时间更小。例如，在图 4-25(b)中，(1,8)和(3)是迫切循环；在图 4-25(c)中，(1,5)和(3)是迫切循环。在功能 x 预约表中，(1,8)的平均等待时间为(1+8)/2=4.5，(3)的平均等待时间恒定为 3，比简单循环(6,8)的平均等待时间(6+8)/2=7 更小。因此，构成迫切循环的条件是：首先必须是简单循环；其次，它的平均等待时间比其他简单循环更小。所谓寻找 MAL，就是在简单循环中的迫切循环内找到平均等待时间最小者。例如，在图 4-25(b)中，迫切循环用 * 号标记，而 MAL=3；在图 4-25(c)中，MAL=3。因此，流水线无冲突调度可以归纳为从简单循环集合中找出迫切循坏，然后选定产生 MAL 的那个迫切循环。

4.3.3 流水线调度优化

基于 MAL 的流水线调度优化技术的基本思想是：将非计算延迟段（不占计算资源的延迟功能段）插入原来的流水线，然后修改预约表，产生新的冲突向量和改进的状态图，得到最佳的、最短的 MAL。

1．MAL 的限制范围

1972 年，Shar 提出了 MAL 限制范围三原则，其前提是：静态可重构流水线上，用任何控制策略执行给定预约表可以得到的范围。三原则如下：

① MAL 的下限是预约表任一行中格子内符号的最大个数。

② MAL 小于或等于状态图中任一迫切循环的平均等待时间。

③ MAL 的上限是初始冲突向量中 1 的个数再加 1，也是任何迫切循环平均等待时间的上限。

例如，在图 4-22(b)功能 x 的预约表内，S_1 行和 S_3 行均有 3 个 x，所以 MAL 下限为 3。在图 4-25(b)中，功能 x 的冲突向量是 1011010，1 的个数是 4，MAL 上限为 4+1=5。

又如，在图 4-22(c)中功能 y 的预约表内，S_3 行有 3 个 y，所以 MAL 下限为 3。在图 4-25(c)中，功能 y 的冲突向量是 1010，1 的个数是 2，MAL 上限为 2+1=3。

优化 MAL 的方法是设法修改预约表，使任一行格子内符号的最大数目减小，即使 MAL 的下限减小，但修改后的预约表必须保持原来的功能。Patal 和 Davidson 在 1976 年提出用插入非计算延迟段来提高流水线的性能。

2．插入延迟

插入延迟是指修改预约表，以形成一个新的冲突向量，从而得到一张修改后的状态图，产生具有 MAL 下限的迫切循环。

图 4-26(a)所示的为一条三段流水线，其预约表如图 4-26(b)所示，得到的初始冲突向量为 C_x=1011，相应的禁止时间为 1，2 和 4，得到的状态图如图 4-26(c)所示，迫切循环为(3)，它的 MAL=3。但从预约表分析，任一行中格子内最大符号个数为 2，即 MAL 的下限为 2，因此图 4-26(c)得到的 MAL=3 并不是最佳的。

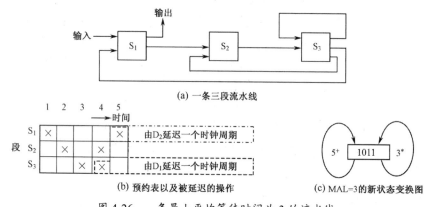

图 4-26 一条最小平均等待时间为 3 的流水线

将图 4-26(a)的流水线进行改造，在 S_3 段之后插入非计算段 D_1、D_2，如图 4-27(a)所示。D_1 的作用是将 x_1 从时间 4 延迟一个周期，相应地使 x_2 从原来的时间 5 也延迟一个周期。在第二次使用 S_1 之前再插入 D_2，使 x_2 从时间 6 再延迟一个周期。构成的预约表如图 4-27(b)所示，此时的预约表有 3+2=5 行及 5+2=7 列。总之，x_1 从时间 4 到时间 5 延迟了一个周期，x_2 从时间 5 到时间 7 延迟了两个周期，其余操作没有改变。从新的预约表得到新的初始冲突向量 C_x=100010 以及修改后的状态图（如图 4-27(c)所示）。从状态图可得到简单循环(1,3)，(3,5)，(1,7)，(3,4)，(3,7)，(5)，(4,7)，…，其中迫切循环为(1,3)，产生的 MAL=(1+3)/2=2，比原来减小了，达到了 MAL 的下限，提高了流水线性能。

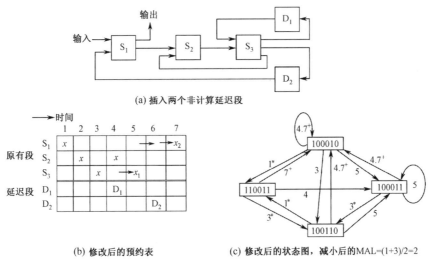

(a) 插入两个非计算延迟段

(b) 修改后的预约表

(c) 修改后的状态图，减小后的MAL=(1+3)/2=2

图 4-27 在图 4-26 的流水线中插入两个延迟段以获得最佳 MAL

3. 流水线的吞吐率

流水线吞吐率实质上就是启动速率，或者是每个时钟周期启动任务的平均数。如果在 n 个 Δt 内启动了 N 个任务，则吞吐率可用 N/n 计算。吞吐率也可用 MAL 的倒数计算。因此，调度优劣会影响流水线的性能。MAL 越小，则吞吐率越高。由于 1≤MAL≤（任何迫切循环的最短等待时间），因此 MAL=1 时，吞吐率最高，即每个 Δt 启动一个任务。上例中功能 x 的 MAL=3（见图 4-25(b)），则吞吐率为

$$TP = \frac{1}{MAL \times \Delta t} = \frac{1}{3\Delta t}$$

若 Δt=20ns，则吞吐率为

$$TP = \frac{1}{3 \times 20 \times 10^{-9}} = 16.7 \text{MIPS}$$

4. 流水线的效率

流水线每个段流过足够长的一串任务，从而得到时间利用的百分数，就是该段的利用率。所有段的利用率累加起来就是流水线的效率。图 4-24(b)中，等待时间循环为(3)，则效率 $E = \frac{8}{3 \times 3} = 88.8\%$。图 4-24(a)中，等待时间循环为(1,8)，则效率 $E = \frac{16}{3 \times 9} = 59.3\%$。图 4-24(c)中，等待时间循环为(6)，则效率 $E = \frac{8}{3 \times 6} = 44.4\%$。在图 4-24(a)和(c)的周期内，没有一个段是全利用的，而图 4-24(b)中，在周期内 S_1 和 S_3 被全利用，所以效率 E 最高。

流水线的吞吐率和效率是彼此相关的，吞吐率高是由等待时间循环短引起的，效率高说明流水线段的空闲时间少、利用率高。吞吐率和效率之间的关系是预约表的函数，也是相应的启动循环的函数。在任何可以接受的启动循环中，进入稳定状态下（即进入周期重复状态下），流水线中至少有一个段利用率 100%。否则，流水线的能力就没有全部发挥出来，此时就需要进行流水线调度优化。

4.4 流水线相关处理

要使流水线发挥高效率，就要使流水线连续不断地流动，尽量不出现"断流"情况。但是"断流"现象很难完全避免，其原因除了编译形成的目标程序不能发挥流水线结构的作用，或存储系统供不上连续流动所需的指令和操作数，还有可能是出现了相关、转移和中断问题。

因为转移、中断问题与它们之后的指令有关联，从而不能同时解释，我们称为全局相关。相关问题与主存操作数或寄存器的"先写后读"等关联，我们称为局部相关。

4.4.1 局部相关及处理

在实际的流水线结构里要解决可能出现的相关问题，按流水的流动顺序的安排与控制，可有下列几种。

1. 顺序流动

顺序流动是使流水线输出端的任务（指令）流出顺序与输入端的流入顺序一样，遇到相关，则使相关的指令解释过程停止，待过了相关这一环节再继续下去。

假如有一串指令的执行顺序是先执行 h，然后依次是执行 $i, j, k, \cdots$，它们将在有 8 个功能段的流水线里流动，如图 4-28 所示。一般流水线里读段在前，写段在后。如果有 h 和 j 两条指令对同一存储单元有"先写后读"的要求，当第 j 条指令到达读段时，第 h 条指令还没到达写段，则第 j 条指令读出的数是错的，这就是"先写后读"相关。解决的方法是：当第 j 条指令到达读段时发现与第 h 条指令相关，则第 j 条指令在读段停止，当第 h 条指令流过写段后，第 j 条指令才继续流下去。这种方法控制起来比较简单。这样解决了相关问题，但出现了空段，当然会降低流水线的效率和吞吐率。

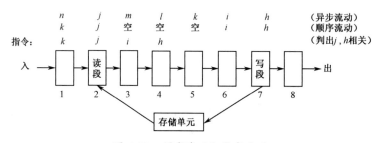

图 4-28 顺序流动和异步流动

2. 异步流动

异步流动是使流水线输出端的任务（指令）流出顺序与输入端的流入顺序不一样，这是鉴于顺序流动停止时，j 指令以后的指令串都停止，以期保持流入与流出顺序一样，但如果 j 指令以后的指令与已进入流水线的所有指令都没有相关问题，那么完全可以越过 j 指令（j 指令仍在读段停止）进入流水线向前流动，这样处理就使流入与流出的顺序不一样了，称为异步流动。

由于实际流水线中各段对不同指令执行时间可能不一样且有些段对某些指令不必执行，允许超越前面指令而流动的异步流动流水线还会出现"写–写"相关和"先读后写"相关。例如，第 k，j 条指令都有写操作且写入同一存储单元，若出现第 k 条指令先于第 j 条指令到达写段，则该存储单元内容最后是第 j 条写入的而非第 k 条写入的，这种情况就是"写–写"相关。又例如，第 j 条指令的读操作和第 k 条指令的写操作是同一存储单元，若出现第 k 条指令的写操作先于第 j 条指令的读操作，则第 j 条指令读出的是位于其后第 k 条写入的内容，由此产生错误，这种情况就是"先读后写"相关。这两种相关仅出现在异步流动流水线中。显然，采用异步流动流水线能提高整个流水线的效率和吞吐率，但要解决超越和新出现的另两种相关问题，会使控制变得复杂。

3. 相关专用通路

在上面的例子里，第 h 条指令与第 j 条指令发生"先写后读"相关时，由于第 j 条指令读操作要从存储单元读出应该由第 h 条指令写入存储单元的内容，但第 h 条指令还来不及写入，我们设想在读段与写段之间有一个捷径——专用通路，第 j 条指令不从存储单元读，而是从第 h 条指令在写段的数据来读，就可以避免第 j 条指令读操作的停止，这就是相关专用通路的概念。

当然，可以采用停止的方法降低速度来达到解决相关问题的目的，而专用通路是通过增加设备来解决相关问题的。

4.4.2 全局相关及处理

相关转移是全局相关。当出现条件转移指令时，为了保证流水线能够继续向前流动，主要采用猜测法。例如，为了保持流水的顺序，我们采用不满足转移猜测，即流水线在遇到条件转移指令时，猜它不满足转移条件，而继续解释它以后的指令，在其后的"判断条件段"发现满足转移条件时再转移，这样仅仅报废几条指令的解释，如图 4-29 所示。

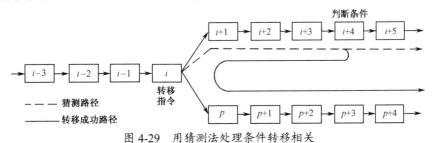

图 4-29 用猜测法处理条件转移相关

全局相关的猜测法设计的关键是保证在猜错而需返回到分支点时，能恢复分支点处的原有现场。

4.4.3 流水线中断处理

中断往往不能预知。由于流水线里流动着好几条指令，当发生中断时，如何使该中断指令的现场和其后已进入流水线的指令得到保护以及如何恢复中断是设计的关键。

一种简便的方法是利用"不精确断点法",不论第 i 条指令在流水线的哪一段发出中断申请,那时还没进入流水线的后继指令就不再允许进入,但已在流水线的所有指令仍然流动直到执行完毕,而后才转入中断处理程序。不精确断点是指处理机并非中断在第 i 条指令处,只有当第 i 条指令在第一段时发生中断才是精确断点。

这种"不精确断点法"对程序设计者很不方便,程序调试时尤其如此,后来多采用"精确断点法"。不论第 i 条指令在流水线中的哪一段发出中断请求,中断处理的现场都是对应第 i 条指令的,而且在第 i 条指令后已进入流水线的指令的现场都能恢复。显然,"精确断点法"需采用很多后援寄存器,以保证流水线内各条指令的原有状态都能保存和恢复。

4.5 超级流水处理机

本节主要介绍超标量处理机(Superscalar Processor)、超流水线处理机(Superpipelining Processor)、超长指令字处理机(Very Long Instruction Word Processor)、超标量超流水线处理机(Superscalar Superpipelining Processor)的基本原理、典型结构和主要性能等。

以一台 k 段流水线的普通标量处理机为基准,上述三种处理机(除超长指令字处理机外)主要性能如表 4-1 所示。

表 4-1 4 种不同类型处理机的性能比较

机器类型	k 段流水线基准标量处理机	m 度超标量处理机	n 度超流水线处理机	(m, n) 度超标量超流水线处理机
机器流水线周期	1 个时钟周期	1	$1/n$	$1/n$
同时发射指令条数	1 条	m	1	m
指令发射等待时间	1 个时钟周期	1	$1/n$	$1/n$
指令级并行度(ILP)	1	m	n	$m \times n$

在表 4-1 中,基准标量处理机是一台普通单流水线处理机,其机器流水线周期、同时发射指令条数、指令级并行度(Instruction Level Parallelism,ILP)均假设为 1,后面列出了并行度为 m 的超标量处理机、并行度为 n 的超流水线处理机、并行度为 (m, n) 的超标量流水线处理机与其相比较的性能结果。

4.5.1 超标量处理机

超标量处理机(Superscalar Processor)是为改善标量指令执行性能而设计的,是高性能通用处理机发展的一个方向,其本质是提高在不同流水线中执行不相关指令的能力。超标量处理机中使用了多指令流水线,每个时钟周期发射多条指令并产生多个结果。因此,对用户程序开发更高的指令级并行性是设计超标量处理机必须考虑的因素之一,而只有不相关指令才能并行执行而不相互等待。指令级并行性的变化与执行代码的类型有很大关系。单发射基准流水线时空图如图 4-30 所示。由于复杂指令往往需要多个时钟周期才能完成,另外还有条件转移等影响,所以一般流水线标量处理机每个时钟周期平均执行指令条数小于 1,即指令级并行度 ILP<1。

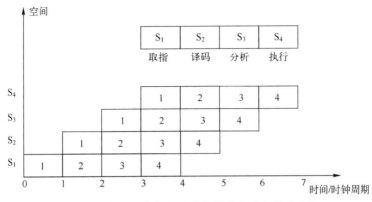

图 4-30 执行 4 条指令的单发射基准流水线时空图

经统计发现，对于没有循环展开的指令代码，指令级并行度平均值 ILP≈2。每个周期发射指令超过三条的机器并没有更高的 ILP。所以，在超标量处理机中，指令并行发射度实际上限制在 2~5 之间。图 4-31 显示的为并行度为 3 的超标量流水线的时空图，共执行了 12 条指令。超标量流水线是指每个时钟周期同时发射多条指令并产生多个结果的流水线。超标量方法的实现取决于指令并行执行的程度，主要借助硬件资源重复工作来实现空间的并行操作。

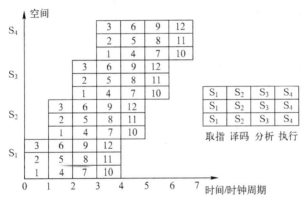

图 4-31 执行 12 条指令的 3 发射超标量流水线时空图

超标量处理机的特点如下：

① 配置多个性能不同的处理部件，采用多条流水线并行处理。

② 同时对若干条指令进行译码，将可执行的指令送往不同部件，达到在一个时钟周期内启动多条指令的目的。

③ 在程序执行期间由硬件（状态记录部件和调度部件）完成指令调度。

超标量处理机的典型结构有多个操作部件，一个或几个较大的通用寄存器堆，一个或两个高速 Cache，一般有三个处理部件：第一个是定点处理部件，由一个或多个处理部件组成，称为中央处理器（CPU）；第二个是浮点处理部件（FPU），由浮点加/减法部件和浮点乘/除法部件组成；第三个是图形处理器（GPU），这是现代处理机中不可缺少的部分。CPU 和 FPU 分别使用两个通用寄存器堆，有的还采用 RISC 中的寄存器窗口技术。Cache 采用哈佛结构，指令 Cache 和数据 Cache 分开，各有几 KB 至几十 KB 容量。有的超标量处理机把二级 Cache

也做在芯片内。超标量处理机指令的流水线结构如图 4-32 所示。

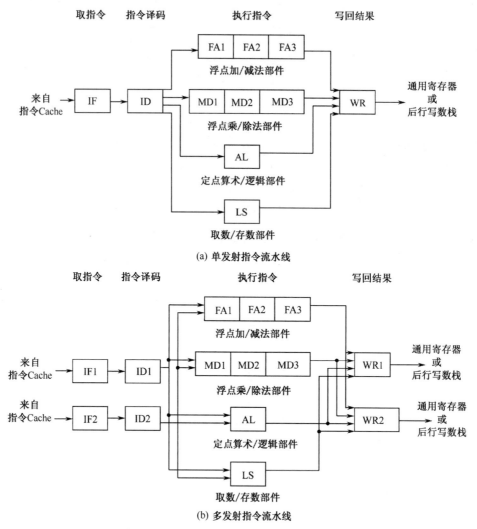

(a) 单发射指令流水线

(b) 多发射指令流水线

FA—浮点加/减法运算；MD—浮点乘/除法运算；AL—定点算术/逻辑运算；LS—取数/存数

图 4-32 超标量处理机的指令流水线

超标量处理机的 ILP>1，如果每个时钟周期发射 m 条指令，则 ILP 期望值就为 m。但是由于数据相关、条件转移和资源冲突等原因，实际的 ILP 不可能达到 m，通常为 $1<\text{ILP}<m$。在超标量处理机中，不仅有多套取指部件和指令译码部件，而且要判断指令间有无功能部件冲突、有无数据相关和条件转移引起的控制相关等，同时还要有一套交叉开关把几个指令译码器的输出送到多个操作部件去执行。因此，超标量处理机的控制逻辑比较复杂。当出现相关时，本次没有发射出去的指令必须保存下来，以便在下一个周期时再发射。为此，设置一个先行指令窗口，在窗口中保存由于各种相关而不能送出执行的指令，其典型结构如图 4-33 所示。该窗口的作用类似于先行控制技术中的先行指令缓冲栈，可以从指令 Cache 中读入更多的指令，通过硬件判断将没有冲突、没有相关的指令超越前面的指令先发射到操作部件中去，从而提高功能部件的利用率。如果再加上编译器支持，将没有冲突和相关或者冲突和相关较少的指令调度到同一个先行指令窗口中，就能够进一步提高超标量处理机的性能。窗口

大小对超标量处理机性能影响很大：窗口太小，调度效果不好；窗口太大，则调度的硬件太复杂。一般指令窗口大小为2~8条指令。

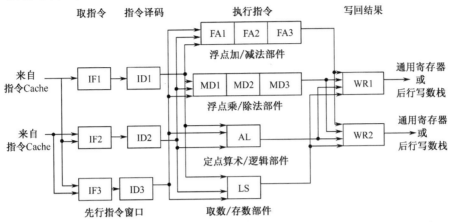

图 4-33 有先行指令窗口的多发射流水线处理机结构

为了便于比较，把单流水线标量处理机的ILP记作(1,1)，超标量处理机的ILP记作(m,1)，超流水线处理机的ILP记作(1,n)，超标量超流水线处理机的ILP记作(m,n)。

在无冲突、无相关的前提下，N条指令在单流水线标量处理机上的执行时间为：

$$T(1,1)=(K+N-1)\times \Delta t$$

式中，K是流水线级数，Δt是时钟周期。如果把N条指令在一个Δt内发射m条指令的超标量处理机上执行，所需要的时间为：

$$T(m,1)=\left(K+\left\lceil\frac{N-m}{m}\right\rceil\right)\times \Delta t$$

式中，第一项是第一批m条指令同时通过m条流水线所需要的执行时间，第二项是余下的$N-m$条指令所需要的时间，此时每个Δt有m条指令分别通过m条流水线。因此，超标量处理机的加速比为：

$$S(m,1)=\frac{T(1,1)}{T(m,1)}=\frac{m(K+N-1)}{N+m(K-1)}$$

当$N\to\infty$时，在无冲突、无相关的理想情况下，超标量处理机的加速比最大值为：

$$S(m,1)_{max}=m$$

典型的超标量处理机有IBM RS6000，Power PC601，Power PC620等，Intel公司的i860，i960，Pentium系列微处理器，SUN公司的Ultra SPARC系列微处理器等。

4.5.2 超流水线处理机

超流水线处理机（Superpipelining Processor）是通过各部分硬件的充分重叠工作来提高处理机性能的。从流水线的时空图上看，超标量处理机采用的是空间并行性，而超流水线处理机采用的是时间并行性。一台并行度ILP为n的超流水线处理机，在一个时钟周期内能发射n条指令，每隔$1/n$个时钟周期发射一条指令。因此，实际上超流水线处理机的流水线周期

为 $1/n$ 个时钟周期。单发射并行度为 3 的超流水线时空图如图 4-34 所示，共执行了 12 条指令。通常，把指令流水线有大于等于 8 个流水级的处理机称为超流水线处理机。

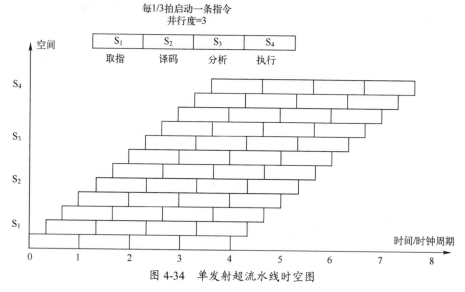

图 4-34 单发射超流水线时空图

在一台指令级并行度为 $(1, n)$ 的超流水线处理机上，执行 N 条没有数据相关和控制相关的指令所需时间为：

$$T(1, n)=(K+\frac{N-1}{n})\times \Delta t$$

式中，K 是指令流水线的功能段数或时钟周期数，而不是流水线级数，图 4-34 中功能段为 4 个，即 $K=4$。指令流水线的级数实际应为 Kn，如图 4-34 中 $n=3$，则超流水线级数为 $4\times 3=12$。上式中第一项是第一条指令执行完成所需的时间，第二项是执行其余 $N-1$ 条指令所需要的时间，此时每一个时钟周期有 n 条指令执行完成。超流水线处理机相对于单流水线普通标量处理机的加速比为：

$$S(1, n)=\frac{T(1,1)}{T(1,n)}=\frac{n(K+N-1)}{nK+N-1}$$

当执行的指令数 $N\to\infty$ 时，在没有数据相关和控制相关的理想情况下，超流水线处理机的加速比最大值为：

$$S(1, n)_{max}=n$$

超流水线处理机典型产品有 CRAY-1 和 CDC-7600，其指令级并行度 $n=3$。

4.5.3 超长指令字处理机

超长指令字（Very Long Instruction Word，VLIW）处理机是指一条指令内可以包含多个同时执行的操作，因而其指令字特别长。例如，Multiflow VLIW 处理机指令字长度为 256 位或 1024 位，最多允许有 7 条指令并发执行，采用微程序控制实现。VLIW 处理机并发地使用多个功能部件，所有功能部件共享一个大型寄存器堆，功能部件同时执行的操作由硬件进行同步。一条长指令中不同字段有不同的操作码，它们被分派到不同的功能部件。所以，VLIW

是对水平微代码编码的扩展。

在 VLIW 结构中，指令并行性和数据传送完全是在编译时确定的，运行时的资源调度和同步则被完全排除，因此 VLIW 是超标量的一个极端特例，在 VLIW 中所有独立或不相关的操作在编译时已打包在一起。用普通的 RISC 指令字（长度为 32 位）书写的程序必须压缩成一条 VLIW 指令，代码压缩工作必须由编译器完成。编译器要具有能跟踪程序流并利用跟踪信息预测转移方向的能力。

VLIW 处理机的指令流水线时空图如图 4-35 所示，每条指令能指定多个操作。本例中 CPI 为 0.33。

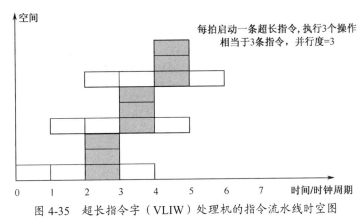

图 4-35　超长指令字（VLIW）处理机的指令流水线时空图

VLIW 处理机与超标量处理机区别如下：

① VLIW 指令译码比超标量指令更容易。

② 超标量处理机的代码密度更为紧凑。

③ 超标量处理机用硬件决定指令并行；VLIW 处理机通过编译器进行指令调度，决定哪些指令并行。

VLIW 处理机优点如下：

① VLIW 指令中并行操作同步在编译时完成，从而提高了处理机效率。

② 当用户代码中有高的指令级并行度时，VLIW 程序代码长度要短得多，因此经编译后的 VLIW 目标程序执行时间短。

③ 大大简化运行时的资源调度，因为 VLIW 体系结构中指令并行性和数据移动是在编译时解决的。

VLIW 处理机缺点如下：

① 必须有智能编译器的支持。在 VLIW 体系结构中开发的是标量运算中的随机并行性，与向量机中开发的有规则并行性及 SIMD 计算机中的锁步并行性不同。没有智能编译器有效代码生成，就无法使用 VLIW 机。

② 软件兼容性差。必须解决与其他系列机软件向后兼容性的问题。

③ 软件的可移植性差。为一台 VLIW 处理机编译的软件必须重新编译才能在另一台 VLIW 处理机上使用。当不同代的 VLIW 处理机的 ILP 增加时，必须开发新的智能编译器。

表 4-2 列出了 VLIW 与超标量体系结构的区别。

表 4-2 VLIW 与超标量体系结构的性能比较

体系结构	性能					
	硬件支持	并行性开发时间	代码密度	平均 CPI	兼容性	可移植性
VLIW	简单	编译时	差	低	无	无
超标量	复杂	运行时	好	高	有	有

VLIW 技术是以硬件最容易执行的方式排列指令的,在编译时开发其并行性,而超标量技术是以硬件进行并行处理的。

4.6 小结

本章主要介绍流水线技术,包括重叠技术、先行控制技术、流水线原理、流水线性能分析、相关和相关的处理方法、超标量处理机和超流水线处理机等。

加快指令的解释过程是计算机系统设计的基本任务。采用高速部件以及一次重叠、先行控制和流水线等控制方式是常用的方法,意在提高指令的并行性,从而加速指令的解释过程。

一条指令的解释过程可以分成取指和分析执行两个子过程或取指、分析和执行三个子过程,取指、分析子过程在指令分析器里完成,执行子过程在执行部件里实现,而这两个部件是独立的。当一条指令的分析子过程在指令分析器中结束,并将结果送入执行部件去实现执行子过程时,指令分析器不必等本指令在执行部件中完成后再对下一条指令进行分析子过程,而是同时进行,这种方式称为重叠方式。

现代计算机的指令系统很复杂,各种类型的指令难以做到分析与执行时间始终相等。在执行部件执行第 k 条指令的同时,指令控制部件对其后继的 $k+1$, $k+2$…条指令进行预取和预处理,为执行部件执行新的指令做好必要和充分的前期准备。这样,就能使指令分析部件和指令执行部件连续、流畅地工作,这种方式称为先行控制方式。

如果把解释过程进一步细分为取指、译码、取操作数和执行 4 个子过程,并分别由各自独立的部件来实现。显然,按顺序处理,每条指令需要 $T=4\Delta t$ 时间,而现在则是每一个 Δt 流出一条指令的处理结果。这种工作方式类似于现代工厂的装备流水线,每隔 Δt 时间流水线就流出一个产品,而制造一个产品的时间远远大于 Δt,这就是计算机设计中的流水线概念。

流水线的主要性能指标包括吞吐率、加速比和效率,它们是评价处理机的重要指标。吞吐率(Throughput Rate)指单位时间内流水线能够处理的任务数(或指令数)或流水线能输出的结果的数量,它是衡量流水线速度的主要性能指标。m 段流水线的速度与等效的非流水线的速度之比称为加速比(Speedup Ratio)。流水线上各段有通过时间和排空时间,即并不都是满负荷工作的。流水线上的设备利用率就是效率(Efficiency)。

在非线性流水线中,由于存在反馈回路,当一个任务在流水线中流过时,在同一功能段可能要经过多次。在同一时刻有若干任务同时争用同一功能段的情况称为功能部件冲突或流水线冲突。

为了避免发生流水线冲突,一般采用延迟输入新任务的方法,由此就产生了非线性流水线的调度问题。非线性流水线调度的目的是找出一个最小的循环周期,按照这个周期向流水线输入新任务就不会发生流水线冲突,而且流水线的吞吐率和效率最高。

相关、转移和中断问题会导致"断流"现象。转移、中断问题与它们之后的指令有关联，从而不能同时解释，我们称为全局相关。相关问题与主存操作数或寄存器的"先写后读"等关联，我们称为局部相关。

流水线技术的应用包括超标量处理机（Superscalar Processor）、超流水线处理机（Superpipelining Processor）、超长指令字处理机（Very Long Instruction Word Processor）、超标量超流水线处理机（Superscalar Superpipelining Processor）等。

习题

一、术语解释

单功能性流水线　　多功能性流水线　　静态流水线　　动态流水线
线性流水线　　　　非线性流水线　　　超标量处理机　超流水线处理机
数据相关　　　　　控制相关　　　　　先行控制方式　写后读相关
写后写相关

二、问答题

1. 简要叙述流水线技术的原理和特点。

2. 流水线的段数是越多越好吗？是的话，为什么？不是的话，应该如何选取流水线的段数？

3. 什么是流水线的"断流"？给出"断流"现象发生的原因及其处理方法。

三、填空题

1. 设一条指令由取指、分析和执行三个子部件组成且每个子部件执行的时间为 t，若采用单流水线处理机，连续执行 8 条指令，共需时间_____，该流水线的加速比为_____，若采用度为 4 的超标量流水线处理机执行上述指令 20 条，共需时间_____。

2. 设一条指令由取指、译码和执行三个子部件组成且每个部件执行时间相等，在一次重叠执行方式下，执行 n 条指令所用的时间为_____；在二次重叠执行方式下，执行 n 条指令所用的时间为_____。

3. 采用先行控制方式的处理机设计中，增加了先行指令栈、_____、_____和_____。

四、选择题

1. 下列不会引起流水线阻塞的是（　　）。

    A．数据旁路　　　　　　　　B．数据相关
    C．条件转移　　　　　　　　D．资源冲突

2. 流水线计算机中，下列语句发生的数据相关类型为（　　）。

    ADD R1,R2,R3　　(R2)+(R3)→(R1)
    ADD R4,R1,R5　　(R1)+(R5)→(R4)

    A．写后写　　　　　　　　　B．读后写
    C．写后读　　　　　　　　　D．读后读

3. 流水 CPU 是由一系列称为"段"的处理部件组成的。当流水稳定时，和具备 m 个并行部件的 CPU 相比，一个 m 段流水 CPU（　　）。

　　A．具备同等水平的吞吐能力

　　B．不具备同等水平的吞吐能力

　　C．吞吐能力小于前者的吞吐能力

　　D．吞吐能力大于前者的吞吐能力

五、综合题

1．现有 4 级流水线，分别完成取指令、译码并取数、运算、写回 4 个步骤，假设完成各个部件操作的时间为 100ns，100ns，80ns，50ns，请问：

（1）流水线的操作周期设计为多少？

（2）若有如下相邻两条指令输入，发生了数据相关，那么第二条指令需要推迟多长时间？

　　　　ADD R1,R2,R3　　# R2+R3 -> R1

　　　　SUB R4,R1,R5　　# R1-R5 -> R4

（3）若对流水线加以改进，则第二条指令是否需要推迟？若需要推迟，则至少需要推迟多长时间？

2．用一个 5 个功能段的加法器的流水线对 10 个数求和，每个功能段所需时间为 t，流水线的输出端和输入端之间有直接数据通路，而且设置有足够的缓冲寄存器。要求用尽可能短的时间完成计算，画出流水线的时空图，计算流水线的实际吞吐率、加速比和效率。

3．一个 4 段的非线性流水线如下，每个功能段的延迟时间均为 Δt。

（1）列出流水线的禁止向量和初始冲突向量。

（2）画出调度流水线的状态图。

（3）根据状态图列出所有简单循环。

（4）从简单循环中找出平均启动距离最小的启动循环。

	1	2	3	4	5	6
S1	X				X	
S2		X				X
S3			X			
S4				X		

4．在一台每个时钟周期发射 2 条指令的超标量处理机上执行下面的程序。所有的指令都要经过取指令 IF、译码 ID、执行 EX 和写回 WR 四个阶段。其中，取指令、译码和写回各为一个流水段，延迟时间都为 10ns，在执行阶段，LOAD 操作和 AND 操作的延迟时间为 10ns，ADD 操作的延迟时间为 20ns，MUL 操作的延迟时间 30ns，4 种操作部件各设置一个，每一级的流水线的延迟时间为 10ns。

　　n1:　　LOAD R0,A　　　　R0 ← (A)

　　n2:　　ADD R1,R0　　　　R1 ← (R1) + (R0)

　　n3:　　LOAD R2,B　　　　R2 ← (B)

　　n4:　　MUL R3,R4　　　　R3 ← (R3) x (R4)

n5:　　AND R4,R5　　　　　R4 ← (R4) && (R5)
n6:　　ADD R2,R5　　　　　R2 ← (R2) + (R5)

要求：（1）列出这段程序中所有的数据相关，包括写读数据相关、读写数据相关和写写数据相关。

（2）如果所有运算型指令都在译码流水段读寄存器、在写回流水段写寄存器，采用顺序发射顺序完成调度方法，画出流水线的时空图，并计算执行这段程序所需的时间。

（3）如果所有运算型指令都在译码流水段读寄存器、在写回流水段写寄存器，采用顺序发射乱序完成调度方法，画出流水线的时空图，并计算执行这段程序所需的时间。

（4）如果每个操作部件的输出端都有直接数据通路与输入端相连，采用顺序发射乱序完成调度方法，画出流水线的时空图，并计算执行这段程序所需的时间。

第 5 章　并行处理机与多处理机系统

随着各领域对高性能计算的要求越来越高，传统的单处理机系统已经无法满足性能的需求了，于是人们开始研究并行处理机与多处理机系统。本章在叙述并行性基本概念的基础上，着重介绍属于 SIMD 的并行处理机、属于 MIMD 的多处理机系统、互连网络等的基本原理、基本结构及其性能分析，以及设计中应考虑的一些问题。

5.1　系统结构中的并行性概念

计算机系统增加并行性可以提高计算机的处理速度。例如，运算器结构中的串行运算（即 n 位数据用一位运算器）和并行运算（即用 n 位运算器），在元器件速度相同的情况下，后者的运算速度几乎是前者的 n 倍。但是，并行性并不限于设备的简单重复，在单处理机系统内采用指令先行提取技术、流水线技术以及并发执行多道程序等均可体现并行性。

因此，并行性（Parallelism）定义为：在同一时刻或同一时间间隔内完成两种或两种以上的性质相同或不同的工作，只要在时间上相互重叠，均存在并行性。并行性又可分为同时性（Simultaneity）和并发性（Concurrency）。同时性是指两个或多个事件在同一时刻发生的并行性，而并发性是指两个或多个事件在同一时间间隔内发生的并行性。以 n 位串行进位并行加法为例，由于存在进位信号从低位到高位逐位递进的延迟时间，因此 n 位全加器的运算结果并不是在同一时刻获得的，故不存在同时性，只存在并发性。如果有 m 个存储器模块能同时进行存、取信息，则属于同时性。

并行性有不同的等级。从执行角度看，并行性等级从低到高可分为：
① 指令内部并行，即指令内部的微操作之间的并行。
② 指令间并行，即并行执行两条或多条指令。
③ 任务级或过程级并行，即并行执行两个或多个过程或任务（程序段）。
④ 作业级或程序级并行，即在多个作业或程序间并行。

在单处理机系统中，这种并行性升到某一级别后（如任务级、作业级并行），需通过软件来实现，如体现在操作系统的进程管理、作业管理中。而在多处理机系统中，由于任务或作业是分配给各个处理机完成的，因此其并行性由硬件实现。可见，实现并行性也有一个软、硬件功能合理分配的问题，往往需要全面综合考虑。

从处理数据的角度看，并行性等级从低到高可分为：
① 字串位串，同时只对一个字的一位进行处理，不存在并行性。
② 字串位并，同时对一个字的所有位进行处理，已开始出现并行性。
③ 字并位串，同时对多个字的同一位（如位片机）进行处理。
④ 字并位并（全并行），对多个字的所有位或部分位进行同时处理，这是最高一级的并行。

计算机系统提高并行性的措施很多，就其思想而言，可归纳为下列三种技术途径。

1. 时间重叠（Time-Interleaving）

在并行性概念中引入时间因素，即多个处理过程在时间上互相错开，轮流重叠使用同一套硬件的各个部件，以加快部件的周转而提高速度。指令的重叠解释是最简单的时间重叠。时间重叠原则上不要求重复的硬件设备，能保证计算机系统具有较高的性能价格比。

2. 资源重复（Resource-Replication）

在并行性概念中引入空间因素，根据"数量取胜"原则，重复设置硬件资源以大幅度提高计算机系统的性能。过去，由于价格原因，不能普遍采用。随着硬件价格不断下降，从单处理机发展到多处理机，资源重复已经成为提高系统并行性的有效手段。

3. 资源共享（Resource-Sharing）

利用软件方法，使多个用户分时使用同一个计算机系统。例如，多道程序、分时系统就是资源共享的产物。它是提高计算机系统资源利用率的有效措施。

在一个计算机系统内，可以通过多重技术途径，采用多种并行措施，既有执行程序的并行性，又有处理数据的并行性。例如，如果执行程序的并行性达到任务级或过程级，处理数据的并行性达到字并位串级，即可认为该系统已经进入并行处理领域。所以，并行处理（Parallel Processing）是信息处理的一种有效形式。通过开发计算过程中的并行事件，可使并行性达到较高的级别。并行处理是硬件、软件、算法、语言等多方面综合研究的领域。

5.2　并行处理机基本结构

并行处理机也称 SIMD 计算机，因为它是用一个控制器（Control Unit，CU）控制多个处理单元（Processing Element，PE）构成的阵列，所以也称阵列处理机。通过重复设置大量相同的 PE，将它们按一定方式互连成阵列，在单一 CU 控制下，阵列内各个 PE 对各自所分配的不同数据并行执行同一条指令规定的操作。因此，阵列处理机是操作级并行的 SIMD 计算机。SIMD 计算机主要用于大量高速向量或矩阵的运算场合。H. J. Siegel 提出了 SIMD 计算机操作模型，如图 5-1 所示。

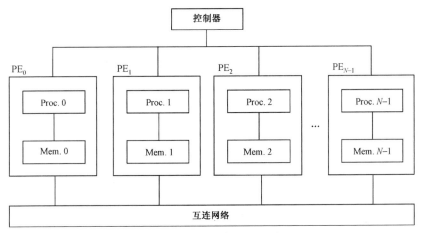

图 5-1　SIMD 计算机操作模型

SIMD 计算机的控制器管理多个 PE，所有 PE 均收到从 CU 广播来的同一条指令，但操作对象是不同的数据。所以，SIMD 计算机的操作模型可用五元素组表示为

$$M = (N, C, I, M, R)$$

① N 为计算机的 PE 数。

② C 为由 CU 直接执行的指令集，包括标量和程序流控制指令，即非广播执行的指令。

③ I 为由 CU 广播至所有 PE 进行并行执行的指令集，例如算术运算、逻辑运算、数据查找、屏蔽以及其他由每个激活的 PE 对它的数据所执行的局部操作。

④ M 为屏蔽方案集，其中每个屏蔽方案将 PE 群划分为允许操作（激活）和禁止操作（休眠）两种状态。

⑤ R 为数据寻径功能集，说明互连网络（Inter Connection Network，ICN）中 PE 间通信所需要的各种设置模式。

例如，用五元素组描述 MasPar 公司的 MP-I 系列计算机特性如下：

① MP-I 是 SIMD 计算机，$N = 1024 \sim 16384$，PE 数与计算机配置有关。

② CU 直接执行标量指令，对向量指令经译码后广播到 PE 阵列，并控制 PE 间通信。

③ 每个 PE 都是基于寄存器的加载/存储型 RISC 处理机，PE 从 CU 接收指令，执行不同数据量的整数运算和标准浮点数运算。

④ 屏蔽方案设在每个 PE 中，由 CU 连续监控，能在运行时动态调整每个 PE 状态，即置位（激活）或复位（休眠）。通过动态调整参与计算的 PE 数量满足不同计算规模需求。

⑤ MP-I 由一个 X-Net 网格网络和一个全局多级交叉开关构成互连网络，可实现 CU-PE 间及一个 PE 与其 8 个近邻之间的通信，通过多级交叉开关实现全局通信。

SIMD 计算机的基本结构有两种：分布式存储器结构和共享式存储器结构。

采用分布式存储器结构的并行处理机是 SIMD 的主流。典型代表有美国 Illinois 大学于 20 世纪 60 年代开始研制、1972 年由 Burroughs 公司生产的 ILLIAC IV 阵列处理机，美国 Goodyear 宇航公司 1979 年研制成功的巨型并行处理机（Massively Parallel Processor，MPP），英国 ICL 公司 1974 年开始设计、1980 年生产的分布式阵列处理机（Distributed Array Processor，DAP），美国 Thinking Machines 公司的连接机（Connection Machine）CM-2，MasPar 公司的 MP-1，Active Memory Technology 公司的 DAP 600 系列机等。

采用共享式存储器结构的并行处理机的典型代表有 Illinois 大学和 Burroughs 公司联合研制的科学处理机（Burroughs Scientific Processor，BSP）。SIMD 计算机的发展过程如图 5-2 所示。

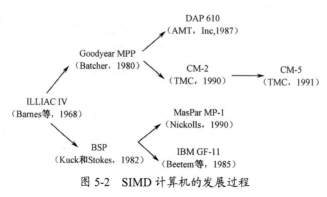

图 5-2 SIMD 计算机的发展过程

5.2.1 分布式存储器结构

分布式存储器结构的 SIMD 计算机如图 5-3 所示。它有重复设置的多个同样的 PE，通过互连网络以一定方式相互连接。每个 PE 有各自的本地存储器（Local Memory，LM），在一个阵列控制器控制下，实现并行操作。程序和数据通过主机（前台机）装入控制存储器。指令由阵列控制器译码；若是标量操作或控制操作，则由标量处理机执行；若是向量操作，则广播到所有 PE 并行执行。数据集合通过数据总线分布到所有 PE 的 LM，PE 所处理的数据从 LM 取得，并将结果写回到 LM。PE 通过互连网络实现相互连接，CU 通过执行控制程序来控制网络的寻径，完成点对点通信、广播、聚集等功能。PE 之间的同步是由 CU 硬件实现的，既保证各 PE 在同一周期内执行同一条指令，也可以通过对屏蔽位的设置，控制一个 PE 是否执行当前的指令。

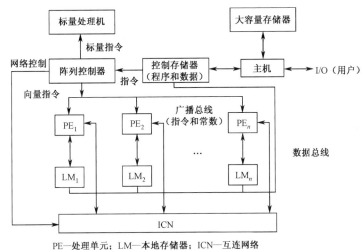

PE—处理单元；LM—本地存储器；ICN—互连网络
图 5-3 分布式存储器结构的 SIMD 计算机

观察执行指令过程可知，SIMD 计算机每次只能执行一条指令，仍然是串行的；但是观察执行向量数据过程可知，由于多个 PE 同时执行一条向量指令，产生多个数据流，因此具有数据并行性。SIMD 计算机很多是基于分布式存储器结构的，主要差别在于互连网络不同。

ILLIAC IV 是阵列处理机的代表，属于分布式存储器结构。ILLIAC IV 系统总框图如图 5-4 所示，由两大部分组成：ILLIAC IV 阵列和 ILLIAC IV 输入/输出系统。整个机器是由三种类型处理机组成的多机系统：一是实现向量、数组运算的处理单元阵列（Processing Element Array）；二是阵列控制器（Array Control Unit），它既是处理单元阵列的控制部分，又是一台相对独立的小型标量处理机；三是一台 Burroughs B6700 计算机，作为前台机，担负 ILLIAC IV 输入/输出系统和操作系统管理功能。

1. ILLIAC IV 阵列

ILLIAC IV 阵列有 64 个处理部件（PU），每个处理部件都由处理单元（PE）和本地存储器（PEM）组成。64 个处理部件 $PU_0 \sim PU_{63}$ 排列成 8×8 的方阵，每个 PU_i 只和其左、右、上、下 4 个邻近的 PU_{i+1} (mod 64)、PU_{i-1} (mod 64)、PU_{i+8} (mod 64) 和 PU_{i-8} (mod 64) 相连，从而构成闭合螺线阵列，如图 5-5 所示。任意两个处理部件间通信可以用软件方法寻径。在

$n×n$ 个处理部件组成的阵列中,任意两个处理部件之间的最短距离小于等于 $n–1$ 步。ILLIAC IV 阵列的最短距离不会超过 7 步。例如,从 PU_{10} 到 PU_{46},其路径为 $PU_{10}→PU_9→PU_8→PU_0→PU_{63}→PU_{62}→PU_{54}→PU_{46}$。

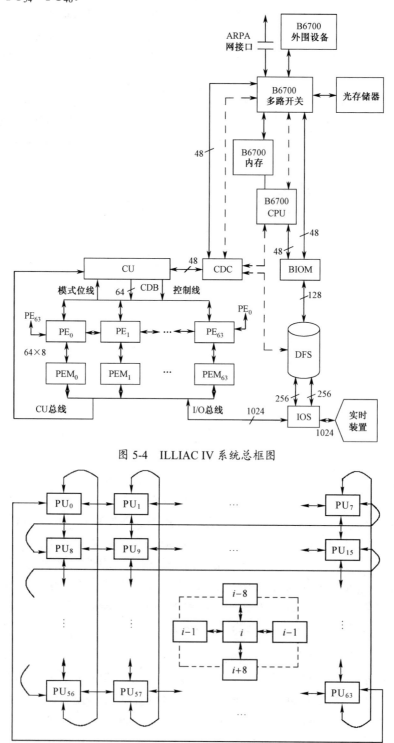

图 5-4 ILLIAC IV 系统总框图

图 5-5 ILLIAC IV 处理部件的互连结构

PU 原理框图如图 5-6 所示。它有 6 个可编程寄存器：

① RGA 是累加寄存器，存放第一操作数和操作结果。
② RGB 是操作数寄存器，存放第二操作数。
③ RGR 是被乘数寄存器兼互连寄存器，完成 4 个方向的 PU 之间数据直接交流。
④ RGS 是通用寄存器，暂存中间结果，这 4 个寄存器都是 64 位的。
⑤ RGX 是变址寄存器，16 位，通过地址加法器形成有效地址，经过存储器地址寄存器 MAR 送存储器逻辑部件 MLU。
⑥ RGM 是模块寄存器，8 位，它的 E 和 E1 位是活动标志位，F 和 F1 位是溢出（上溢和下溢）标志位，G，H，I，J 位保存测试结果。RGM 在 CU 监督下，一旦出错（溢出）就向 CU 发出陷阱中断。E 和 E1 用于控制 RGA、RGS 和阵列存储器工作，E 还控制 RGX。当 PU 进行 32 位字长运算时，E 和 E1 相互独立。活动标志位可对每个 PU 进行单独控制，只有处于活动状态的 PU 才执行单指令流规定的共同操作。

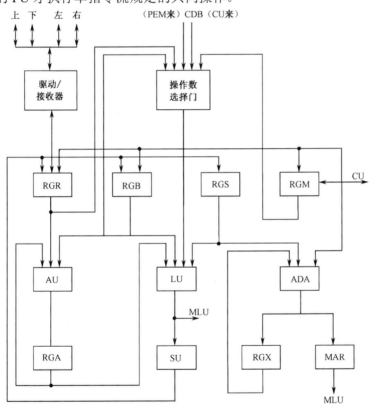

图 5-6　PU 原理框图

RGM 可由程序设置成"活动"或"不活动"。其他部件是：加/乘算术单元 AU、逻辑单元 LU、移位单元 SU 和地址加法器 ADA 等。PU 可对 64 位、32 位和 8 位操作数进行多种算术和逻辑运算，定点运算字长 48 位、24 位和 8 位。因此，阵列中 64 个 PU 可视作 64 个（64 位）、128 个（32 位）或 512 个（8 位）处理单元在发挥作用。并行加法速度如下：8 位定点加法是 10000MIPS，64 位浮点加法是 150MFLOPS。

每个 PU 都有本地存储器 PEM，容量为 2KB×64，存取时间≤350ns。64 个 PEM 构成阵列 MEM，存放数据和指令。整个阵列 MEM 受 CU 控制，每个 PU 只能访问自己的 PEM。

公共数据由 CU 经过公共数据总线广播到 64 个 PU 中，这样不但节省存储空间，而且允许公共数据存取与其他操作在时间上重叠。阵列 MEM 如同一个二维访问存储器，若把 64 个 PEM 看成列，每一个 PEM 本身看成行，则 CU 按列访问，PU 按行访问。阵列 MEM 采用双重变址，CU 实现所有 PU 的公共变址，每个 PU 内部可以单独变址，最后的有效地址 EA=a+(b)+(c_i)。其中，a 是指令地址，(b) 是 CU 中央变址寄存器内容，(c_i) 是 PU_i 局部变址寄存器内容，这增加了灵活性。PU 与 PEM 经过存储逻辑部件 MLU 相连，MLU 有信息寄存器、控制逻辑等，可实现 PEM 与 PU，CU 和 I/O 之间的信息传递。

2. 阵列控制器

阵列控制器 CU 除了对阵列处理部件 PU 进行控制，还用本身的指令系统完成标量操作，在时间上与各 PU 的数组操作重叠起来。CU 与 PU 阵列之间的连接如图 5-4 所示（PU_i 由 PE_i 和 PEM_i 组成），共有 4 条信息通路：

① CU 总线。PU 内存储器 PEM 经过 CU 总线把指令和数据送往 CU，以 8×64bit 为一个信息块传送。指令是指分布存放在 PEM 内的用户程序的指令；而数据是处理的公共数据，先将公共数据送到 CU，再利用 CU 的广播功能送到其他各个 PU。

② 公共数据总线 CDB（Common Data Bus）。CDB 是 64 位总线，作为向 64 个 PU 同时广播公共数据的通路。例如，公共乘数作为一个常数就不必在 64 个 PEM 中重复存放，可以由 CU 某个寄存器经 CDB 传送至各个 PU。CDB 也传送指令的操作数和地址。

③ 模式位线（Mode Bit Line）。每个 PU 经过模式位线把它的模式寄存器状态送往 CU。64 个 PU 送往 CU 的模式位在 CU 的累加寄存器中拼成一个模式字，供 CU 执行测试指令时使用，并根据测试结果控制程序转移。

④ 指令控制线。CU 经过约 200 根指令控制线将处理单元微操作控制信号和处理单元存储器地址、读/写控制信号送到阵列处理单元 PE 和存储器逻辑部件 MLU，实现控制功能。

归纳起来，CU 的主要功能有以下 5 方面：

① 对单指令流进行控制和译码，并执行标量操作指令。
② 向各 PU 发出执行数组操作指令所需的控制信号。
③ 产生并向所有 PU 广播公共的地址部分。
④ 产生并向所有 PU 广播公共的数据。
⑤ 接收和处理由各 PE 在计算出错时发出的、系统 I/O 操作时发出的以及 B6700 产生的陷阱中断。

3. 输入/输出系统

ILLIAC IV 输入/输出系统由磁盘文件系统 DFS、I/O 分系统和 B6700 组成。而 I/O 分系统又由输入/输出开关 IOS、控制描述字控制器 CDC 和输入/输出缓冲存储器 BIOM 三部分组成。

DFS 是两套大容量并行读/写磁盘系统及其相应的控制器，总容量为 125MB，最大传输速率为 62.75MB/s，平均等待时间为 19.6ms。如果两个磁盘系统同时发送或接收数据，最大传输速率可达 125MB/s。

I/O 分系统内的 IOS 有两个功能：一是把 DFS 或实时装置转接到阵列存储器，进行大批数据 I/O 传送；二是作为 DFS 和 PEM 之间的缓冲。CDC 的功能是对 CU 的 I/O 请求进行管理：CDC 向 B6700 发中断信号；B6700 响应，并通过 CDC 向 CU 送回响应代码，在 CU 中设置状态控制字；然后 CDC 使 B6700 启动 PEM 加载过程，由 DFS 向 PEM 送入程序和数据，加载结束由 CDC 向 CU 发控制信号，CU 开始执行 ILLIAC IV 的程序。BIOM 处在 DFS 和 B6700 之间，实现两者之间传送频带匹配。B6700 频带是 10MB/s，DFS 频带是 62.5MB/s，两者相差 6 倍之多。BIOM 作为缓冲，把 B6700 的 48bit/字变换为 ILLIAC IV 的 64bit/字，同时以两个字共 128bit 数据宽度送 DFS。BIOM 由 4 个 PE 存储器组成，容量为 64KB。

B6700 由 CPU（另一 CPU 可选）、32Kb×48（即 192KB）内存（可扩充至 3072KB）、经过多路开关控制的外设（其中包括一台 125GB 激光外存）以及 ARPA 网络接口等组成。B6700 的作用是管理整个系统的资源，完成用户程序的编译或汇编，为 ILLIAC IV 进行作业调度、存储分配、产生 I/O 控制字送 CDC、响应和处理中断，以及提供操作系统其他服务功能。因此，B6700 是 ILLIAC IV 系统的前台机，直接面向用户，而 CU 和 PU 阵列构成后台机，完成数组或标量的计算和处理，实现并行处理功能。

4．ILLIAC IV 算法举例

下面以 ILLIAC IV 的算法为例，说明一般阵列处理机的工作原理。

（1）有限差分问题

阵列处理机的二维阵列结构特别适合计算在网络上定义的有限差分函数。先假定作为初始条件的网络边缘点的函数值是已知的，而内部各点函数值为零，并把这些内部网格点分配给各个处理单元。然后根据有限差分公式多次迭代求值，直至连续两次迭代所求值相差很小为止。当然，必须已知迭代过程是收敛的。

当求解问题的内部网格点数大于处理单元个数时，把网格点划分成多个子网格点，然后由阵列处理机分批运行。

（2）矩阵加问题

矩阵运算是最适合阵列处理机处理的。如 A，B 两个矩阵相加，只要把 A 和 B 居于相应位置的一对分量存放在同一个处理单元存储器内即可。当阵列处理机执行加法公共操作时，每个处理单元都将处于本节点的 A_i 和 B_i 两个矩阵元素进行加法运算，其和即为矩阵和的对应元素。

（3）矩阵乘问题

矩阵乘是二维数组。设 A，B，C 为三个 8×8 二维矩阵。若给定 A，B，计算 $C=AB$ 的 64 个分量 C_{ij}（$0 \leqslant i \leqslant 7$，$0 \leqslant j \leqslant 7$），其代数式为

$$C_{ij} = \sum_{k=0}^{7} a_{ik} b_{kj} \quad (0 \leqslant i, j \leqslant 7)$$

在 SISD 计算机上要用 k，i，j 三重循环才能完成，每重循环执行 8 次，共需 512 次加、乘时间。在阵列处理机上执行时，利用 8 个 PE 部件并行计算，则 j 循环一次即可完成，i，k 循环依旧，因此只需 64 次加、乘时间，速度提高 8 倍。程序流程图如图 5-7 所示。由于 8 个 PE 执行同一套指令，故控制部件执行的 PE 类指令表面上是标量指令，但实际上等效于向量指令。其次，A，B，C 向量各分量在处理单元存储器中的分布如图 5-8 所示。做乘法时，$B(k,j)$ 都从本处理单元的 PEM 中取出，但被乘数 $A(i,k)$ 对所有处理单元是同样的。因此，要利用阵列处理机的"播放"功能，把当前 k 次循环中的 $A(i,k)$ 取出后送到 8 个 PE 的寄存器中。

（4）累加和问题

将 n 个数的顺序相加过程变为并行相加过程。在 SISD 计算机上，要进行 n 次相加；而在并行处理机上，采用递归相加算法，只需 $\log_2 n$ 次即可。如 $n=8$，则并行处理机只需 $\log_2 8=3$ 次即可。设原始数据 $A(i)$（$0 \leqslant i \leqslant 7$）在 8 个 PEM 的 a 单元内，它将按下列步骤运算：

第 1 步 置全部 PE 为"活动"状态。
第 2 步 全部 $A(i)$（$0 \leq i \leq 7$）从 PEM 的 a 单元读入相应 PE 的寄存器（RGA）。
第 3 步 令 $k=0$。
第 4 步 全部 PE 的 RGA 内容送至传送寄存器 RGR。

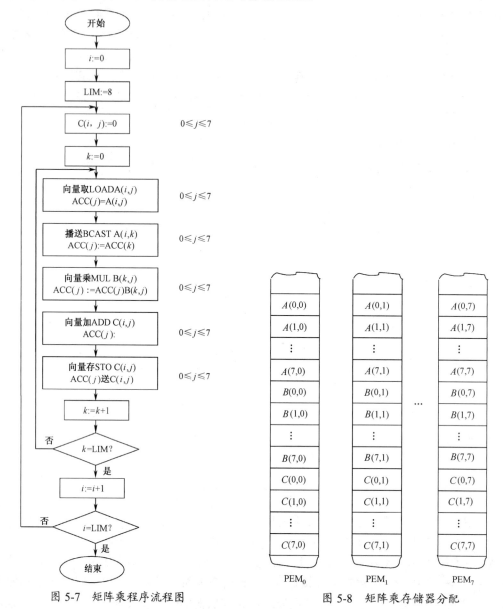

图 5-7　矩阵乘程序流程图　　图 5-8　矩阵乘存储器分配

第 5 步 全部 PE 的 RGR 经过互连网络向右传送 2^k 步距。
第 6 步 $j=2^k-1$。
第 7 步 置 $PE_0 \sim PE_j$ 为"不活动"状态。
第 8 步 活动的 PE 执行（RGA）+（RGR）→RGA。
第 9 步 $k+1 \to k$。
第 10 步 如 $k<3$，转第 4 步，否则向下执行。

第 11 步 置全部 PE 为"活动"状态。

第 12 步 全部 PE 的 RGA 内容存入相应 PEM 的 $a+1$ 单元中。

表 5-1 为各步计算结果。$A(0) \sim A(7)$ 在表中用 $0 \sim 7$ 代表，第 5 步中 PE 的 RGR 内容右移超出 PE_7 就不表示了。此外，在快速傅里叶变换（FFT）、卷积、相关等处理大规模数组问题方面，阵列处理机也能实现高效率的处理。

表 5-1 累加和各步计算结果

循环	进入循环前	k=0			k=1			k=2		
步骤	第 2 步	第 5 步	第 7 步	第 8 步	第 5 步	第 7 步	第 8 步	第 5 步	第 7 步	第 8 步
寄存器 PE	RGA	RGR	活动位	RGA	RGR	活动位	RGA	RGR	活动位	RGA
0	0		0	0		0	0		0	0
1	1	0	1	1+0		0	1+0		0	1+0
2	2	1	1	2+1	0	1	2+1+0		0	2+1+0
3	3	2	1	3+2	1+0	1	3+2+1+0		0	3+2+1+0
4	4	3	1	4+3	2+1	1	4+3+2+1	0	1	4+3+2+1+0
5	5	4	1	5+4	3+2	1	5+4+3+2	1+0	1	5+4+3+2+1+0
6	6	5	1	6+5	4+3	1	6+5+4+3	2+1+0	1	6+5+4+3+2+1+0
7	7	6	1	7+6	5+4	1	7+6+5+4	3+2+1+0	1	7+6+5+4+3+2+1+0

5.2.2 共享式存储器结构

共享式存储器结构的 SIMD 计算机如图 5-9 所示。它与分布式存储器结构的不同在于存储器结构上有明显区别。SM（Shared Memory，共享存储器）通过互连网络与各 PE 相连。SM 数目≥PE 数目，SM 模块为各 PE 共享，即任意一个 PE 都可以访问任一个存储体。通过灵活、高速的互连网络，使 SM 与 PE 之间的数据传送以存储器的最高频率进行，使存储器冲突降到最低。互连网络由阵列控制器根据控制指令译码进行控制。

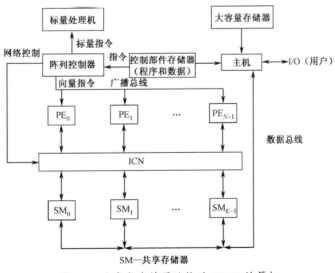

图 5-9 共享式存储器结构的 SIMD 计算机

这种共享式存储器结构在 PE 数目不太大的情况下是很理想的。BSP（Burroughs Scientific Processor，宝来公司的科学处理机）计算机就采用这种结构，它有 16 个 PE、17 个 SM，通过 16×17 互连网络，可以实现无冲突并行地访问存储器。互连网络有完全交叉开关以及用于广播（一个源 PE 广播至 n 个目的 PE）或共享（几个源 PE 寻找一个目的 PE）时化解冲突的硬件。在 PE 与 SM 数目互为质数时，就有可能实现无冲突访问。当 PE 增加时，为实现存储器分配互不冲突，将大量增加系统资源，从而大大降低系统性能价格比。

无论采用哪种存储器结构，互连网络都是必要的。在共享式内存方案中，它是 SM 与 PE 之间的必由之路。在分布式内存方案中，即使 PE 所需数据在大多数情况下由 LM 提供，而 PE 之间的数据通信仍是必不可少的。在图 5-3 中，各 PE 之间可以经过两条途径相互联系：一条直接通过互连网络；另一条是数据从 LM 读至阵列控制器，然后通过广播总线"广播"到所有 PE。在 PE 数目很多的并行处理机中，PE 之间的直接数据通路是很有限的，这就决定了并行处理机的系统固有结构和专用处理机的性质。这种局限性需通过对互连网络的研究才能解决。

5.2.3 并行处理机特点

SIMD 计算机的主要特点如下：

① SIMD 计算机利用大量 PE 对向量的各分量同时进行计算，可获得很高的处理速度，所依靠的并行措施是资源重复，而不是时间重叠（如流水线处理机）。它属于并行性中的同时性，而不是并发性。在硬件价格大幅下降、系统结构不断改进的情况下，SIMD 计算机具有较高的性能价格比。

② SIMD 计算机最有特色的组成部分是它的互连网络。互连网络规定了 PE 的连接模式，决定了 SIMD 计算机能适应的算法类别，对整个系统的各项性能指标产生了重要影响。在很好的互连网络配合下，PE 阵列的功能和灵活性将会更强。

③ SIMD 计算机适用于高速数值计算，类同于流水线向量处理机。它具有较固定的结构，直接与一定的算法相联系，其效率取决于计算程序向量化程度。应该把 SIMD 计算机的系统结构研究和算法研究结合起来，通过改进系统结构和研制并行算法，使其适应性更强、应用面更广。

④ 除向量运算速度外，SIMD 计算机整个系统的实际有效速度还在相当大的程度上取决于标量运算速度和编译过程开销。所以，提高 SIMD 计算机处理标量和短向量（即向量元素少的向量指令）的能力是很重要的。同时，开发一个具有向量化功能的高级语言编译程序对提高 SIMD 计算机的通用性十分必要。

⑤ SIMD 计算机基本上是一台向量处理的专用计算机，它必须和一台高性能的单处理机配合工作，由主机承担系统的全部管理功能。SIMD 的 PE 都是相同的，因此 PE 阵列是同构型的。但是，实际上的 SIMD 计算机是由 PE 阵列、标量处理机（构成后台机）和主机（前台机）按功能专用化原则组成的一个异构型计算机系统（见图 5-3 和图 5-9）。

5.3 并行处理机互连网络

互连网络在 SIMD 计算机和 MIMD 计算机系统结构中占有重要地位，涉及互连网络作用、互连网络设计准则、互连函数、拓扑结构、性能参数、寻径机制等问题。

5.3.1 互连网络基本概念

互连网络是一种由开关元件按照一定的拓扑结构和控制方式构成的网络，用于计算机系统内部多个处理机或多个功能部件之间的相互连接。互连网络在多处理机系统中的位置和作用如图 5-10 所示。随着高性能计算的发展，SIMD 系统和 MIMD 系统的规模越来越大，处理机之间或处理单元和存储模块之间的通信要求和难度也越来越突出，所以互连网络成为并行处理系统的核心组成部分，对整个计算机系统的性能价格比有决定性影响。

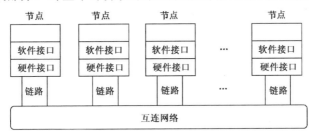

图 5-10 互连网络在系统中的位置和作用

图 5-11 是具有本地存储器 LM、本地高速缓冲存储器 C、共享存储器 SM 和共享外围设备的多处理机系统互连结构。每台处理机 P_i 与 LM_i 和 C_i 相连，构成一个节点，节点 i 与 SM_i 通过 IPMN 互连，节点 i 和共享外围设备通过 PION 互连，节点之间通过 IPCN 互连。

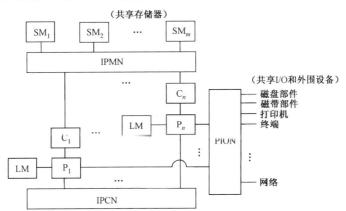

IPMN—处理机-存储器网络；PION—处理机-I/O网络；IPCN—处理机之间通信网络；
P—处理机；C—高速缓冲存储器；SM—共享存储器；LM—本地存储器

图 5-11 多处理机系统互连结构

互连网络的性能主要取决于节点的度、网络直径、网络带宽、可靠性和成本等。在设计互连网络时应遵循以下准则：

① 通信工作方式。它分为同步方式和异步方式。在同步方式中，PE 对数据进行并行操作或者 CU 对 PE 广播命令，都由统一时钟加以同步。SIMD 计算机多采用同步方式。异步方式不采用统一时钟，各处理机根据需要相互建立动态连接。MIMD 计算机多采用异步方式。

② 控制策略。它分为集中和分散两种。集中控制由一个控制器对所有互连开关状态加以控制，而分散控制则由各个互连开关自行管理。SIMD 计算机多采用集中控制，而 MIMD

计算机两种方式都有。

③ 交换方式。它分为线路交换和分组交换两种。线路交换在通信过程中，在源和目的节点之间通过"呼叫–应答"建立通路，然后进行成批数据传送，在通信过程中源节点和目的节点独占通路，实时性好，通信信道利用率较低。分组交换则把要传送的数据按一定格式分成多个分组（数据包），分别送入互连网络，各分组可按不同路由到达目的节点，中间节点对收到的每个分组根据分组内指明的目的节点地址和当前网络状况予以路径选择，实行的是存储转发形式，所以通信过程开销大，但信道利用率高。SIMD 计算机一般采用线路交换方式，因为 PE 间连接采用紧耦合。MIMD 计算机则往往采用分组交换方式。

④ 网络拓扑。它分为静态和动态两种。拓扑是指互连网络中各个节点间的连接关系，常用拓扑图描述。不同拓扑结构直接影响互连网络结构、通信形式、通信过程、通信控制方式等。

5.3.2 单级互连函数

可以把处理单元、存储器等看作节点，按照不同的拓扑关系，把 N 个输入端和 N 个输出端连接起来。为了反映互连网络的连接特性，可用一组互连函数来描述：

$$i = f(i) \quad (0 \leq i \leq N-1)$$

当互连网络用于实现处理机之间的数据变换时，互连函数也反映了网络输入数组与输出数组间对应的置换关系（或称排列关系），因此互连函数也称为置换函数（或排列函数）。

表示互连函数一般有下列方法。

① 输出、输入端连接图表示法。一般在节点数较少的情况下使用。当节点数较多时，连接图非常复杂，难以体现各节点连接的内在规律。

② 函数表示法。把所有输入端 i 和输出端 $f(i)$ 使用 n 位二进制编码表示，即：

$$X_{n-1}X_{n-2}\cdots X_1X_0 = f(X_{n-1}X_{n-2}\cdots X_1X_0)$$

③ 输入/输出对应表示法。输入端和输出端列表表示：

$$\begin{bmatrix} 0 & 1 & \cdots & N-1 \\ f(0) & f(1) & \cdots & f(N-1) \end{bmatrix}$$

1. 恒等互连网络

相同编号的输入端与输出端一一对应互连，其表达式为：

$$I(X_{n-1}X_{n-2}\cdots X_1X_0) = X_{n-1}X_{n-2}\cdots X_1X_0$$

等式左边括号内为输入端二进制地址编码，等式右边为输出端二进制地址编码，其连接图如图 5-12 所示。

2. 交换互连网络

交换互连网络是实现二进制地址编码中第 0 位（X_0）位值不同的输入端和输出端之间的连接，其表达式为：

$$E(X_{n-1}X_{n-2}\cdots X_1X_0) = X_{n-1}X_{n-2}\cdots X_1\overline{X_0}$$

例如，节点数 $N=8$，则节点 0（地址码 000）与节点 1（地址码 001）相连，节点 5（地址码 101）与节点 4（地址码 100）相连，其余类似。其连接图如图 5-13 所示。

图 5-12　$N=8$ 的恒等互连　　　　图 5-13　$N=8$ 的交换互连

3．三维立方体单级互连网络

三维立方体单级互连网络如图 5-14 所示。立方体的每个顶点表示一个节点，它有三种互连函数：$Cube_0$，$Cube_1$，$Cube_2$。它的特点是 Cube 函数下标表示的输入端和输出端只在其位互为反码，其他各位相同。

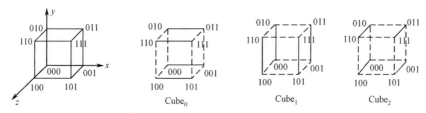

图 5-14　三维立方体单级互连网络

例如 $Cube_0(X_2X_1X_0)=X_2X_1\overline{X_0}$，$Cube_1(X_2X_1X_0)=X_2\overline{X_1}X_0$，$Cube_2(X_2X_1X_0)=\overline{X_2}X_1X_0$。推广至 n 维，立方体单级互连网络共有 $n=\text{lb}_2 N$ 种互连函数（N 为节点数，$N=2^n$），其表达式为：

$$Cube_i(P_{n-1}P_{n-2}\cdots P_i\cdots P_1P_0)=P_{n-1}P_{n-2}\cdots \overline{P_i}\cdots P_1 P_0$$

$(P_{n-1}P_{n-2}\cdots P_i\cdots P_1P_0)$ 为节点二进制地址编码。式中，P_i 为输入端标号的二进制地址码第 i 位，且 $0\leq i\leq n-1$。图 5-15 为 $N=8$ 的立方体互连。

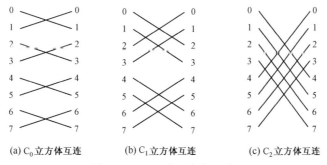

(a) C_0 立方体互连　　(b) C_1 立方体互连　　(c) C_2 立方体互连

图 5-15　$N=8$ 的立方体互连

对于 n 维立方体互连网络，要实现任意两个节点间的连接，最多使用 n 次不同的互连函数，因此，n 维立方体互连网络的最大寻径距离为 n。

4．加减 2^i 单级互连网络（PM2I，Plus-Minus 2^i）

PM2I 单级互连网络能实现 j 号节点与 $j\pm 2^i \bmod N$ 号节点的直接相连，其互连函数为

$$PM2_{+i}\ (j)=j+2^i \bmod N$$
$$PM2_{-i}\ (j)=j-2^i \bmod N$$

式中，$0 \leq j \leq N-1$，$0 \leq i \leq n-1$，$n = \log_2 N$，N 为节点数。因此，它只有 $2n$ 个互连函数。

例如，对于 $N=8$，各互连循环为：

PM2$_{+0}$：（0 1 2 3 4 5 6 7）

PM2$_{-0}$：（7 6 5 4 3 2 1 0）

PM2$_{+1}$：（0 2 4 6）（1 3 5 7）

PM2$_{-1}$：（6 4 2 0）（7 5 3 1）

PM2$_{\pm 2}$：（0 4）（1 5）（2 6）（3 7）

由于 PM2I 互连网络总存在 PM2$_{+(n-1)}$=PM2$_{-(n-1)}$，因此实际上只有 $2n-1$ 个不同的互连函数。PM2I 互连网络的最大寻径距离为 $\lceil n/2 \rceil$。图 5-16 给出了 PM2$_{+0}$、PM2$_{+1}$、PM2$_{+2}$ 连接图。而 PM2$_{-0}$、PM2$_{-1}$、PM2$_{-2}$ 连接图仅是使图 5-16 内的箭头方向相反即可，所以 PM2I 互连网络的连接图如图 5-17 所示（$N=8$）。

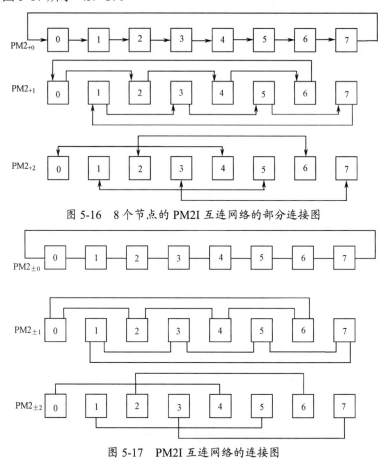

图 5-16 8 个节点的 PM2I 互连网络的部分连接图

图 5-17 PM2I 互连网络的连接图

5. 混洗单级互连网络

混洗单级互连网络是将输入端分成相等的两半，前一半和后一半按序一个隔一个地从头至尾依次与输出端相连，就像洗扑克牌时，将整副牌均分成两叠来洗，达到一张隔一张的理想状态，即均匀洗牌。其函数关系可表示为：

$$\text{Shuffle}(P_{n-1}P_{n-2}\cdots P_1P_0) = P_{n-2}\cdots P_1P_0 P_{n-1}$$

在此互连网络中，经过 $n=\log_2 N$ 次混洗连接后，除了地址码为全 0 和全 1 的节点，其余节点都有与其他节点连接的机会。图 5-18 为 8 个节点的全混洗连接图。

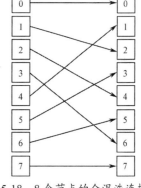

图 5-18　8 个节点的全混洗连接图

5.3.3　互连网络特性

网络可用有向边或无向边连接有限个节点的拓扑图来表示。网络特性如下：

（1）网络规模

网络中节点的总数，反映网络连接的部件多少。

（2）节点度（Node Degree）

与节点相连接的边（即链路或通道）数称为节点度。在单向通道情况下，进入节点的通道数称为入度（In Degree），而从节点出来的通道数则称为出度（Out Degree）。节点度为入度和出度之和，它反映了节点所需要的 I/O 端口数，也反映了节点的价格。若为降低网络价格，应使节点度尽可能小。若为使网络可扩展、构件模块化，则要求节点度保持恒定。

（3）距离

两个节点间相连的最少边数。

（4）网络直径（Network Diameter）

它是网络中任意两个节点之间距离的最大值。这是网络通信性能的一个指标。从通信的角度来看，网络直径应当尽可能小。

（5）聚集带宽（Aggregate Bandwidth）

从一半节点到另一半节点，每秒传输的最大位数（b/s）或字节数（B/s）。例如，HPS 是一个对称式网络，共有 512 个节点，每个节点端口带宽为 40MB/s，则 HPS 的聚集带宽为 512/2×40MB/s=10GB/s。

（6）等分带宽（Bisection Bandwidth）

当某一网络被分成相等的两半时，沿分界面的最小边数（通道）称为通道等分宽度。一个网络可以有多个等分平面，最小等分平面是指具有最小连线数的等分平面。网络的等分带宽指每秒在最小等分平面上通过所有连线的最大位数或字节数。设 b 为最小等分平面的链路数，w 为每条链路的连线数，r 为每条连线的最大的数据传输速率（单位 b/s），则该网络的等分带宽 $B=bwr$（b/s）。

（7）节点间的线长

它是两个节点间连线的长度。它会影响信号在信道上的传播时延、时钟信号变形和输出功率。

（8）网络对称性（Network Symmetry）

如果从网络任何节点看出去的拓扑结构都是一样的，则称该网络为对称网络，否则称为非对称网络。对称网络较易实现，可扩展性好，寻径效率较高，编程也较容易。

网络通信是将源节点的消息（报文）传输到目的节点的过程。源节点作为发送方，其操作步骤如下：

① 发送程序把报文传送到发送缓冲区。

② 计算待发送报文的校验位，并附在报文之后，按通信协议构造成规定的格式（帧、分组等格式）。

③ 将帧或分组通过网络接口硬件在信道上发送。

④ 发送结束后启动定时计数器，等待接收方确认。

⑤ 在定时范围内收到接收方确认，则发送方结束本次通信。若超时未收到接收方确认，则发送方重发报文。

目的节点作为接收方，其操作步骤如下：

① 接收程序把报文从网络接口硬件取到接收缓冲区。

② 对收到的报文进行校验。若正确，则向发送方发送确认，并把报文传送到用户程序缓冲区，由用户程序处理。

③ 若出错，接收方将收到的报文丢弃，等待发送方超时重发。

网络通信方面有关时延的性能参数如下：

① 频宽（Bandwidth）。指网络传输信息的最大速率，也称传输速率，单位是 b/s。

② 传输时间（Transmission Time）。消息（报文）通过网络的时间，它等于消息（报文）长度除以频宽。

③ 传播时延（Spread Latency）。报文的第一位到达接收方所用的时间，它包括网络中转节点转发及其他硬件所带来的时延。一般认为，信号在导体中的传输速率大约为 200m/μs（即 5μs/km）。

④ 传输时延（Transport Latency）。它等于传输时间和传播时延之和，它是报文在网络上传输所用的时间。

⑤ 发送方开销（Sender Overhead）。发送方通信处理机把消息（报文）送上网络的时间，即发送方软、硬件所用时间。

⑥ 接收方开销（Receiver Overhead）。接收方通信处理机从网络上把到达的消息（报文）取出的时间，即接收方软、硬件所用时间。所以，一个消息（报文）在网络上通信的总时间为：

总时间=发送方开销+传播时延+传输时间+接收方开销

5.3.4 静态互连网络

静态互连网络是指各节点间有专用的链路且在运用中不能改变的网络。在此类网络中，每一个开关元件固定与一个节点相连，建立该节点与邻近节点间的连接通路，直接实现两个节点之间的通信。静态互连网络适用于构造通信模式可预测的计算机或者用静态连接实现通信的计算机。静态互连网络拓扑结构有一维、二维、三维及三维以上，下面介绍各种拓扑结构的静态网络。

（1）线性阵列

这是一种一维网络。N 个节点用 $N-1$ 条链路连成一行，如图 5-19(a)所示。内部节点度为 2，端节点度为 1，网络直径为 $N-1$，等分宽度 $b=1$。线性阵列有最简单的拓扑结构，这种结构不对称，当 N 很大且节点相距较远时，通信效率很低。线性阵列与总线的区别在于：线性阵列允许不同的源节点和目的节点对并发使用系统的不同通道，而总线是通过切换节点来实现时分特性的。

(2) 环和带弦环（Chordal Ring）

将线性阵列的两个端节点连接起来就得到了环拓扑，如图 5-19(b)所示。环可以单向工作或双向工作。它是对称的，节点度是常数 2。单向环直径为 $N-1$，双向环直径为 $N/2$。若将节点度提高至 3 或 4，就可得到如图 5-19(c)和(d)所示的带弦环。双向环网络直径为 8（$N=16$），度为 3 的带弦环网络直径为 5，度为 4 的带弦环网络直径为 3。所以，增加环上节点的链路（即弦），则节点度增大，网络直径减小。在极端情况下，形成如图 5-19(e)所示的全连接网络（Completely Connected Network），节点度为 15（即 $N-1$，$N=16$），网络直径最短（为 1），链路数为 120（即 $N(N-1)/2$）。

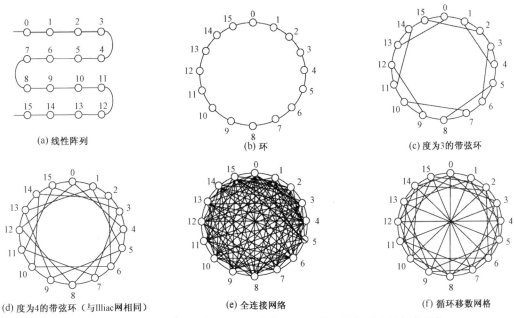

图 5-19 线性阵列、环、带弦环、全连接网络、循环移数网格的拓扑结构

(3) 循环移数网络（Barrel Shifter）

在环上每个节点到与其距离为 2 的整数幂的节点之间增加一条附加链，就构成了循环移数网络，如图 5-19(f)所示（$N=16$）。如果 $j-i=2^r$，$r=0，1，2，\cdots，n-1$，网络节点数为 $N=2^n$，则节点 i 与节点 j 连接，节点度为 $2n-1$，网络直径为 $n/2$。在图 5-19(f)所示的循环移数网络中，$N=16=2^4$，$n=4$，节点度为 7，网络直径为 2。这种网络的复杂性比全连接网络低。

(4) 树形和星形

5 层 31 个节点的二叉树如图 5-20(a)所示。n 层全平衡的二叉树应有 $N=2^n-1$ 个节点，最大节点度为 3，直径是 $2(n-1)$。由于节点度是常数，因此二叉树是一种可扩展的系统结构，但其网络直径相当长。

星形是一种 2 层树，节点度高，为 $N-1$；网络直径小，为 2。图 5-20(b)显示的是星形拓扑。星形结构常用于集中监控系统。

(5) 胖树形（Fat Tree）

二叉胖树形结构如图 5-20(c)所示。Leiserson 于 1985 年将一般树形结构修改成胖树形。胖树形的通道从叶节点向根节点上行，其宽度逐渐增宽，由此缓解了传统二叉树通向根节点的瓶颈问题。

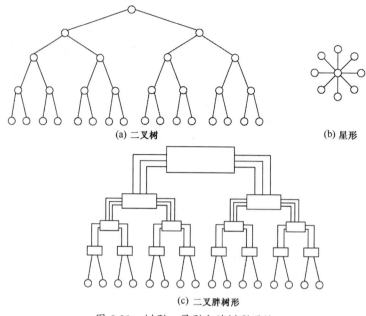

图 5-20 树形、星形和胖树形网络

（6）网格形和环网形

图 5-21(a)所示的为 3×3 网格形网络。当网格形网络节点数为 $N=n^k$ 时，称为 k 维网格，内部节点度为 $2k$，网络直径为 $k(n-1)$。图 5-21(a)所示的纯网格形网络是不对称的，边节点的节点度为 3，角节点的节点度为 2，内节点的节点度为 4。

图 5-21(b)是一种回绕连接的网格图，是 ILLIAC 网使用的结构。ILLIAC Ⅳ系统采用 8×8 回绕网，其节点度为 4，网络直径为 7。若 $N=16=4×4$，则 ILLIAC 网与图 5-19(d)所示的带弦环在拓扑上是等效的。$n×n$ 的 ILLIAC 网的直径为 $n-1$，仅为纯网格直径的一半。环网形网络将环和网格形结合在一起，其网络直径更短，并能向高维扩展，如图 5-21(c)所示。一个 $n×n$ 二元环网形网络的节点度为 4，网络直径为 $2×(n/2)$。环网形是一种对称拓扑结构，回绕连接使其直径比网格形结构减少二分之一。

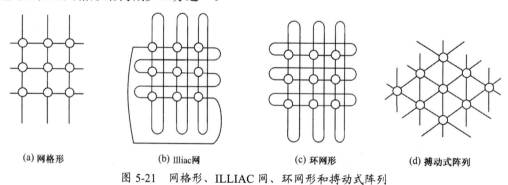

图 5-21 网格形、ILLIAC 网、环网形和搏动式阵列

（7）搏动式阵列

这是一类为实现确定算法而设计的多维流水线阵列结构。图 5-21(d)所示的是为实现两个矩阵相乘而专门设计的搏动式阵列。该阵列内部节点度为 6。静态搏动式阵列可以在多个方

向上使数据流变成以流水线方式工作。通过确定的互连和同步操作,搏动式阵列可与算法的通信结构相匹配。在信号处理、图像处理等应用领域,搏动式阵列的性能价格比更好。但是,其结构专用性强,实用性有限,编程很难。自从 1978 年 Kung 和 Leiserson 提出搏动式阵列后,它已成为一个广泛研究的领域。

(8) 超立方体

它是二元 n 维立方体。n 维立方体由 $N=2^n$ 个节点组成,分布在 n 维上。$N = 8 = 2^3$ 的立方体如图 5-22(a)所示,每维有两个节点,称为二元。四维立方体可以通过将两个三维立方体相应节点互连组成,如图 5-22(b)所示。n 维立方体的节点度等于 n,也就是网络直径。节点度随维数线性增加,所以超立方体很难扩展,难以组成高维立方体。

(9) 带环立方体(CCC)

它是从超立方体改进而来的。将三维立方体的角节点(顶角)用三个节点的环代替,就成为带环三维立方体,如图 5-22(c)所示。将 K 维立方体的每个节点用 K 个节点组成的环替代,即 K 维超立方体的每个顶角用有 K 个节点的环取代,就构成了带环 K 维立方体,如图 5-22(d)所示。该图左边表示顶角有 K 维(即 K 个方向),该图右边表示顶角上有 K 个节点组成的环。带环 K 维立方体共有 2^K 个节点环。这样一个 K 维立方体可演变成 $K \times 2^K$ 个节点的 K-CCC 网络。图 5-22(c)所示的 3-CCC 的网络直径为 6,比三维立方体网络直径大一倍。K-CCC 网络直径为 $2K$。CCC 的节点度为常数 3,与超立方体维数无关。设某超立方体有 $N=2^n$ 个节点,一个有相同节点数 N 的 CCC 由 K 立方体组成,即 $2^n=K \times 2^K$,$K<n$。例如,$N=64$,可用六维超立方体组成(即 $N=64=2^6$,$n=6$),也可以用 4-CCC 组成,即 $K=4$ 维,每个顶角为用 4 个节点构成的环。4-CCC 的网络直径为 $2K=2 \times 4=8$,而六维超立方体的网络直径为 6,但 CCC 的节点度为 3,比六维超立方体的节点度 6 要小。所以,若允许一定时延,则 CCC 是一种构造可扩展系统的较好结构。

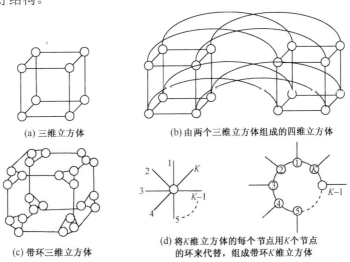

图 5-22 超立方体和带环立方体

(10) K 元 n 维立方体网络

环、网格形、环网形、二元 n 维立方体(超立方体)和 Ω 网络都是 K 元 n 维立方体网络系列的拓扑同构体。图 5-23 所示的是四元三维立方体网络。n 是立方体的维数,K 是基数或

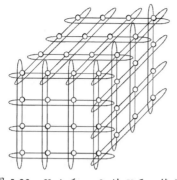

图 5-23 $K=4$ 和 $n=3$ 的 K 元 n 维立方体网络

者说是每个方向的节点数（即多重性）。n、K 与网络中总节点数 N 的关系为：

$$N=K^n \quad (K=\sqrt[n]{N}, n=\log_K N)$$

K 元 n 维立方体的节点地址用基数为 K 的 n 位表示，即 $A=a_1a_2\cdots a_n$，其中 a_i 表示第 i 维节点位置。K 元 n 维立方体网络内的所有链路都是双向的。低维 K 元 n 维立方体称为环网，高维二元 n 维立方体称为超立方体。

用折叠连接的方法可避免环网中节点间线过长，如图 5-24 所示。当多维网络装入一个平面时，每维上沿环的所有链路的线长相等。这种网络的价格取决于连线量而不是开关数。在线等分为常数的前提下，宽通道低维网络比窄通道高维网络延时低、冲突少、热点吞吐量大。

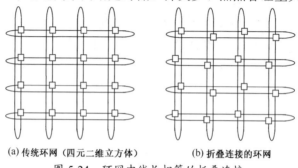

(a) 传统环网（四元二维立方体）   (b) 折叠连接的环网

图 5-24 环网中线长相等的折叠连接

表 5-2 是静态互连网络特性一览表。表中多数网络的节点度小于或等于 4，这是比较理想的。全连接网络和星形网络的节点度太大。超立方体的节点度随 $\log_2 N$ 值增大而增大，当 N 值很大时，其节点度也太大。网络直径变化范围很大，但随着硬件寻径技术的发展，在高度流水线操作下，任意两个节点间的通信延时几乎固定不变。链路数会影响网络价格，等分宽度会影响网络带宽，对称性会影响可扩展性和寻径效率，网络总价格随节点度和链路数增大而上升。网络直径是评价指标之一，节点间平均距离是更确切的量度指标。等分宽度可用提高通道宽度来扩大。根据上述分析，环、网格、环网、K 元 n 维立方体和 CCC 都具有构造大规模并行处理机（Massively Parallel Processor，MPP）的条件。

表 5-2 静态互连网络特性一览表

网络类型	节点度 d	网络直径 D	链路数 l	等分带宽 B	对称性	网络规格评注
线性阵列	2	$N-1$	$N-1$	1	非	N 个节点
环	2	$[N/2]$	N	2	是	N 个节点
全连接网络	$N-1$	1	$N(N-1)/2$	$(N/2)^2$	是	N 个节点
二叉树	3	$2(h-1)$	$N-1$	1	非	树高 $h=[\log_2 N]$
星形	$N-1$	2	$N-1$	$[N/2]$	非	N 个节点
二维网络	4	$2(r-1)$	$2N-2r$	r	非	$r \times r$ 网络，$r=\sqrt{N}$
ILLIAC 网	4	$r-1$	$2N$	$2r$	非	与 $r=\sqrt{N}$ 的带弦环等效
二维环网	4	$2[r/2]$	$2N$	$2r$	是	$r \times r$ 网络，$r=\sqrt{N}$
超立方体	n	n	$nN/2$	$N/2$	是	N 个节点，$n=\log_2 N$（维数）
CCC	3	$2K-1+[K/2]$	$3N/2$	$N/(2K)$	是	$N=K \times 2^k$ 个节点，环长 $K \geqslant 3$
K 元 n 维立方体	$2n$	$n[K/2]$	nN	$2K^{n-1}$	是	$N=K^n$ 个节点

注：表中 [ ] 表示取整运算。

5.3.5 动态互连网络

动态互连网络具有多种用途，可达到通用目的，它能根据程序要求实现所有通信模式，使用开关或仲裁器以提供动态连接特性。动态互连网络的价格和所采用的链路、开关、仲裁器的成本有关，其性能涉及网络带宽、数据传输速率、网络延时和所用的通信模式。常见的动态互连网络有总线互连、交叉开关互连等。

1. 总线互连

总线互连方式是多机系统中实现互连的最简便的一种结构形式。多个处理机、存储器模块和 I/O 部件通过各自的接口与系统总线相连，也可以由 CPU、局部存储器、I/O 部件构成计算机模块，多个计算机模块通过公共接口部件与系统总线相连。总线通信方式采用分时或多路转换方式，实现信息在主设备和从设备之间的传输。能实现多机互连的总线标准有 PCI、VME、MULTIBUS、SBUS、MICROCHANNEL、IEEE Futurebus 等。标准总线在构建单机系统时价格低廉。而多处理机总线和层次型总线常用来构建 SMP（Symmetric MultiProcessor，对称多处理机）、DSM（Distributed Shared Memory Multiprocessor，分布共享存储器多处理机）、NUMA（Non Uniform Memory Access，不一致存储器存取）机器。这些可扩展的总线一般用硬件支持 Cache 一致性、多处理机同步、中断处理等功能。

典型多处理机总线结构如图 5-25 所示。系统总线在底板或中央板上。CPU 或 IOP（I/O 处理机）是主设备，存储器或盘驱动器是从设备。各模块（卡或板）通过接口逻辑挂上系统总线。局部存储器 LM、I/O 控制器 IOC、存储控制器 MC、通信控制器 CC 用在不同插接板上，发挥各自作用。在各个板的内部都有各自的卡（板）内总线。

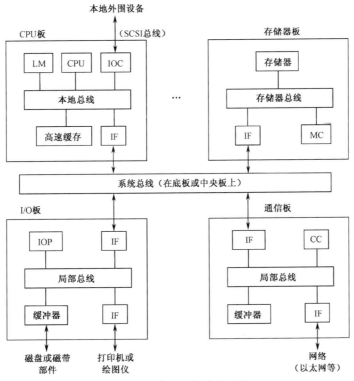

图 5-25 多处理机总线结构

多处理机总线要解决的主要问题有总线仲裁、中断处理、协议转换、快速同步、Cache一致性、分离事务、总线桥接和层次总线扩展等。硬连接路障同步线在机群总线中起到同步提速作用，将原来基于软件的同步时间从几千微秒降低到几百纳秒。

SMP 总线在构建大规模系统时可扩展性不够，使用层次总线结构有助于增加可扩展性。图 5-26 所示的 CC-NUMA（Cache Coherent – Non Uniform Memory Access，Cache 群不一致存储器存取）机器设计方法，使用层次总线互连多个多处理机机群构成系统。属于同一机群的处理机各自有本地 Cache，为一级 Cache，通过机群总线互连。机群高速缓存（CC）作为二级 Cache，供机群中各个处理机共享。各个机群通过连接全局的机群间总线互连，相互通信，并共享存储器模块。层次总线必须用网桥作为机群间接口，以保持本地和共享 Cache 的一致性。IEEE Futurebus 总线为构造层次总线提供专用网桥、Cache、MEM 代理、消息接口和电缆分段等机制。

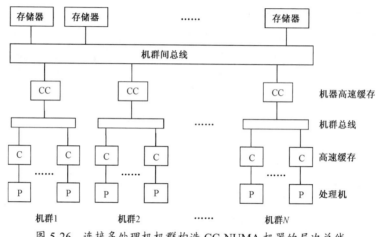

图 5-26　连接多处理机机群构造 CC-NUMA 机器的层次总线

利用总线互连虽然简便，但也存在下述缺点：① 总线实行分时共享，即使总线带宽很大，被多个处理机平均，每个处理机的带宽也就有限了；② 总线缺少冗余机制，易于出错；③ 总线一般局限于较小的机架内，当使用层次总线扩展到几个机架时，时钟扭曲和全局定时就成了问题，所以总线可扩展性有限。

2. 交叉开关互连

交叉开关（Crossbar）是一个单级交换网络，只允许一对一置换（映射），即开关只有两种连接模式：直送和交换。交叉开关可以实现所有节点之间无阻塞连接，可为每个端口提供更大的带宽。与总线互连中采用分时使用总线不同，交叉开关采用的是空间分配机制。在并行处理中，交叉开关有两种使用方式：一种用于对称式多处理机或多计算机群中的处理机间通信；另一种用于 SMP 服务器或向量超级计算机中处理机和存储器之间的存取操作。

一个 $a\times b$ 开关模块有 a 个输入和 b 个输出，一个二元开关的 $a=b=2$。理论上，a 和 b 不一定相等，而实际上 a 和 b 经常选为 2 的整数幂，即 $a=b=2^K$，$K\geqslant 1$。在 $a\times b$ 开关中，每个输入可与一个或多个输出相连，但是不允许多个输入与一个输出相连，即一对一和一对多映射是允许的，多对一映射是不允许的，因为输出端将发生冲突。一个二元开关有 4 种合法状态：直送、交换、上播、下播（如图 5-27 所示），这样的开关被称为交换开关，而交叉开关只有直送和交换两种。一个 $n\times n$ 交叉开关的合法状态有 n^n 个，置换连接有 $n!$ 个，如表 5-3 所示。

图 5-27 交换开关的 4 种连接方式

交叉开关互连由一组二维阵列的开关组成,如图 5-28 所示。它将横向的处理机 P 与纵向的存储器模块 M 连接起来。阵列中的总线条数等于 $p+m$,只要 $m \geq p$,就可以使每个处理机都能通过总线与某个存储器模块相连,从而加宽了带宽。图 5-28 中的每个交叉点都是一套开关,开关内有多路转换逻辑和仲裁部件。若 p 个处理机要和 i 个 I/O 模块相连,这时阵列中总线条数为 $p+m+i$,只要 $m \geq p+i$,就能实现无阻塞连接。

表 5-3 开关模块和合法状态

模块大小	合法状态	置换连接
2×2	4	2
4×4	256	24
8×8	16777216	40320
$n \times n$	n^n	$n!$

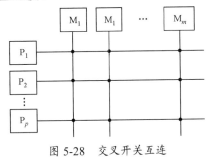

图 5-28 交叉开关互连

5.3.6 多级互连网络

多级互连网络(Multistage Interconnection Network,MIN)是指将多套单级互连网络通过交换开关或交叉开关串联扩展而成的网络。由于可以改变开关的控制方式(即开关连接方式)灵活地实现各种连接,满足系统应用的需要,因此在 SIMD 和 MIMD 计算机设计中较多使用了 MIN。MIN 在每级上使用多个 $a \times b$ 开关模块,相邻级开关之间使用固定的级间连接,其结构模型如图 5-29 所示。为了在输入和输出之间建立所需的连接,可以用动态设置开关的状态来实现。

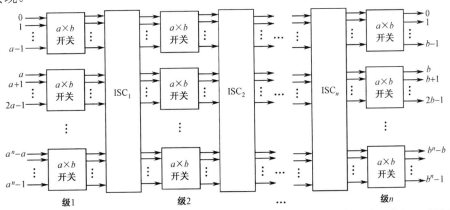

图 5-29 一种由 $a \times b$ 开关模块和级间连接模式 ISC_1,ISC_2,…,ISC_n 构成的通用多级互连网络结构

各种 MIN 的区别就在于所用开关模块、控制方式和级间连接(ISC)模式的不同。最简单的开关模块是 2×2 开关,若只有直送和交换,则称为二功能交换单元;若有直送、交换、

上播和下播，则称为四功能交换单元（如图 5-27 所示）。控制方式是指对各开关模块进行控制的方式，一般有如下三种：

① 级控制。每一级的所有开关只用一个控制信号控制，同级开关只能处于相同状态。

② 单元控制。每一个开关都有自己的单独控制信号，各开关处于不同的状态。

③ 部分级控制。第 i 级的所有开关分别用 $i+1$ 个信号控制，$0 \leq i \leq n-1$，n 为级数。例如，第 0 级（$i=0$）用一个控制信号，该级所有开关处于同一状态；第 1 级（$i=1$）则用两个控制信号，该级开关分为两部分，相同部分开关状态一样，而不同部分开关状态可以不同；其他级依次类推。

常用的级间连接模式有混洗、立方体、PM2I 等。

按照对输入与输出的不同连接程度，MIN 分为阻塞网络、非阻塞网络和可重排非阻塞网络。在同时实现两对或多对输入端与输出端之间的连接时，可能会出现开关状态设置上的冲突，称为阻塞网络，反之称为非阻塞网络或全排列网络。非阻塞网络的优点是连接的灵活性好，缺点是连线多、控制复杂和成本高。典型的阻塞网络有多级立方体网络、多级混洗交换网络（Omega 网络）、多级 PM2I 网络、基准网络等。典型的非阻塞网络有多级 CLOS 网络等。可重排非阻塞网络是指为一对空闲的输入/输出节点建立通路时，可能影响当前正在使用的配置，但通过重新设置，仍可实现原来的要求并建立新的一对节点的通路，典型的例子如 BENES 网络。

1．多级立方体网络

多级立方体网络有 STARAN 网络和间接二进制 n 立方体网络。以 8 个处理单元（$N=8$）为例，其结构如图 5-30 所示。两者的共同点是：当第 i 级（$0 \leq i \leq n-1$）开关处于交换状态时，实现的是 $Cube_i$ 互连函数，且都采用二功能交换单元。两者的差别仅在于控制方式上：STARAN 采用级控制和部分级控制，而间接二进制 n 立方体网络采用单元控制。

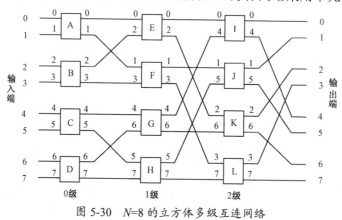

图 5-30 $N=8$ 的立方体多级互连网络

当 STARAN 网络用作交换网络时，采用级控制。当有 N 个处理单元时，网络级数 $n=\log_2 N$，每级有 2^{n-1} 个二功能交换开关，同级用一个控制信号。当第 i 级控制信号为 0 时，该级开关都完成直送功能；当第 i 级控制信号为 1 时，该级开关都完成交换功能，实现 $Cube_i$ 互连函数。例如，$N=8$，$n=\log_2 8=3$，这是一个有 8 个处理单元的三级 STARAN 网络，每级有 $2^{3-1}=4$ 个二功能交换开关，共有 $4 \times 3=12$ 个，每级用一个控制信号，共需要 3 个控制信号 $K_2 K_1 K_0$，级控制信号的组合及所实现的功能如表 5-4 所示。

表 5-4 STARAN 交换网络（$N=8$）级控制信号的组合及所实现的功能

		级控制信号（$K_2K_1K_0$）							
		000	001	010	011	100	101	110	111
输入端号	0	0	1	2	3	4	5	6	7
	1	1	0	3	2	5	4	7	6
	2	2	3	0	1	6	7	4	5
	3	3	2	1	0	7	6	5	4
	4	4	5	6	7	0	1	2	3
	5	5	4	7	6	1	0	3	2
	6	6	7	4	5	2	3	0	1
	7	7	6	5	4	3	2	1	0
执行的交换函数功能		恒等 i	四组二元 $Cube_0$	四组二元+二组四元 $Cube_1$	二组四元 $Cube_0+Cube_1$	二组四元+一组八元 $Cube_2$	四组二元+二组四元+一组八元 $Cube_0+Cube_2$	四组二元+一组八元 $Cube_1+Cube_2$	一组八元 $Cube_0+Cube_1+Cube_2$

从表 5-4 可以看出，当 $K_2K_1K_0=001$ 时，0 级交换，1 级和 2 级直送，实现 $Cube_0$ 互连函数。当 $K_2K_1K_0=011$ 时，各级开关状态如图 5-31 所示，实现 $Cube_0+Cube_1$ 功能，即二进制编码为 $P_2P_1P_0$ 的处理单元与二进制编码为 $P_2\overline{P_1}\overline{P_0}$ 的处理单元互连。图 5-31 给出了 0 号处理单元（二进制编码 000）到 3 号处理单元（二进制编码 011）的路由选择过程。

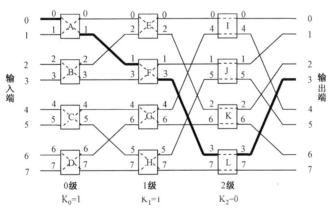

图 5-31 当级控制信号 $K_2K_1K_0=011$ 时各级交换开关状态图

在表 5-4 中，当 $K_2K_1K_0=101$ 时，各处理单元执行的交换函数功能次序是四组二元+二组四元+一组八元，其交换过程如表 5-5 所示。最终实现的是 $Cube_0+Cube_2$ 功能。

表 5-5 $K_2K_1K_0=101$ 时的交换过程

输入端排列	0	1	2	3	4	5	6	7	
分成四组	|	0	1	|	2	3	|	4	5	|	6	7	|
每组二元交换	|	1	0	|	3	2	|	5	4	|	7	6	|
分成二组	|	1	0	3	2	|	5	4	7	6	|
每组四元交换	|	2	3	0	1	|	6	7	4	5	|
分成一组	|	2	3	0	1	6	7	4	5	|
每组八元交换	|	5	4	7	6	1	0	3	2	|

注：表中 \| 表示分组。

当 STARAN 网络采用部分级控制时，实现的是移数网络。第 i 级的 2^{n-1} 个开关分成 $i+1$ 组，每组用一个控制信号控制。对于 n 级 STARAN 移数网络，从第 0 级到第 $n-1$ 级所需的控制信号个数分别为 1，2，3，…，n 个。当处理单元数 $N=8$ 时，有 $n=3$ 级，每级控制信号个数分别为 1，2，3，共 6 个。三级移数网络能实现的输入/输出端连接及移数函数功能如表 5-6 所示。

表 5-6 三级移数网络能实现的输入/输出端连接及移数函数功能

部分级控制信号	2 级	K, L	0	0	1	0	0	0	0
		J	0	1	1	0	0	0	0
		I	1	1	1	0	0	0	0
	1 级	F, H	0	1	0	0	1	0	0
		E, G	1	1	0	1	1	0	0
	0 级	A, B, C, D	0	0	0	1	0	1	0
输入端号		0	1	2	4	1	2	1	0
		1	2	3	5	2	3	0	1
		2	3	4	6	3	0	3	2
		3	4	5	7	0	1	2	3
		4	5	6	0	5	6	5	4
		5	6	7	1	6	7	4	5
		6	7	0	2	7	4	7	6
		7	0	1	3	4	5	6	7
实现的功能			移 1 mod 8	移 2 mod 8	移 4 mod 8	移 1 mod 4	移 2 mod 4	移 1 mod 2	不移 全等

STARAN 移数网络的置换函数可以表示为：

$$\alpha(x)=(x+2^m) \mod 2^p$$

式中，p 和 m 为整数，且 $0 \leqslant m < p \leqslant n$。

例如，表 5-6 中功能部分的第 1 列，当控制信号 A=B=C=D=0，F=H=0，E=G=1，I=1，J=0，K=L=0 时，实现的功能是移 1 模 8，即 $m=0$ ($2^m=1$)，$P=3$ ($2^P=8$)。移数网络将输入端号 0～7 分为一组，经网络内开关交换后，输入端号 0 接输出端号 1，输入端号 1 接输出端号 2，依次类推，将输入端号循环移动一位，作为输出端号。又如，表 5-6 中功能部分的第 5 列，当控制信号 A=B=C=D=0，E=G=1，F=H=1，I=0，J=0，K=L=0 时，实现的功能是移 2 模 4，即 $m=1$ ($2^m=2$)，$P=2$ ($2^P=4$)。移数网络将输入端号分成两组：0～3 为一组，4～7 为另一组，经网络内开关交换后，输入端号 0 接输出端号 2，输入端号 1 接输出端号 3，输入端号 2 接输出端号 0，输入端号 3 接输出端号 1，将输入端号 0～3 循环移动两位作为输出端号。另一组输入端号 4～7 与此类似。

2．多级混洗交换网络

多级混洗交换网络又称为 Omega 网络，由 n 级相同的网络组成，每一级由全混洗（Shuffle）拓扑和 2^{n-1} 个四功能交换单元构成，采用单元控制方式。一个有 N 个处理单元的 Omega 网络需要 $n=\log_2 N$ 级，每级有 2^{n-1} 个采用单元控制的 2×2 四功能交换开关。$N=8$ 的多级混洗交换网络如图 5-32 所示。

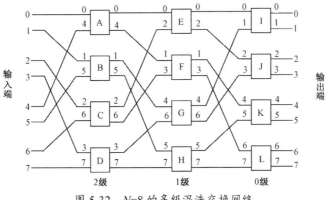

图 5-32　$N=8$ 的多级混洗交换网络

如果 Omega 网络采用级控制，并且开关只有直送和交换两种功能，则称它为 STARAN 网络的逆网络，即它们的输入端和输出端的数据流向相反。将图 5-30 中的 F 和 G 两个交换开关连同它们的输入、输出端一起互换位置即可，如图 5-33(a)所示。图 5-33(b)是 Omega 网络，两者正好互逆。

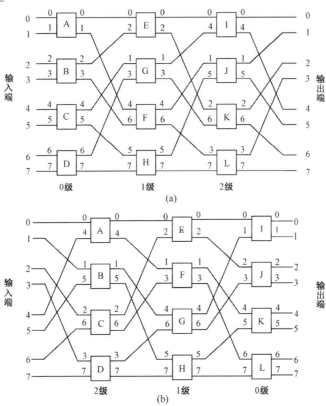

图 5-33　$N=8$ 的多级立方体网络和 Omega 网络的关系

5.3.7　互连网络寻径

数据寻径用于节点间交换数据，寻径网络可以是静态的或动态的。在多级网络情况下，数据寻径是通过消息传递来实现的。硬件寻径器（路由器）可用于多个计算机节点间传送寻径消息。网络的寻径功能强，可减少数据交换的时间，显著改善系统性能。常见的数据寻径方式如下：

① 点对点（Point-to-Point）。仅有一个发送者和一个接收者，是一对一通信。

② 广播（Broadcast）和散射（Scatter）。广播是指一个进程（或称为根进程）向所有进程（包括自己）发送相同消息；散射是根进程对不同进程发送不同消息，是通用化的广播。广播和散射是一对多通信。

③ 汇合（Gather）和归约（Reduction）。汇合（也称聚集）是指根进程从每个进程处接收一个不同消息，共接收 n 个消息，n 是组的大小；归约是指根进程接收每个进程（包括自己）的局部值，然后在根进程中求和形成一个最后值。汇合和归约是多对一通信。

④ 置换（Permutation）。包括循环移动（Circular Shift）、扫描（Scan）、全交换（Total Exchange）等。置换是多对多通信。

常见的数据寻径方式如图 5-34 所示。

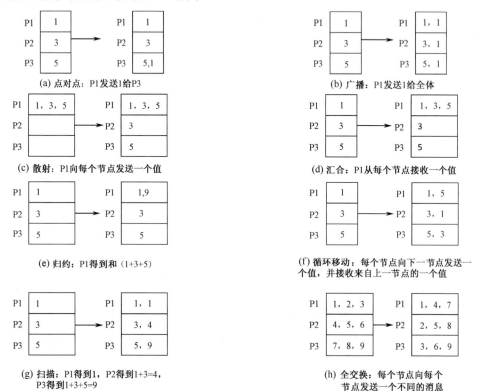

图 5-34 常见的数据寻径方式

寻径的目的是找出一条从源节点到目的节点的路径来传递消息。寻径分为确定寻径和自适应寻径两类。采用确定寻径时，路径完全由源节点地址和目的节点地址确定，与网络状况无关，寻找的路径是预先唯一确定的。自适应寻径与网络状况有关，可能会有多条路径。这两种寻址都需要无死锁算法。

1. 确定寻径

确定寻径（Deterministic Routing）基于维序概念。维序寻径是一种逐维改变来选择后继通道的寻径方法。在二维网格网络中称为 x-y 寻径，首先沿着 x 方向确定路径，然后沿着 y 方向选择路径。在超立方体（或 n 维立方体）网络中，Sullivan 和 Bashkow 1977 年提出了 E 立方体寻径（E-Cube Routing）方法。

（1）二维网格网络的 x-y 寻径

从任意源节点 $s=(x_1,y_1)$ 到任意目的节点 $d=(x_2,y_2)$ 的寻径方向是从 s 开始，沿 x 方向寻径，一直到 d 所在的第 x_2 列为止，然后沿 y 方向直到 d。x-y 寻径的路径方向共有 4 种模式：东-北、东-南、西-北和西-南。图 5-35 所示的是二维网格网络连接 64 个节点（处理机）的 x-y 寻径，图中有 4 个(源,目的)对，用于说明二维网格网络的 4 种寻址模式：从节点(2,1)到节点(7,6)走东-北路径，从节点(0,7)到节点(4,2)走东-南路径，从节点(5,4)到节点(2,0)走西-南路径，从节点(6,3)到节点(1,5)走西-北路径。如果总是先沿 x 方向寻径，然后再沿 y 方向寻径，就不会出现死锁或循环等待现象。

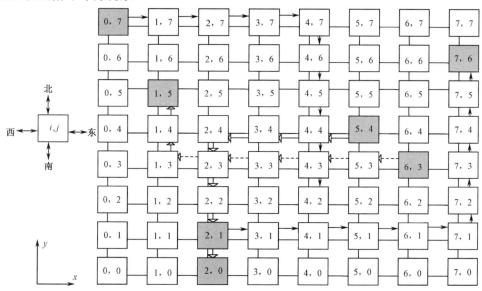

图 5-35 8×8=64 个节点二维网格网络的 x-y 寻径

（2）超立方体网络的 E 立方体寻径

设有一个 $N=2^n$ 个节点的 n 维立方体，每个节点的二进制编码 $b=b_{n-1}b_{n-2}\cdots b_1b_0$，则源节点二进制编码为 $s=s_{n-1}s_{n-2}\cdots s_1s_0$，目的节点二进制编码为 $d=d_{n-1}d_{n-2}\cdots d_1d_0$。现在要寻找一条从 s 到 d 的步数最少的路径。具体步骤如下：

① 将 n 维表示成 $i=1,2,\cdots,n$，其中第 i 维对应于节点地址中的第 $i+1$ 位。设 $v=v_{n-1}v_{n-2}\cdots v_1v_0$ 是路径中的任一个节点。

② 计算方向位 $r=s\oplus d=r_nr_{n-1}\cdots r_2r_1$。

③ 从源节点 s 出发，$v=s$，然后从 r_1 起始，逐位判断：若 $r_1=1$，则 $v\oplus 2^{i-1}$，得到新的 v；若 $r_1=0$，则跳过这一步，即维持原来的 v。

④ $i+1\to i$，依据③判断下一个 r_i，产生新的 v 或跳过，直至 $i=n$ 为止。最后的 $v=d$，即最后的 v 必为 d。

例如，有四维立方体如图 5-36 所示，$n=4$，现从源节点 $s=0110$ 出发，寻径到目的节点

$d=1101$,过程如下:

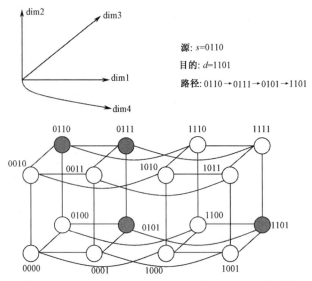

图 5-36　16 个节点的四维立方体网络的 E 立方体寻径

① 计算方向位 $r= s \oplus d=0110 \oplus 1101=1011= r_4r_3r_2r_1$。

② 从源节点 s 出发,$v=s=0110$,判断 $r_1=1$,则 $v \oplus 2^0=0110 \oplus 0001=0111$,得到下一个节点 $v=0111$。

③ 判断 $r_2=1$,则 $v \oplus 2^1=0111 \oplus 0010=0101$,得到新节点 $v=0101$。

④ 判断 $r_3=0$,则跳过。

⑤ 判断 $r_4=1$,则 $v \oplus 2^3=0101 \oplus 1000=1101$,得到新节点 $v=1101$,即 $v=d=1101$,到达目的节点。

所以,寻径结果是:$0110 \to 0111 \to 0101 \to 1101$。

2. 自适应寻径

自适应寻径通常采用虚拟通道,使寻径更经济、更灵活,但是要特别注意避免死锁。图 5-37(a)是一个用 x-y 寻径的网格网络,图 5-37(b)在 y 方向采用了两对虚拟通道。图 5-37(c)的虚拟网络可以避免消息在向西传输时出现死锁,因为所有向东的 x 通道都没有使用。同样地,图 5-37(d)的虚拟网络使用另一组 y 方向的虚拟通道支持向东传输。在不同时刻使用两个虚拟网络,就可以自动避免死锁。

图 5-38(a)是在 x 方向和 y 方向各有两条虚拟通道的网格网络,可以生成 4 个虚拟网络,如图 5-38(b)~(e)所示。任何一个虚拟网络都不会出现环路,因此在这些网络上实现 x-y 寻径方法时,完全可以避免死锁。如果相邻节点之间的两对通道都是物理通道,那么 4 个虚拟网络中任意两个都可以同时使用而不会产生冲突。如果相邻节点之间的双虚拟通道共同使用一对物理通道,那么只有图 5-38(b)和图 5-38(e)或图 5-38(c)和图 5-38(d)可以同时使用。其他组合如图 5-38(b)和图 5-38(c)(在 y 方向冲突)、图 5-38(b)和图 5-38(d)(在 x 方向冲突)、图 5-38(d)和图 5-38(e)(在 y 方向冲突)、图 5-38(c)和图 5-38(e)(在 x 方向冲突)都不能同时使用,因为缺少物理通道。如果增加网络通道数,寻径的自适应性会增加,但成本也将大大增加。

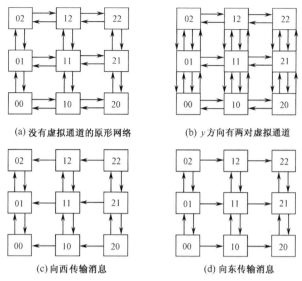

图 5-37 利用虚拟通道避免死锁的自适应 x-y 寻径

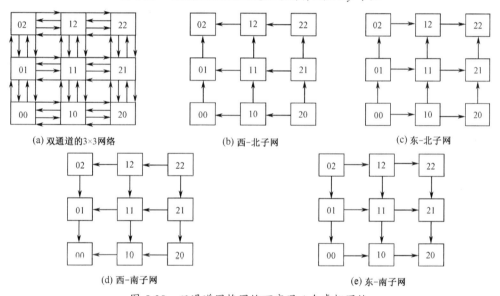

图 5-38 双通道网格网络可实现 4 个虚拟网络

互连网络也可以如图 5-39 所示进行分类。

（1）共享介质网络

该网络有总线形和环形两类，其共同点是在同一时刻都只允许一个主控模块进行存取。总线形包括底板总线、争用总线（如以太网）和令牌总线（Token Bus，如 ARCnet）。环形有 FDDI 环和 IBM 令牌环。

（2）非阻塞网络

该网络是逻辑交叉开关网络，只要无不同输入端口同时向一个输出端口发送消息，则消息通信不会阻塞。用物理的交叉开关和空分的总线都可以设计无阻塞网络。由于交叉开关的硬件复杂性以 N^2 上升，所以造价昂贵，但是交叉开关的带宽和寻径性能最好。无阻塞网络主要用于组成小规模的高性能互连网络，一般为 4～32 个端口。无阻塞网络包括二维网络的交换开关网络（如 Cray x/y-MP，DEC GIGAswitch，Myrinet）、共享存储器网络（如 CNET

Prelude）、空分总线网络（如 Fore ATMASX-100）和 CLOS 网络。

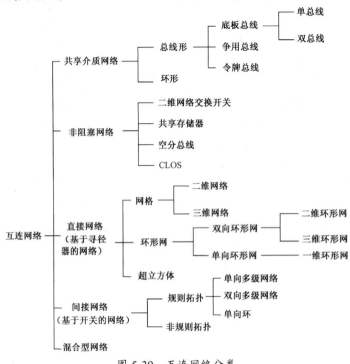

图 5-39　互连网络分类

（3）直接网络

在直接网络中，处理机是点到点连接的，也称为静态网络；其所有节点都有一个寻径器用于消息通信，故称为基于寻径器的网络。寻径器通过内部通道与本地处理机连接，通过外部通道与相邻节点连接，外部通道决定了互连网络拓扑结构。直接网络分为三类：网格、环形网和超立方体。网格又分为二维网格（如 Intel Paragon）和三维网格（如 MIT J Machine）。环形网分为单向一维环形网（如 KSR）和双向环形网，双向环形网有二维的（如 Intel/CMV iWARP）和三维的（如 Cray T3D）。超立方体的典型机器有 Intel iPSC 和 nCUBE。

（4）间接网络

间接网络也称为基于开关的网络，适用于大规模互连网络。每一个节点有一个网络适配器连接到网络开关上，其互连方式决定了网络的拓扑结构，大多数是基于各种规则的多级互连网络的拓扑结构。间接网络可以分为规则拓扑和非规则拓扑。规则拓扑又分为单向多级网络（如 NEC Cenju-3）、双向多级网络（如 IBM SP，TMC CM-5，Meiko CS-2）和单向环（如 KSR-2-level Ring，Conver Exemplar）。

（5）混合型网络

混合型网络是指互连网络中混合了上述多种网络。例如，互连网络的主干网络是超立方体，而每个节点是网格。在 Conver Exemplar 中，每个节点是 8 个处理机的交叉开关网络，而所有节点用 4 个重复的单向环互连。

5.4　多处理机系统

多处理机系统属于多指令流多数据流（MIMD）计算机，可实现任务、作业级的并行。

由第 4 章可知，不同的技术途径可以发展出同构型、异构型和分布式多种处理机系统。后续重点讨论多处理机的互连技术、多处理机的系统结构、多机共享存储技术及其结构，同时也对并行处理的有关算法进行分析与探讨。

5.4.1 多处理机系统的定义

P. H. Enslow 对多处理机系统给出了下列定义：
① 包含两个或两个以上功能大致相同的微处理器。
② 所有微处理器共享一个公共内存。
③ 所有微处理器共享 I/O 通道、控制器和外围设备。
④ 整个系统由统一的操作系统控制，在微处理器和程序之间实现作业、任务、程序段、数组和数组元素等各级的全面并行。

既然要求实现全面并行，那么多个微处理器共享资源（共享内存、I/O 通道和外围设备）就是绝对必要的。统一操作系统是系统实现整体控制和任务调度的必要条件。所以，全面并行性是多处理机系统最根本的特征，统一操作系统是决定性因素。

多处理机具有如下优点：
① 很高的性能价格比（简称为"性价比"）。要把单处理机的性能成倍提高很难，而且性价比会随性能的提高急剧下降。而多处理机达到同样的性能容易得多，而且性价比高很多。
② 很高的可靠性。多处理机系统有大量同构型或同功能的计算机，具有很大的冗余度，能在系统结构一级满足容错需求，硬件故障排除和系统维护方便，提高了系统的可维护性和可用性。
③ 很快的处理速度。单处理机系统加快运算速度的主要手段是提高时钟频率，但也有限制。多处理机系统凭着多个微处理器并行运算的优势，可将系统的运算速度提至几千亿次/秒至几千万亿次/秒。这是单处理机系统所望尘莫及的。
④ 容易实现模块化。多处理机系统（特别是分布式系统）中，每一台处理机都可以模块化。由于超大规模集成电路（VLSI）工艺的迅猛发展，处理机甚至可以芯片级模块化（合成封装），因此可以大量重复设置，具有极好的结构灵活性、可扩充性、可重构性，这对于改善系统适应不同程序和算法时的平衡性、对额外任务和高峰负载的处理潜力以及实现多道程序运行都提供了有利条件。

5.4.2 多重处理对处理机特性的要求

目前，大多数多处理机系统由系列微处理器组成。同构型的微处理器有相同的特性，易于按多处理机要求构成多处理机系统。处理机在多道程序处理环境下，对其性能结构有如下要求。

1. 进程恢复能力

多处理机系统使用的处理机结构应能反映进程和处理机是两个不同的实体。如果某处理机发生故障，另一台处理机应能检测到被中断的进程状态，使被中断的进程能继续运行。没有这个功能，系统的可靠性会大大下降。大多数处理机把当前正在运行的进程状态保存在内部寄存器中，如何使其他微处理器在必要时能访问到进程状态，是恢复进程的关键之一。在不太影响速度的前提下，把通用寄存器与处理机本身分开是可能的，在系统内设置所有处理机共享的通用寄存器组可以实现上述功能。

2．有效的现场切换

需要一个共享通用寄存器组的另外一个原因是使多道程序处理机可以使用一个很大的寄存器堆。为了高效地使用它，处理机必须支持多个寻址域，因此要有域改变和现场切换操作。现场切换操作是把当前进程状态保存起来，然后通过恢复新进程的状态切换到被选中的准备好运行的进程。这种切换操作需要强化排队和堆栈操作。为了有效地进行现场切换，可以在指令系统中设置一条专门指令。该指令执行的结果是将当前进程状态或现场内容保存起来，然后到主存储器的缓冲区取另一个进程状态，该缓冲区称为交换包。这种方法如设计不当，可能使建立系统的并发操作时间开销显著增加。如果有一个大容量的寄存器组，有一个指针指向当前的寄存器组，那么改变指针内容，就可以改变选中的寄存器组，也就能有效地实现任务切换，如图 5-40 所示。当前进程寄存器中寄存着当前进程所使用的寄存器组的地址指针。

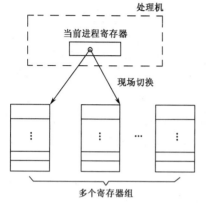

图 5-40　具有多寄存器组的处理机现场切换

3．大的物理地址空间和虚拟地址空间

多处理机系统内的处理机必须支持大的物理地址空间（即直接寻址空间要大），这是因为进程需要访问大量数据。有了大的物理地址空间，还需要大的虚拟地址空间，把虚拟地址空间分段，便于模块共享以及地址界限的检查。

4．高效率的同步原语

在进行处理机设计时必须提供作为同步原语基础的某种不可再分的操作。这些同步原语需要有互斥机构支持。当两个以上的进程并发地运行或相互交换数据时，需要互斥。互斥机构包含某种形式的"读—修改—写"存储周期和排队。信号灯（Semaphore）是互斥机构的一种。每个信号灯有其队列，队列中的项是被挂起来的进程。信号灯操作是不可分操作，利用"读—修改—写"存储周期，测试和修改信号灯。队列操作也应是不可分的。

5．处理机之间有高效率的通信机构

构成多处理机系统的处理机必须具有高效率的通信机构。通信机构一般用硬件实现，这有助于实现处理机之间的同步。在非对称多处理机系统中，不同处理机之间经常需要交换服务请求，硬件通信机构的作用更加明显。在处理机发生故障时，通过该机构发信号给其他正在运行的处理机，并启动诊断或纠错过程。在紧密耦合的多处理机系统内有共享存储器，采用软件方法实现多处理机之间的通信是可能的。每个处理机必须周期性地查询位于共享存储器内的"信箱（缓冲区）"，检查是否有信息给它。这种方法效率较低，当处理机数目很大时，查询时间就很长，而且需对多个查询请求予以仲裁。因此，必须有一个或若干处理机等待，这就要求处理机内有等待状态的机构或将该处理机在队列中挂起的机构。

6．指令系统

处理机指令系统应支持实现过程级并发功能的高级语言，为有效处理数据结构提供充分条件。所以,指令系统内应有过程连接、循环结构、参数处理、多维下标计算和地址界限检查等指令。此外,还需包括产生和结束程序内部并行执行通路的指令,以及丰富而齐全的寻址方式。

5.5 多处理机结构

5.5.1 多处理机的基本结构

下面从多处理机系统常用的松散耦合和紧密耦合两种形式来看它们的基本结构。

1. 松散耦合多处理机结构

这种形式的结构互连常用通道或通信线路来实现,它们连接的频带较低。现举两例说明。

(1) 用通道互接的多处理机结构

图 5-41 所示的是用通道互连的松散耦合系统。每台计算机是独立的,它们之间通过通道适配器连接。在进行通信时,发送方计算机可以视接收方计算机为自己的一个 I/O 设备,从而完成两个主存储器之间的数据传输。

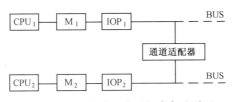

图 5-41 用通道互连的松散耦合系统

(2) 用信息传输系统互连的多处理机结构

图 5-42 所示的是多个计算机模块通过一个信息传输系统互连的松散耦合系统。信息传输系统耦合程度较低,常用简单的分时总线及环形、星形等拓扑结构。每个计算机模块可以是独立的计算机,它有处理单元、存储器、I/O 部件。而模块与信息传输系统则通过通道仲裁开关相连。通道仲裁开关的作用除了使彼此通信的计算机模块在信息传输系统里连接起来,还在多个模块同时申请信息传输时,决定本模块是提出申请还是延缓提出申请,故称其有仲裁作用。

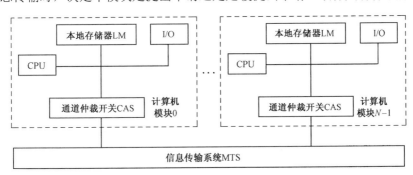

图 5-42 用信息传输系统互连的松散耦合系统

2. 紧密耦合多处理机结构

紧密耦合多处理机结构往往是高频带的,通常由高速总线或高速开关(互连网络)实现机间互连，以便共享存储器。图 5-43 所示的是一种比较典型的紧密耦合系统。

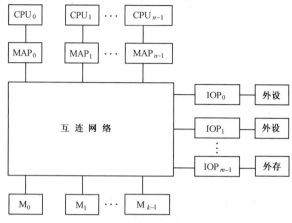

图 5-43　用互连网络连接的紧密耦合系统

多个处理机通过互连网络（由高速开关组成）共享集中的主存储器（它由若干存储模块组成）和多个输入/输出设备。当某处理机要访问主存储器时，只需通过它的存储映像部件（MAP）就可以把全局的逻辑地址变换成局部的物理地址（某一存储模块内的物理地址）。互连网络不仅提供高速传输通路，而且具有选择有效路径、仲裁访问冲突等功能。对于输入/输出设备的访问也和访问存储器一样，只是它们的界面通过输入/输出处理机（IOP）进行。

5.5.2　多处理机的互连网络

多处理机的主要特点是，各台处理机共享一组存储器和 I/O 设备。这种共享功能是通过两个互连网络实现的，一个是处理机和存储器模块之间的互连网络，另一个是处理机和 I/O 子系统（I/O 接口和 I/O 设备）之间的互连网络。互连网络可以采用不同的物理形式，一般有下列 4 种基本结构。

1．总线结构

多处理机结构最简单的互连系统是把所有功能模块（或部件）连接到一条公共通信通路上，如图 5-44 所示。公共通信通路也称时分或公共总线。它的特点是简单、易实现，也容易扩展（重构）。总线是一个无源部件，通信完全由发送和接收的总线接口控制。由于总线是共享资源，所以必须有总线请求和仲裁机构，以避免发生总线冲突。

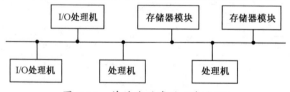

图 5-44　单总线的多处理机组织

当一个处理机要占用总线时，首先需测试总线状态是否是"忙（Busy）"。若是"忙"，则等待；等到空闲（即不"忙"）时，发出总线请求信号，经仲裁后，得到总线响应信号，才可以占用总线，与目的部件进行通信。在一个处理机占用总线进行通信的过程中，哪怕比其优先级高的处理机需占用总线，也不能终止（中断）正在进行的通信过程。

单总线结构简易可靠,但总线接口线路出现任何一个故障都会造成系统的瘫痪。另外,如果系统扩展更多的处理机或存储器,将会增强总线竞争,从而增加仲裁逻辑,降低系统吞吐率。系统内总线通信速率也会受到单总线带宽和速度的限制。所以,若各处理机有自用存储器和自用 I/O 设备,可减少总线上的通信负荷,但会增加系统互连的复杂性。

为了提高总线通信效率,可设置两条单向通路,如图 5-45 所示。一个传输操作用到两条总线(输入/输出),因此实际上收益不大。另一个是设置多条双向总线,如图 5-46 所示,在同一时间可进行多条总线通信,但会增加系统的复杂性。

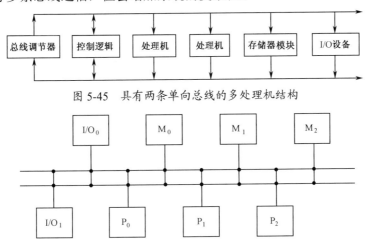

图 5-45 具有两条单向总线的多处理机结构

图 5-46 多总线的多处理机结构

影响总线性能的因素有:总线上主控设备(即能掌握、占用总线的部件)的数量、总线仲裁算法、控制集中程度、数据宽度、数据传输同步和错误检测等。

总线仲裁常用硬件实现,并允许在一个总线通信过程内对下一个总线请求予以仲裁。总线仲裁算法有下列 4 种。

(1) 静态优先级算法

给每个设备一个唯一的优先级。当多个设备同时提出请求时,其中优先级别最高者占用总线。常用串行优先链(也称菊花链)方式实现,每个设备的优先级由其在链上的物理位置决定,距总线控制器越近,优先级越高,如图 5-47 所示。也可将各设备的总线请求信号送至编码–译码逻辑单元,各设备均有各自的编码器输入端,而编码器本身对各输入端信号予以排队,同时有几个请求信号进入编码器,由编码器按其已确定的优先级,选择其中优先级最高者的编码送译码器,然后给出相应信号使优先级最高者占用总线。这种方式也称为并行仲裁方式,如图 5-48 所示。

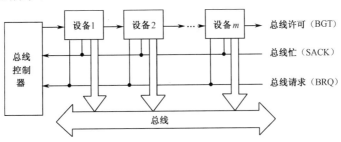

图 5-47 总线结构的串行仲裁方式

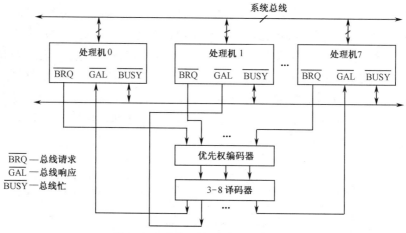

图 5-48 总线结构的并行仲裁方式

（2）固定时间片算法

把总线可用的带宽分成固定长度的时间片，然后把时间片按循环方式顺序分配给每台设备。如果被选中的设备不使用它的时间片，那么其他设备也不能占用这个时间片。这种技术称为固定时间片（Fixed Time Slicing，FTS）或时分多路复用（Time Division Multiplexing，TDM）。当采用 FTS 方法时，各设备（处理机、主控模块等）的级别是相同的，无先后之分。按照这种算法，某一设备最长等待时间不会超过定值，而平均等待时间比较长，因此总线利用率比较低；在总线负载较轻时，有较高的性能。它的简单性使它在要求不高的场合得到了比较广泛的应用。

（3）动态优先级算法

对每个设备的优先级予以动态调整，使每个设备均有机会占用总线。动态改变优先级的算法有两种：近期最少使用（Least Recently Used，LRU）算法和旋转菊花链（Rotating Daisy Chain，RDC）算法。

LRU 算法是把最高优先级分配给最长时间没有占用总线但已提出请求的设备。实现方法是，在每个总线周期后重新分配优先级。串行优先链由于总线控制器位置固定，距离总线控制器远的设备可能无法使用总线。为了解决这问题，RDC 算法用当前占用总线设备取代总线控制器，并将总线许可环接起来，其他部分与串行优先链方式一致，如图 5-49 所示。当某设备已经被许可占用总线时，它便作为下次仲裁的总线控制器，紧随其后的设备就成为下一次仲裁时串行链上优先级最高的设备。因此，每个总线周期后优先级都会动态地改变一次。

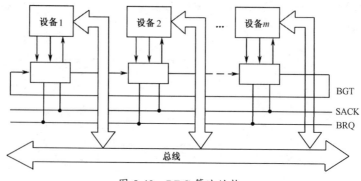

图 5-49 RDC 算法结构

（4）先来先服务算法

先来先服务（First-Come First-Served，FCFS）算法是按照接收到请求的先后顺序予以处理的。如果总线传输时间固定，那么 FCFS 具有最短平均等待时间。就性能而言，FCFS 是总线最佳仲裁算法。但 FCFS 实现困难，一个原因是必须有一个逻辑来记录所有请求的次序；另一个原因是当第二个请求信号到达的时间间隔很小时，无法准确地区分它们的先后。因此，FCFS 只是一个近似的解决方法。

2. 交叉开关

当不断增加总线数目时，使得每个存储器模块都有它自己单独可用的通路，如图 5-50 所示，这种互连网络称为无阻塞交叉开关（Nonblocking Crossbar）。由于每个存储器模块有其自己的总线，所以交叉开关实现了存储器模块的全连接。因此，可同时进行通信的开关个数受总线的带宽、速度以及存储器模块数目的限制但不受通路数的限制。交叉开关的特点是开关和功能部件的接口非常简单，而且支持所有存储器模块同时通信。每个交叉点不仅能切换并行传播，而且还必

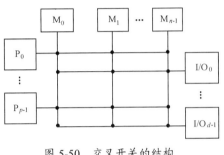

图 5-50 交叉开关的结构

须能解决在同一存储器周期内访问同一个存储器模块的多个请求之间的冲突，通常用预设的优先级来处理冲突，这就导致了开关硬件非常复杂。

交叉开关网络中的交叉节点结构如图 5-51 所示，在此以 16 个目的部件（存储器模块）和 16 个主控模块（处理机）的网络为例进行介绍。多路转接器模块的工作过程如下：根据仲裁模块的决定，从 16 路中选中某一路，使该路的数据线、地址线、读/写控制线与存储器模块接通，使该路的处理机与存储器模块进行通信。而仲裁模块接收 16 路的请求（REQ_0～REQ_{15}），依照优先级次序，通过优先权编码器，将选中的最优者编码送多路转接器，同时回送相应的响应信号（ACK）。

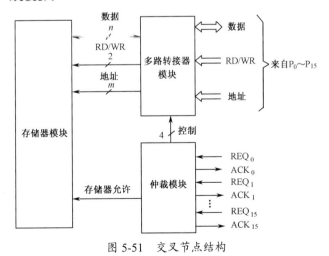

图 5-51 交叉节点结构

交叉开关结构也可推广到 I/O 设备上，在 I/O 处理机的另一边使用类似的开关，实现 I/O 设备的交叉连接，如图 5-52 所示。

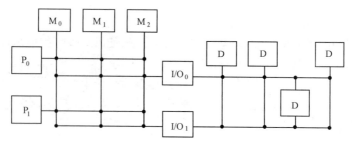

图 5-52 处理机-存储器-I/O 互连交叉开关

3. 多端口存储器

如果把分布在交叉开关矩阵网络上的控制、转接、优先级仲裁等逻辑功能转移到存储器模块的接口上,就形成了多端口存储器系统(如图 5-53 所示),既适合单处理机,也适合多处理机。对于访问存储器的冲突,常用的解决方法是,每个存储器端口分配一个永久优先级,而各个主控模块相对于某个存储器模块有一个优先级序列。例如,对于 M_0 而言,其能接收主控模块的访问优先次序为 P_0,P_1,I/O_0,I/O_1;对于 M_1 而言,则为 P_0,P_1,I/O_1,I/O_0;对于 M_2 而言,则为 P_1,P_0,I/O_0,I/O_1;对于 M_3 而言,则为 P_1,P_0,I/O_1,I/O_0。

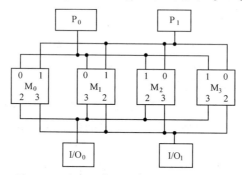

图 5-53 具有优先级的多端口存储器系统

4. 多处理机的多级网络

由于开关过于复杂,大规模交叉开关往往使用多个小规模交叉开关"串联"和"并联"组成多级交叉开关网络,以取代单级的大规模交叉开关。图 5-54 所示的是用 4×4 交叉开关模块组成的二级 16×16($4^2 \times 4^2$)交叉开关网络,其开关数量比单级 16×16 交叉开关网络少一半。在图 5-54 中,$4^2 \times 4^2$ 表示如下:4×4 是交叉开关基本模块,指数 2 为互连网络级数。将其扩展:以 $a \times b$ 交叉开关模块为基础,可构成 $a^n \times b^n$ 的开关网络,这已被 Patel(1981)多处理机采用,称为 Delta 网络。Delta 网络的级间互连用典型的分组混选实现。如有 $N = qc$ 张牌,分组混选是将 qc 张牌分成 q 组,每组 c 张,依次取各组的第 1 张,然后依次取各组的第 2 张,依次类推,共取 c 次。图 5-55 为 12 个节点的 4 组混选,其中,$q = 4$,$c = 3$,记作 $S_{4 \times 3}$。

分组混选互连函数如下:如果 qc 个节点编号为 0,1,2,…,$qc-1$,其中,q、c 均为正整数,则

$$S_{q \times c}(i) = \begin{cases} qi \mod (qc-1) & 0 \leqslant i < qc-1 \\ i & i = qc-1 \end{cases}$$

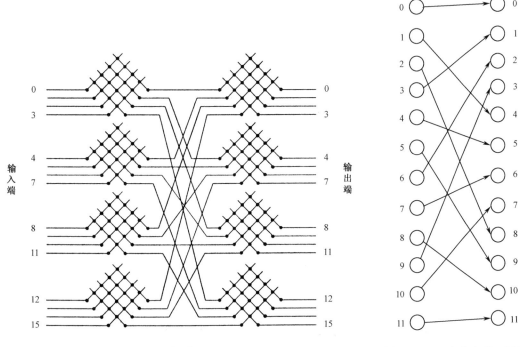

图 5-54 $4^2 \times 4^2$ 交叉开关   图 5-55 12 个节点的 4 组混选

在一个 $a^n \times b^n$ 的 Delta 网络中，用 a 组混选（$q = a$）作为级间连接拓扑，其输出端标号用二进制表示 $(d_{n-1}, d_{n-2}, \cdots, d_1, d_0)_b$，即 $D = \sum_{i=0}^{n-1} d_i b_i$，且 $0 \leq d_i < b$。用 d_i 位控制第 i 级的交叉开关模块。a 混选用于把第 1 级的输出转接到下一级的输入，每级的输入和输出都从 0 开始编号。图 5-56 为 n 级 $a^n \times b^n$ 的 Delta 网络，图 5-57 为 $4^2 \times 3^2$ 的 Delta 网络，图 5-58 为 $2^3 \times 2^3$ 的 Delta 网络。在 $a^n \times b^n$ 的 Delta 网络中，若 $a \neq b$，则需要 $a \times b$ 交叉开关模块总数为 $(a^n - b^n)/(a - b)$；若 $a = b$，则需要 $a \times b$ 交叉开关模块总数为 nb^{n-1}。

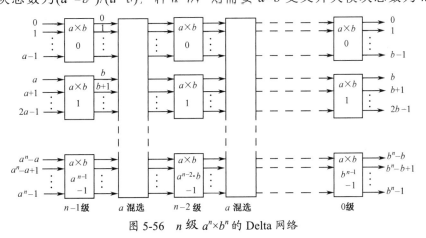

图 5-56 n 级 $a^n \times b^n$ 的 Delta 网络

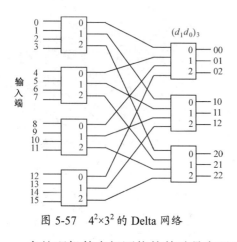

图 5-57 $4^2\times3^2$ 的 Delta 网络

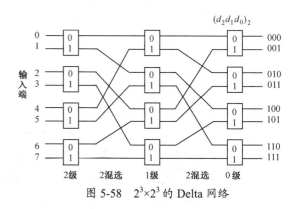

图 5-58 $2^3\times2^3$ 的 Delta 网络

多处理机的多级网络的基础是交叉开关,所以互连方式以前三种结构为基本类别,即总线结构、交叉开关、多端口寄存器。这三种互连方式的优缺点如下。

采用总线结构的多处理机系统:① 系统硬件成本最低且简单;② 通过增、删功能模块(部件)可方便地改变系统硬件配置;③ 总线通信速率限制了整个系统的容量,总线故障会使整个系统瘫痪;④ 系统以增加功能模块方式进行扩充,会降低整个系统的吞吐率;⑤ 在三种基本互连方式中,系统效率最低;⑥ 适用于规模较小的系统。

采用交叉开关的多处理机系统:① 互连系统最复杂,潜在的总通信速率最高;② 因为控制和切换逻辑在开关内部,所以功能模块最简单且最便宜;③ 因为任何功能模块要装配到系统中都需要使用一个基本开关矩阵,所以只面向多处理机才能使性能价格比趋于合理;④ 系统扩充(增加功能部件)会提高整个系统性能,而且不必重写操作系统,因此有最高的系统潜在效率;⑤ 理论上,系统扩充只受开关矩阵大小的限制,而开关矩阵的设计和制造可采用模块化方式予以扩展;⑥ 开关内部采用与/或的冗余方法提高了开关的可靠性,因此也就提高了系统的可靠性。

采用多端口存储器的多处理机系统:① 因为大多数控制和切换逻辑在存储器模块中,所以存储器模块价格最高;② 由于本方式对功能模块特性要求不高,因此可使用较低档的处理机;③ 整个系统有很高的潜在总通信速率;④ 在系统设计早期就应对存储器端口数和类型予以确定,因而也就确定了系统的规模和配置,确定后很难修改;⑤ 需要大量的连接设备。

5.5.3 多处理机系统的存储器结构

1. 主存的组成

在多处理机系统中,为了减少访存冲突,主存采用并行存储器结构。多个存储器模块可采用低位交叉编址技术,也可采用高位交叉编址技术。如果多处理机的已激活的进程共享集中的地址空间,则低位交叉编址有其优越性;反之,如果共享的地址空间很小,则低位交叉编址反而会引起存储器冲突,而高位交叉编址可为某进程集中一定数量的页面,有效地减少存储冲突。能为某处理机进程放置大多数页面的存储器模块称为该处理机的宿主存储器。如果该处理机现行进程的全部活动页面在宿主存储器内,而且该存储器不包含其他处理机的页面,则处理机不会遇到存储冲突。宿主存储器结构如图 5-59 所示。每个存储器模块有两个端口,一个连到互连网络,另一个直接连到相应的处理机。由于处理机可直接访问宿主存储器,减少了通过互连网络访问的延迟时间。

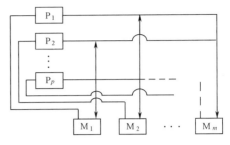

图 5-59 宿主存储器结构

当每个处理机有自己的 Cache 时,如果采用低位交叉编址,则 Cache 内某一块信息的各存储单元可能在主存各个存储器模块内。这样,该信息块在传输时,需要对互连网络进行频繁转接,从而使通信效率严重下降。因此,多处理机系统中常采用二维存储器结构,如图 5-60 所示。在这个主存中,有 N 个($N = 2^n$)同样容量的存储器模块,排成 L 列(体),每一列由 m 个模块组成。各列之间按高位交叉编址,而列内各模块按低位交叉编址,每列有一个列控制器连到互连网络。当访问 Cache 不命中时,需访问主存进行一次块传输。一块信息通常驻留在某列中。因此,当列控制器(LC)接收到传输长度为 b($b \leq m$)的信息块请求时,对本列发出 b 个内部请求,对 b 个相邻模块予以访问。

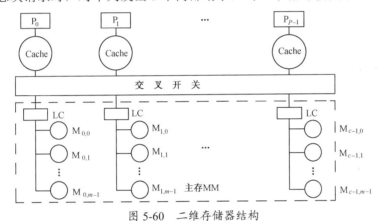

图 5-60 二维存储器结构

2. 多处理机系统的 Cache 结构

当每个处理机都有自己专用的 Cache 时,对应主存中某一个单元的数据,在各 Cache 中可能会出现相应的副本。当对其中某一个副本进行一次修改操作时,会产生 Cache 中数据的不一致性。无论 Cache 采用写回法还是写直达法,都不能解决多个 Cache 不一致的问题。例如,采用写直达法,处理机 A 进行写操作,可以保证它的 Cache 和主存内容一致;而处理机 B 的 Cache 可能有主存同一单元的副本,并没有得到相应的修改而出现不一致。尤其是在多道程序的多处理机系统中,如果被挂起的进程以后又移到其他处理机上继续执行,由于该进程最近修改过的数据可能仍留在原处理机的 Cache 中,而新处理机上该进程仍在使用原来的数据(即新处理机 Cache 中的有关数据来不及修改),此时进程的现场恢复就会出现错误,从而导致系统工作出错。解决 Cache 的一致性问题有如下两种方法。

(1)静态一致性校验

其基本思想是:只让该进程的独用信息(指令和操作数据)和共享只读信息进入本处理机的 Cache,而不准共享可写(即可修改)信息进入 Cache,让其只留在主存中。若 s 为访问共享可写信息的概率,t_M 为主存存取周期,t_C 为 Cache 存取周期,则平均存取周期为:

$$(1-s)t_C + st_M = t_C\left[(1-s) + s \cdot \frac{t_M}{t_C}\right]$$

显然，当 t_M/t_C 很大时，说明访问共享主存的时间大大增加，加剧了互连网络和主存的竞争，因此性能较差。减少竞争的方法是增加一个共享 Cache，即 SC（Shared Cache）。共享信息均在 SC 内，而取指令和独用数据则通过独用 Cache，即 PC（Private Cache），其结构如图 5-61 所示。SC 也可以由多个模块构成，通过互连网络连到处理机和共享存储器上。这个网络的复杂性比交叉开关低，如果各种 Cache 命中率均很高，则能减少对主存的竞争。SC 要求能识别访问主存的信息是独用的还是共享的，可利用模块结构语言（如并发 PASCAL）在编译时完成。但共享 Cache（SC）结构缺乏灵活性。

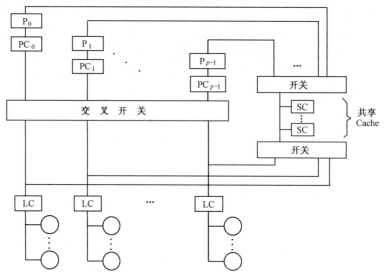

图 5-61 具有共享 Cache 的多处理机结构

（2）动态一致性校验

基本思想是，在若干 Cache 中使同一个信息（指令、数据）始终保持动态一致。

一种方法是广播法。当每个处理机每次写 Cache 时，不仅写入自己的 Cache 和共享的主存，而且还把信息送到所有其他 Cache，若其他 Cache 有与自己 Cache 相同的目标行，则也进行改写。显然，这种方法增加了传输的信息量。为此，可采用作废法，即某个处理机写 Cache 时，不但同时改写主存的有关单元，而且发一个信号到所有其他 Cache，通知"某个存储单元内容已修改"；如果其他 Cache 中有包括该单元的块，则使之作废，当处理机再次访问此块时，就从主存调入已修改过的块。为了保证执行的正确性，发出信号的处理机必须等待，当收到其他处理机的应答信号后，它才能进行写入主存的操作。

另一种方法是目录法。在快速 RAM 中构建一个目录表，如图 5-62 所示。它有两个部分：① 存在表（Present Table），它是二维的，其中每一项 P(i,c) 表示第 i 块是在第 c 个 Cache 中；② 修改表（Modified Table），它是一维的，其中每项 M(i) 表示第 i 块是否被修改过。在每个 Cache 中还有一个本地标志 L(k,c)（可在地址变换表中设立），表示第 c 个 Cache 中块 k 的状态。它可有三种状态：

① RO 状态。该块信息有多个副本，任何副本均没有修改过。

② EX 状态。该块信息仅有一个副本，且该副本未修改。

③ RW 状态。该块信息仅有一个副本，且该副本已修改。

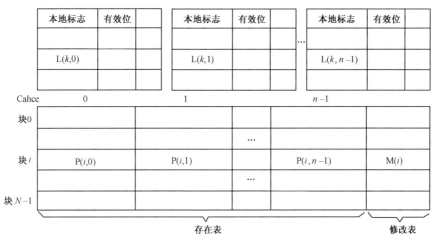

图 5-62 用于动态一致性检验的目录表

为了保证 Cache 的一致性,在任一时刻仅允许一个处理机对某块信息拥有 EX 或 RW 的副本。图 5-63 和图 5-64 是处理机在本地 Cache 中读和写一块信息的流程图,从中可以看出是如何保证该块信息仅在一个 Cache 中被置成 EX 或 RW 状态的。

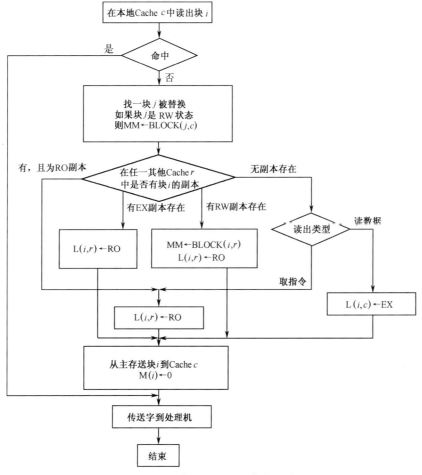

图 5-63 读 Cache 的操作流程图

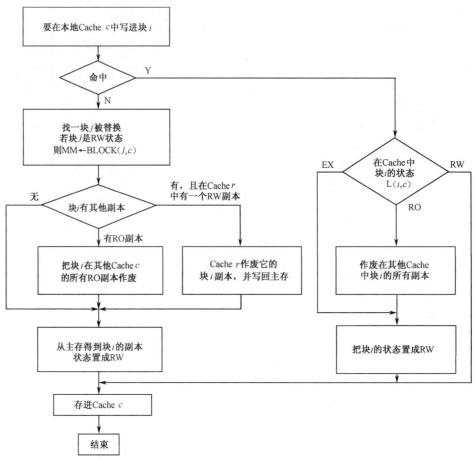

图 5-64　写 Cache 的操作流程图

5.5.4　多处理机系统的特点

在多处理机系统中，互连网络是决定其性能的重要因素。此外，还应了解多处理机系统的其他特点。

① 结构灵活性。相比并行处理机的专用性，多处理机系统对能并行处理的任务、数组及标量都进行并行处理，有较强的通用性。因此，多处理机系统要能适应多样化的算法，具有更灵活的结构，以实现各种复杂的机间互连模式。

② 程序并行性。在多处理机中，并行性存在于指令外部，即表现在多任务之间。为充分发挥系统通用性的优点，利用多种途径——算法、程序语言、编译、操作系统以至指令、硬件等，尽量挖掘各种潜在的并行性。

③ 并行任务派生。多处理机是多指令流操作方式，一个程序当中存在多个并发的程序段，需要专门的指令来表示它们的并发关系以及控制它们的并发执行，使一个任务正在执行时就能派生可与它并行执行的另一些任务。

④ 进程同步。在多处理机系统里，同一时刻，不同的处理机执行不同的指令。由于执行时间互不相等，它们的工作进度不会也不必保持相同。因此，当并发程序之间有数据交互或控制依赖时，要采取特殊的同步措施，使它们包含的指令相互间仍保持程序要求的正

确顺序。

⑤ 资源分配和任务调度。多处理机执行并发任务时，对处理机的数目没有固定要求，各个处理机进入或退出任务和所需资源的变化情况都很复杂，因此资源分配和任务调度的好坏将直接影响整个系统的效率。

5.6 多处理机的软件

5.6.1 算术表达式的并行算法

算法并行化是开发计算机并行性的重要方法。顺序处理机习惯采用的循环及迭代算法，往往不适用于多处理机。而采用直解法，有时能揭示更多的并行性。例如，下列多项式：

$$E_1 = a + bx + cx^2 + dx^3 \tag{5-1}$$

利用 Horner 法则，可得到：

$$E_1 = a + x[b + x(c + xd)] \tag{5-2}$$

这是顺序处理的典型算法，共需三个"乘-加"循环、6 级运算，如图 5-65(b)所示。它对于多处理机并不合适，多处理机采用（5-1）式算法更加有效，只需 4 级运算，如图 5-65(a)所示。图中 P 为所需处理机数目；T_p 为运算级数；S_p 为加速度，$S_p = T_1/T_p$；E_p 为效率，$E_p = S_p/P$。可见，$S_p > 1$，而 $E_p < 1$，即运算的加速总是伴随着效率的降低。

为了达到算术表达式并行运算的目的，常用交换律、结合律和分配律将其适当变形，以利于并行算法的建立。从算术表达式最直接的形式出发，利用交换律把相同运算集中在一起，再利用结合律把参加运算的操作数（称原子）配对，尽可能并行运算，最后利用分配律，平衡各分支运算的级数，使总级数减至最少。例如，某多项式：

$$E_2 = a + b(c + def + g) + h$$

需要 7 级运算。利用交换律和结合律改写为：

$$E_2 = (a + h) + b[(c + g) + def]$$

则需 5 级运算。再利用分配律，将上式改写为：

$$E_2 = (a + h) + (bc + bg) + bdef$$

则仅需 4 级运算，如图 5-66 所示。

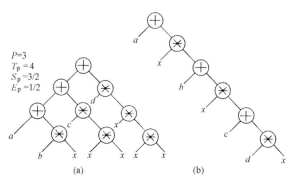

图 5-65 顺序算法与并行算法比较

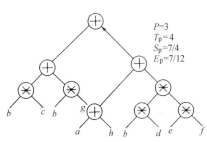

图 5-66 利用交换律、分配律和结合律的并行算法

5.6.2 程序并行性分析

并行性的关键在算法。并行算法及程序设计,一直是多处理机系统的一个重要研究课题。这里着重对程序并行性做一些粗略的分析。

假设有一个程序包含 P_1,P_2,P_3,…,P_i,…,P_j,…,P_n 等多个程序段,按照书写格式当然是串行的。为了讨论方便,取最简单的形式:P_i 和 P_j 都是一条语句,P_i 在 P_j 之前执行,且只讨论 P_i 和 P_j 的直接数据相关关系。一般而言,P_i 和 P_j 之间存在 3 种可能的数据相关情况。

① 如果 P_i 的左部变量也在 P_j 的右部变量集内,且 P_j 要从 P_i 取得算出的值,则称 P_j "数据相关"于 P_i。如:

P_1　　$A = B+D$
P_2　　$C = A*E$

P_2 必须取 P_1 算得的 A 值作为操作数。

② 如果 P_j 的左部变量也在 P_i 的右部变量集内,则称 P_i "数据反相关"于 P_j。如:

P_1　　$C = A*E$
P_2　　$A = B+D$

在 P_1 未取用 A 值之前,A 的值不能被 P_2 所改变。

③ 如果 P_i 的左部变量也在 P_j 的左部变量集内,则称 P_j "数据输出相关"于 P_i。如:

P_1　　$A = B+D$
P_2　　$A = A+C$

P_2 存入它自己算得的值必须在 P_1 存入之后。

除了这 3 种情况,便是 P_i 和 P_j 数据不相关。这 3 种数据相关情况对程序并行性的影响表现为下列 4 种可能的执行次序。

(1) 写-读串行次序

如果程序必须保持在前的语句先写、在后的语句后读的次序,则允许存在上述任意一种数据相关情形。一般情况下,执行的次序不可并行,也不可颠倒。这是通常遇到的典型串行程序。但有一种特殊情况,即当 P_1 和 P_2 服从交换律时,虽仍需串行执行,但允许 P_1 和 P_2 执行的次序对换,这称为可交换串行。如:

P_1　　$A = 2*A$
P_2　　$A = 3*A$

为可交换串行,但

P_1　　$A = B+1$
P_2　　$B = A+1$

就是不可交换串行的。

(2) 读-写次序

如果两个程序段之间只包含第②种数据相关情形,则只需保持在前的语句先读、在后的语句后写的次序,便能既允许它们串行执行,也允许它们并行执行,但不允许交换次序。如:

P_1　　$A = B+D$
P_2　　$B = C+E$

二者同时执行,能保证 P_1 先读 B、P_2 后写 B 的次序。又如:

$$P_1 \quad A = 3*C/B$$
$$P_2 \quad B = C*5$$
$$P_3 \quad C = 7+E$$

虽属可能，但由于处理时间上 P_1 费时最长，P_2 次之，P_3 最短，如果不采取特别的同步措施，就不能保证必要的先读后写次序。

（3）可并行次序

如果程序的两段之间不存在任何一种数据相关情况，即无共同变量或共同变量都在右边部分，且不在左边部分出现，则二者可以无条件地并行执行。当然，也可以串行执行，而串行时可以选择任一先后顺序。如：

$$P_1 \quad A = B+C$$
$$P_2 \quad D = B+E$$

（4）必并行次序

如果两个程序段的输入变量互为输出变量，则必须并行执行，而不允许串行执行。如：

$$P_1 \quad A = B$$
$$P_2 \quad B = A$$

两语句的左右变量互相交换，必须并行执行，且需保持读、写完全同步。

5.6.3 并行程序语言

程序的并行性被开发后，需要在源程序和目标程序中有专门的语句和指令，以便具体描述这些并行关系。

1. 高级语言中描述并行性的语句

多处理机的高级语言可以是原高级语言的扩展，也可以是专门设计的新语言，但是它们都必须含有若干种描述程序并行性的语句。例如，E. W. Dijkstra 的语言方案是块结构语言的发展，它把所有可并行执行的语句或进程 $S_1, S_2, \cdots, S_n$ 用 Cobegin-Coend（或 Parbegin-Parend）括起来，如下例：

```
begin
  S₀;
  Cobegin
  S₁;
  S₂;
  ⋮
  Sₙ;
  Coend
  Sₙ₊₁;
end
```

本程序规定，在执行语句 S_0 之后，开始 $S_1, S_2, \cdots, S_n$ 个语句的并行执行，只有在它们全部完成以后，才开始执行 S_{n+1} 语句。并行语句也可以嵌套。例如：

```
begin
  S₀;
  Cobegin
```

```
        S₁;
          begin
            S₂;
            Cobegin S₃;S₄;S₅ Coend
            S₆;
          end
        S₇;
        Coend
        S₈;
    end
```

该程序执行过程如图 5-67 所示。并行语言还需考虑程序分支、循环、并发进程间通信与同步，数组和进程组处理等。

2．并行编译

要编出算术表达式的并行程序，可以依靠程序员掌握的并行算法或并行编译程序。有一些编译算法，可以经过或不经过逆波兰表达式，直接从算术表达式产生能并行执行的目标程序。例如，有下列表达式：

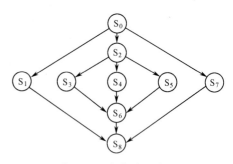

图 5-67　嵌套并发进程

$$Z = E+A*B*C/D + F$$

利用普通串行编译算法，产生的三元指令组为：

1　*AB
2　*1C
3　/2D
4　+3E
5　+4F
6　=5Z

指令间均相关，需 5 级运算。如采用并行编译算法可得：

1　*AB
2　/CD
3　*12
4　+EF
5　+34
6　=5Z

其中，1，2 为第 1 级；3，4 为第 2 级；5，6 为第 3 级。

它可以分配给两个处理机，只需三级运算。可见，有了好的并行编译算法，算术表达式也需要变形。

3．描述程序并行性的指令

并行程序的执行是一个不断进行并行性任务的派生和汇合的过程。派生是指在一个任务执行的同时，派生出可与它并行的一个或多个任务，分配给不同的处理机完成。这些任务可以是互不相同的,执行时间也不一样,要等它们全部完成以后再汇合起来,进入后继任务。后继任务可以是单任务或新的并行任务。若是并行任务,则又开始派生和汇合过程。依次类推,直至整个程序结束。

在机器语言中,描述派生和汇合关系的并行控制指令通常用 FORK(派生)和 JOIN(汇合)指令。

指令格式:FORK A

功能:

① 执行 FORK 指令时,该进程根据标记符 A 派生出该标记符所对应的新进程。

② 执行 FORK 指令的原进程,继续在分配给它的处理机上执行 FORK 指令后的指令。

③ 将空闲处理机分配给 FORK 指令派生的新进程,如果所有处理机均忙,则让新进程进入队列排队等待。

指令格式:JOIN N

功能:

① JOIN 指令有一个计数器,初始值置为 0,当执行 JOIN 指令时,计数器加 1,并与 N 比较。

② 若计数器值等于 N(说明该进程是执行中经过 JOIN 指令的第 N 个进程),则允许该进程通过 JOIN 指令,在其所在处理机上继续执行后继指令。

③ 若计数器值小于 N,则必须等待 N 个并行任务中尚未执行或虽然执行但未结束的进程到达 JOIN 指令。现在执行 JOIN 指令的这个进程可以先结束,并把占用的处理机释放出来,分配给排队等待的其他任务。

现以并行编译中的例子 Z=E+A*B*C/D+F 进行说明。

```
S₁   G=A*B
S₂   H=C/D
S₃   I=G*H
S₄   J=E+F
S₅   Z=I+J
```

如果不加并行控制指令,该程序仍是串行程序,不能发挥多处理机作用。图 5-68(a)表示了指令间的数据相关情况。采用 FORK 和 JOIN 指令所反映的并行关系如下。

```
     FORK S₂
S₁   G=A*B
     JOIN 2
     GOTO S₃
S₂   H=C/D
     JOIN 2
S₃   FORK S₄
     I=G*H
     JOIN 2
     GOTO S₅
S₄   J=E+F
     JOIN 2
S₅   Z=I+J
```

它的执行过程如图 5-68(b)所示，它需要两个处理机 PU_1 和 PU_2。

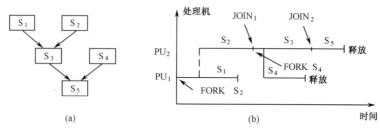

图 5-68 数据相关和并行执行

5.6.4 多处理机的操作系统

多处理机的操作系统在许多方面与分时操作系统具有相似的功能。相同的功能是：资源分配和管理、存储器和数据保护、防止系统死锁、异常进程的终结和处理等。此外，多处理机系统还需要具备下列功能：高效率地利用资源，合理地调度进程，使输入、输出和处理机负载平衡；在出现故障时，使系统重新配置，适度降级运行，以提高系统的可靠性。这些要求和多处理机的运行环境给操作系统增加了很多负担，要求它自动地发掘硬件和运行中程序的并行性。如果操作系统的性能达不到一定的水平，则多处理机的特长也就无从发挥了。因此，高效的多处理机操作系统是多处理机系统软件的核心。处理机数目大量增加以及处理机模块化和处理机之间的互连网络均会影响系统开发。此外，通信方式、同步机构、布局和分配策略对操作系统的性能起决定性作用。

1. 多处理机操作系统的分类

多处理机操作系统按其结构可分为：① 主从结构（Master Slave Configuration），即专用控制方式；② 单独管理（Separate Supervisor），即分布控制方式；③ 浮动管理控制（Floating Supervisor Control），即对称控制方式。目前多数多处理机操作系统采用主从方式，因为它简单，容易实现。把单处理机的分时操作系统进行适当扩充，就可设计出主从方式的操作系统。但是，它在控制使用系统资源方面的效率不高，而后两种方式均比它高。

（1）主从方式操作系统

① 由一台主处理机进行系统的集中控制。主处理机管理系统中所有处理机的状态，并对所有从处理机分配任务。操作系统只运行在主处理机上，它把从处理机视作可调度的资源。

② 从处理机经过自陷（Trap）或管理调用指令向主处理机发出请求，主处理机中断当前程序，识别该请求并提供相应的服务。由于只有主处理机执行管理程序，所以它不需要也不必考虑重入问题，避免了系统控制表格的冲突和封锁等问题。

③ 当主处理机出现故障时，整个系统崩溃，需要操作人员干预或重新启动。

④ 系统的硬件和软件比较简单，不够灵活。

⑤ 如果主处理机不能很快地为从处理机分配任务，从处理机可能长时间空闲，系统利用率会下降。

⑥ 本方式对工作负载固定且从处理机能力比主处理机低的系统是适用的。例如，异构型多处理机系统用这种操作系统比较有效。

（2）单独管理方式操作系统

① 每个处理机均有一个独立的管理程序（操作系统的内核）在运行，即每一个处理机都有同一个内核的副本为其本身服务。

② 由于处理机之间可交互作用，因此管理程序的某些代码必须是可重入的，或为了给其他处理机提供副本而必须重复设置。

③ 每个管理程序都有一套自用表格，但仍有一些共享表格，从而带来共享表格访问冲突的问题，使进程调度的复杂性和开销增大，因此实现比较困难。

④ 适应分布处理模块化结构的特点，减少了对控制专用处理机的需求，有较高的可靠性和系统利用率。

⑤ 每个处理机有自己的 I/O 设备和文件，因此整个系统的 I/O 结构有变动时，需要人工干预。

⑥ 由几台处理机共同负担整个系统的控制，所以当出现故障时，自动启动一台出故障的处理机相当困难，需要人工干预。

（3）浮动管理控制方式操作系统

① 它属于上述两种方式的折中。"主处理机"可以从一台处理机向另一台处理机浮动，主控制程序也可以转移，或者几个处理机同时执行管理程序。担任主处理机的时间也不固定。

② 该方式可使各类资源的工作负载比较平衡。

③ 通过静态设置或动态控制的优先级，安排服务请求的次序。

④ 由于若干处理机可以同时执行同一个服务程序，因此管理程序的大多数代码必须是可重入的。

⑤ 由于存在多个管理程序，所以表格访问冲突和表格封锁延迟是不可避免的，因此必须保护系统的完整性。

⑥ 该方式在硬件和可靠性上具有单独管理方式的优点，而在操作系统的复杂性和经济性上则接近于主从方式。

必须指出，实际的多处理机系统，其操作系统很少严格地属于某一种方式，往往是混合式的，且有发展和变化，所以必须具体系统具体分析。

2．资源分配和进程调度

资源分配和进程调度是决定多处理机系统效率的关键。对多处理机而言，资源分配的核心问题是处理机分配。按进程提出的要求分配处理机是进程调度的主要内容。对于异构型多处理机，根据功能专用化和功能分布原则，把控制、I/O、处理（语言翻译和解释、机器仿真、应用程序运行、数据库管理等）分配给各个专门处理机完成。为了保持处理机负载平衡，在信息流量变化的情况下，要进行动态分配。对于同构型多处理机，根据资源池原则，将处理机、内存、I/O 通道等各种资源放在一个公共的资源池里，由多个进程共享，达到设备的高使用率和处理机的负载平衡。

进程控制主要指进程切换。进程切换是指任何进程由于某种原因（如等待外部条件满足、转 I/O、转其他专用处理机等）而不能继续进行时，要求将处理机释放，分配给其他等待的进程使用，从而改变进程状态。进程状态有 4 种：运行（执行）、挂起（封锁）、等待和就绪。

运行状态是指某进程得到处理机和其他资源，正在执行指令。挂起状态是指某进程把它占用的处理机和内存及其他资源释放出来，程序执行处于暂停状态。在运行和挂起之间有一个中间过渡状态，以便进行"测试"操作，避免传送的信息进入错误的地址，该状态称为等待状态。已经挂起的进程，遇到外部条件满足，在重返运行状态之前先经过一个中间过渡状态，以便排队等待分配处理机，该状态称为就绪状态。4 种进程状态的切换如图 5-69 所示。

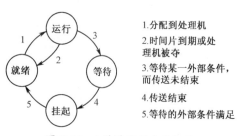

图 5-69　4 种进程状态的切换

进程状态的切换需要信号控制，表现为有关的操作系统原语，它是程序调度的主要组成部分。当进程需要从运行状态转向挂起状态时，由其本身或其他进程向调度程序发出挂起请求，在操作原语 Suspend-Process 的控制下，执行 Test-Event 原语。如果测试出有信息正在传送，则过渡到等待状态。执行 Test-Event 测试一个公共变量，但不改变它的值。该公共变量用于信息传递互斥的信号灯，只能由 Send 原语减值和 Receive 原语增值，其原理就像 P 和 V 操作一样。信息传递结束，信号灯增值，允许进程从等待转向挂起。这时，要保留现场和释放资源，即把原进程的状态向量（包括程序状态字、通用寄存器内容、地址空间和内容、I/O 设备状态等）保存起来，将释放的处理机转给就绪队列中的新进程，取出新进程的状态向量，继续进行。若找不到新进程，则该处理机暂时进入空闲状态。当某进程被挂起后，它自己不能发出"苏醒"信号，由其他进程发出信号，在 Resum-Process 原语的控制下将挂起的进程转入就绪状态，进入队列等待分配处理机。因此，进程进入挂起状态前，应预做安排。例如，依靠另一个进程对某一信号灯增值，或某个 I/O 服务程序结束时发出信号。

在进程挂起前，要求释放所有占用的资源，这是防止死锁的一种办法，但增加了状态切换的开销。如果允许挂起的进程保留除处理机外的其他资源，则要采取有效措施防止死锁。造成死锁有下列 4 个必要条件：

① 进程排他性地占有某些系统资源。
② 当进程因对资源的进一步要求被拒绝而挂起时，已占用资源仍不释放。
③ 不能预先分配资源。
④ 资源占用状况出现死循环，即 A_1 要求的资源被 A_2 占用，A_2 要求的资源又被 A_3 占用……以此类推，最后，A_n 要求的资源又被 A_1 占用。

防止死锁，可以从上述任一个环节打破，即上述至少有一个条件不能满足。例如：

① 进程挂起后，强制其放弃已占用资源，等苏醒后再重新申请。
② 进程必须对所需的全部资源一次性提出申请，在未满足时不占有任何资源，一旦满足，在整个运行期间抓住不放。
③ 在进程需要多种资源的情况下，对资源规定一个固定次序，各进程按此次序先后提出申请，以避免几个进程同时要求某资源而出现死循环。
④ 把系统可用资源数、各进程一次需用的最大资源数以及每个时刻实际分配的资源数列成表。在进程提出资源申请时，由操作系统核算满足它的需求（已登记在表内）是否会造成系统死锁。

防止死锁很重要，但这不是多处理机系统资源管理的全部，还需从保证系统的高效率出发，解决进程调度和资源分配的问题。所以，在多道程序中，行之有效的方法并不完全适用于以任务级并行为特征的多处理机系统。因为任务之间有复杂的内在联系，调度策略不能简单地用优先级、时限等准则来表示，所以合理、快速、高效的进程调度算法以及资源的全方位合理配置和调度是多处理机操作系统需要重点解决的问题。只有这些问题与并行算法一同解决，多处理机系统才能发挥其巨大的潜在能力。

5.7 多处理机系统实例

5.7.1 C_m^* 多处理机

C_m^* 多处理机由美国 Carnegin Mellon 大学研制，共包括 50 台 DEC LSI-11 微机，用三级总线连成一个松散耦合的多处理机系统，其结构如图 5-70 所示。最基层一级 LSI-11 微机，内有 LSI 总线和开关 S，S 的作用是使处理机 P 与本地存储器 M 和本地 I/O 通信，或者通向第 2 级总线 MAP。MAP 总线每个机群一套，把机群内部的计算机模块 CM（即 LSI-11 微机）连接起来，最多可达 14 个。每个机群有一个地址映像开关 K_{map}，为了加大总线通信频宽，机群间为双总线，各机群 K_{map} 挂上双总线。由于 C_m^* 是分布处理系统，每个 CM 内有 28KB 本地存储器，各 CM 的存储器组织在一起，构成了有 28 位地址的虚拟存储空间（2^{28}=256MB）。每个处理机用虚拟地址访问存储器时，由 K_{map} 进行地址变换，以确定访问本地存储器或机群内不同的存储器。因此，关键的操作系统原语移入 K_{map} 与其他 K_{map}，把 CM 从管理功能中解脱出来。K_{map} 结构如图 5-71 所示。一个 K_{map} 由数据存储器和三个处理部件组成。其中，K_{bus} 是总线控制器，它仲裁 MAP 总线请求；Linc 用于管理本地 K_{map} 和其他 K_{map} 间的通信；P_{map} 是映像处理部件，它响应 K_{map} 和 Linc 的请求，完成虚-实地址转换。三个处理部件通过三个队列接口。由于 K_{map} 比 CM 中的存储器快得多，因此它能按多道程序处理多达 8 个并发请求。含有虚拟地址的请求加入运行队列，经 P_{map} 转换成物理地址，加入输出队列，由 K_{map} 按此物理地址启动目的 CM 的存储器，与此同时，P_{map} 可对运行队列中的下一个请求进行虚-实地址转换。

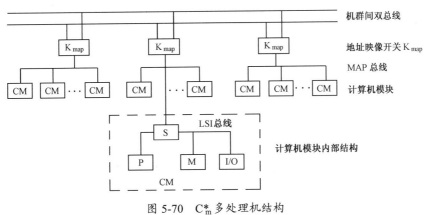

图 5-70 C_m^* 多处理机结构

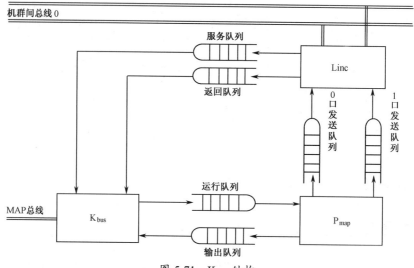

图 5-71 K$_{map}$ 结构

如图 5-72 所示，在机群内部进行存储器访问，其访问过程如下：
① 某 CM（称为主 CM）启动一次非本地存储器的访问。
② K$_{bus}$ 从主 CM 读虚拟地址。
③ 该虚拟地址的请求进入运行队列等待。
④ P$_{map}$ 完成虚-实地址转换。
⑤ 含物理地址的请求在输出队列中等待。
⑥ K$_{bus}$ 发送物理地址到从 CM（目的 CM）。
⑦ 从 CM 从它的处理机中窃取一个存储周期，进行存取操作。
⑧ K$_{bus}$ 控制结果返回主 CM。
⑨ 处理机继续进行后继的工作。

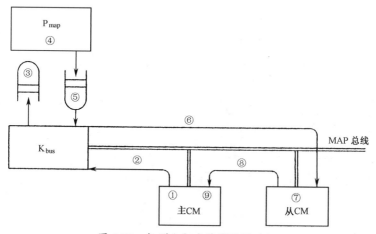

图 5-72 机群内部存储器访问过程

不同处理机 CM 之间经机群间总线通信，机群间存储器访问如图 5-73 所示，其访问过程如下：

① 主 K_{map} 从主 CM 接收请求。
② 主 K_{map} 准备一个机群间报文。
③ 该报文传送到从 K_{map}。
④ 从 K_{map} 对该报文进行译码。
⑤ 该请求发送到从 CM，进行存储器访问。
⑥ 从 CM 将结果返回从 K_{map}。
⑦ 从 K_{map} 准备一个返回的机群间报文。
⑧ 该报文返回主 K_{map}。
⑨ 主 K_{map} 接收返回的报文。
⑩ 结果送到主 CM。

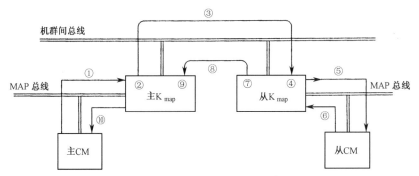

图 5-73 机群间存储器访问过程

C^*_m 的 MAP 总线和机群间总线都采用报文分组交换方式，因此本地通信需 3.5μs，机群内通信需 9.3μs，机群间通信需 26μs，体现了松散耦合的特点。根据程序的局部性原则，本地访问的命中率可达 90%以上，从而使平均通信时间降到 4.1μs。又由于采用分布式 K_{map} 开关结构，当一个机群发生故障时，整个系统仍能在降级方式上操作，体现了分布处理系统的优点。

5.7.2 C_{mmp} 多处理机

C_{mmp} 多处理机也是美国 Carnegin Mellon 大学研制的，由 16 台 DEC PDP-11/40E 经一个 16×16 交叉开关连到 16 个存储器模块上，组成一个紧密耦合的多处理机系统，其结构如图 5-74 所示。图中也表示了单个处理机模块的结构。每个处理机模块有一个 8KB 的本地存储器 LM，用于存放操作系统。I/O 设备只连到指定的处理机的单总线上。因此，一个处理机模块不能直接启动不在其单总线上的 I/O 设备，必须经过操作系统完成，它对用户是透明的。每个处理机模块有一个与处理机间总线相连的接口 K_{ibi}，用于定义处理机在处理机间总线上的地址。处理机间总线用于各模块 CM 间的通信，有一个公共的时钟 K_{clock} 和控制 $K_{interbus}$。

用小型机构成大型计算机系统的最大限制是它的地址空间小。在 C_{mmp} 中，处理机地址为 16 位，单总线地址为 18 位，共享存储器地址为 25 位。为此，每个处理机模块都有地址定位部件 D_{map}，实现存储器地址变换。处理机模块产生的地址分为 8 页，每页 8KB，单总线地址分为 32 页（因为单总线地址增加了 2 位），共享存储器分为 4096 页。D_{map} 中的地址变换机构如图 5-75 所示。单总线地址增加的 2 位是从程序状态字 PSW<7:8>，是由第 7 位和第 8 位得到的。这 2 位定义 4 个公共堆栈页，每页有 8 个映像寄存器。由 16 位处理机地址中的<13:15>高 3 位选择其中之一，该寄存器提供 12 位的页地址，处理机地址的其余 13 位为页内地址，两个地址拼接构成 25 位存储器地址。

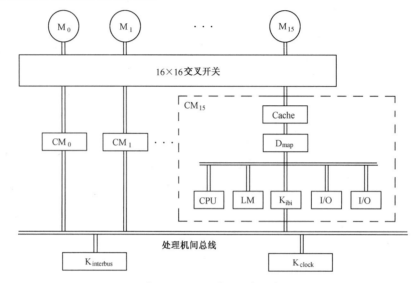

图 5-74 C_{mmp} 多处理机结构

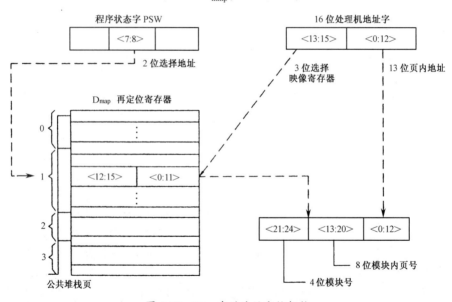

图 5-75 D_{map} 中的地址变换机构

在映像存储器中，12 位用于页地址，其余 4 位<12:15>用于控制，表示该页的性质和状态，如页装入位、已修改位、可进入 Cache 位等。25 位的存储器地址经 16×16 交叉开关传输，其高 4 位<21:24>用于指定相应存储器模块，而<13:20>位选择该模块内某页，<0:12>位为该页内某单元地址。如果所有处理机选择 16 个不同存储器模块，则交叉开关可以得到最大的并行性。从地址变换交叉经开关和传输，总开销为 1μs 左右，存储器访问时间也接近 1μs。所以，C_{mmp} 是紧密耦合的多处理机系统。

5.8 小结

本章在叙述并行性基本概念的基础上，先着重介绍了并行处理机、互连网络等的基本原理、基本结构及性能分析，然后介绍了多处理机的互连技术、多处理机的系统结构、多机共享存储技术及其结构，对并行处理的有关算法进行了分析与探讨。

计算机系统增加并行性可以提高计算机的处理速度。并行性（Parallelism）定义为：在同一时刻或同一时间间隔内完成两种或两种以上的性质相同或不同的工作，只要在时间上相互重叠，均存在并行性。并行性又可分为同时性（Simultaneity）和并发性（Concurrency）。同时性是指两个或多个事件在同一时刻发生的并行性，而并发性是指两个或多个事件在同一时间间隔内发生的并行性。

并行性有不同的等级。从执行角度看，并行性等级从低到高可分为：（1）指令内部并行，即指令内部的微操作之间的并行；（2）指令间并行，即并行执行两条或多条指令；（3）任务级或过程级并行，即并行执行两个或多个过程或任务（程序段）；（4）作业级或程序级并行，即在多个作业或程序间并行。从处理数据的角度看，并行性等级从低到高可分为：字串位串、字串位并、字并位串、字并位并（全并行）。

计算机系统提高并行性的措施很多，就其思想而言，可归纳为三种：时间重叠、资源重复和资源共享。

并行处理机也称 SIMD 计算机，因为它是用一个控制部件（Control Unit，CU）控制多个处理单元（Processing Element，PE）构成的阵列，所以也称阵列处理机。SIMD 计算机主要用于大量高速向量或矩阵的运算场合，其基本结构分为分布式存储器结构和共享式存储器结构两种。

互连网络是一种由开关元件按照一定的拓扑结构和控制方式构成的网络，用于计算机系统内部多个处理机或多个功能部件之间的相互连接。互连网络在 SIMD 计算机和 MIMD 计算机系统结构中占有重要地位，涉及互连网络作用、互连网络设计准则、互连函数、拓扑结构、性能参数、寻径机制等问题。

单级互连函数包括恒等互连网络、交换互连网络、三维立方体单级互连网络、加减 2^i 单级互连网络和混洗单级互连网络等。

静态互连网络是指各节点间有专用的链路且在运用中不能改变的网络。动态互连网络具有多种用途，可达到通用目的，它能根据程序要求实现所有通信模式，使用开关或仲裁器以提供动态连接特性。多级互连网络是指将多套单级互连网络通过交换开关或交叉开关串联扩展而成的网络。在多级网络情况下，数据寻径是通过消息传递来实现的。

多处理机系统属于多指令流多数据流（MIMD）计算机，可实现任务、作业级的并行。多处理机具有如下明显的优点：（1）很高的性能价格比；（2）很高的可靠性；（3）很快的处理速度；（4）容易实现模块化。

目前，大多数处理机系统由系列微处理器组成。同构型的微处理器有相同的特性，易于按多处理机要求构成多处理机系统。

多处理机系统有松散耦合和紧密耦合两种形式。松散耦合多处理机结构互连常用通道或通信线路来实现，它们连接的频带较低。紧密耦合多处理机结构往往是高频带的，通常由高速总线或高速开关实现机间互连，以便共享存储器。

多处理机的主要特点是：各台处理机共享一组存储器和 I/O 设备。这种共享功能是通过两个互连网络实现的：一个是处理机和存储器模块之间的互连网络，另一个是处理机和 I/O 子系统（I/O 接口和 I/O 设备）之间的互连网络。互连网络可以采用不同的物理形式，一般有 4 种基本结构：（1）总线结构；（2）交叉开关；（3）多端口存储器；（4）多处理机的多级网络。

在多处理机系统中，为了减少访存冲突，主存采用并行存储器结构。当每个处理机都有自己专用的 Cache 时，对应主存中某一个单元的数据，在各个 Cache 中可能会出现相应的副本。当对其中某一个副本进行修改操作时，会产生 Cache 中数据的不一致性。解决 Cache 的一致性问题有两种方法：静态一致性校验和动态一致性校验。

并行性的关键在算法。顺序处理机习惯采用的循环及迭代算法往往不适用于多处理机。而采用直解法，有时能揭示更多的并行性。并行算法及程序设计，一直是多处理机系统的一个重要研究课题。程序的并行性被开发后，需要在源程序和目标程序中有专门的语句和指令，以便具体描述这些并行关系。

高效的多处理机操作系统是多处理机系统软件的核心。通信方式、同步机构、布局和分配策略对操作系统的性能起决定性作用。

习题

一、术语解释

互连网络　　　　　节点度　　　　　网络直径　　　　　等分带宽
静态互连网络　　　动态互连网络　　静态一致性校验　　动态一致性校验

二、问答题

1．并行性有不同的等级，从执行角度看，并行性等级可以分为哪几个等级？

2．计算机系统提高并行性的举措，可以归纳为哪几种？通过举例进行说明。

3．多处理机在结构、程序并行性、进程同步、资源分配上与并行处理机有什么差别？原因是什么？

三、填空题

1．对于使用单元控制的 $3=\log_2 8$ 级组成的间接二进制方体网络来说，每级有_____个开关。3 级互连网络所用交换开关的总数为_____。若每个开关是二功能的，这样所有开关处于不同状态的总数最多只有_____，不可能实现全部_____种排列。所以，多对入出端要求同时连接时，就有可能发生_____。

2．按照 Flynn 的分类法，根据指令流和数据流的不同组织方式，计算机的系统结构可以划分为 SISD、_____、_____和 MIMD。

3．多处理机的总线仲裁算法有_____、_____和_____。

4．按照多处理机之间的连接程度，可以分为_____和_____两种类型。

5．按照多处理机是否共享主存，可以分为_____和_____两种类型。

6．计算多级立方体互连网络。对于如下图所示的 N=8 的多级立方体互连网络，求当输入端控制信号从左到右分别为 S0S1S2=010（0—直通，1—交叉），输入端为 01234567 时，输出端为_____。

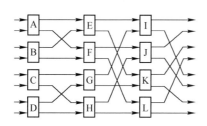

四、选择题

1. 以下哪个不是多处理机操作系统的结构类型（   ）。
   A．主从结构   B．单独管理   C．浮动管理控制   D．分布式控制
2. 按照佛林 Flynn 分类法，多处理机系统属于（   ）计算机系统。
   A．SIMD   B．MIMD   C．SISD   D．MISD

五、综合题

1. 假设 16 个处理机编号分别为 0，1，2，…，15，采用单级互连网络。若分别采用下列互连函数，则编号为 12 的处理机分别和哪一个处理机相连？
   （1）Cube3   （2）PM2+3   （3）PM2-0   （4）Shuffle

2. 假设在有 64 个立方体的超立方体多处理机中，根据 E 立方体寻径算法，画出从节点 101000 发送给 011010 的路径，并标出这条路径上的所有中间节点。（画出 8 个节点号，其余 7 个立方体给出同一位置的节点号。）

3. 若有下列程序：
```
U = A + B
W = A * U
V = U / B
X = W * U
Y = W - V
Z = X / Y
```
   （1）画出数据相关图。
   （2）运用 FORK 和 JOIN 语句将上述程序修改为可在多处理机上并行执行的程序。
   （3）假设有两台处理机，且已知除法速度最慢，加减法速度最快，画出该程序运行时的资源时间图。

4. 已知表达式 $E=a+bx+cx^2+dx^3$，利用 Horner 法来加速运算、减少树高，分别画出顺序和并行算法的树形流程图，并求运算级数 T_p、处理机数目 P、加速比 S_p 和效率 E_p。

第 6 章 集群、网格和云计算

6.1 集群概述

无论是 PVP，MPP，NCC-NUMA，CC-NUMA 还是 SMP，其共性是：需要从底层到顶层实现整个计算机。它们的开发是芯片级的，技术难度大，硬件研制周期很长；另外，由于缺乏通用的商业软件的支持，需要重写系统软件，软件研制周期也很长。这些因素除了增加研制成本，还会降低高性能计算机的竞争力，因为在研制开始时所使用的先进的芯片技术，在研制结束时却可能因为周期太长而失去领先性。

相比之下，集群（Cluster）计算机系统能够以较短的研制周期集成最新技术、汇集多台计算机的力量，达到较高的性能价格比，其技术发展在国际上受到重视。它通过高速互连网络把通用计算机（如高档计算机、工作站或 PC）连接起来，采用消息传递机制（MPI，PVM 等），向最终用户提供单一并行编程环境和计算资源，因此通常也被称为"计算机群""工作站群""工作站网络"或"网络并行计算"等。

集群计算机技术是在 20 世纪 90 年代中期才开始发展的，但发展速度非常迅猛，我们从国外高性能计算机权威网站公布的"全球 500 强（TOP 500）"排行榜可以清楚地看到它的发展趋势。1997 年 6 月只有 1 台集群进入 TOP 500 排行榜，而到 2005 年 11 月已有 361 台，无论数量、所使用的处理器数目、峰值速度，还是 Linpack 指标，都呈现指数级增长，如表 6-1 所示。

表 6-1 TOP 500 中集群系统的发展

比较项目	时间				
	2005 年 11 月	2010 年 11 月	2015 年 11 月	2018 年 11 月	2019 年 6 月
集群数量（台）	361	414	426	442	453
最快集群在 TOP 500 中的名次	5	3	1	1	1
最快集群配置的处理器数目（个）	8000	120640	3120000	2397824	2414592
最快集群的峰值速度（GFLOPS）	57600	2984300	54902400	200794.88（TFLOPS）	200794.88（TFLOPS）
最快集群的 Linpack 指标（GFLOPS）	38270	1271000	33862700	143500（TFLOPS）	148600（TFLOPS）

最初，集群计算机系统的计算效率只有 30% 左右，严重影响了它的发展。随着高速通信技术（如 InfiniBand-IB、万兆以太网）、体系结构、并行算法等方面研究的不断深入，集群计算机系统的使用效率获得极大提高，已达 96.28%，超过 MPP 的效率；而其他类型架构系统由于无法达到这么高的性能，无法进入 TOP 500 排行榜。表 6-2 给出了各类型高性能计算机在 TOP 500 中的最高效率比较。

表 6-2　各类型高性能计算机在 TOP 500 中的最高效率比较

比较项目	时间							
	1998年6月	1998年11月	2005年11月	2010年11月	2015年11月	2018年6月	2018年11月	2019年6月
集群	26.39%	34.11%	87.98%	96.25%	99.80%	98.75%	98.75%	96.28%
MPP	68.79%	67.89%	98.49%	94.66%	88.77%	93.95%	93.95%	93.95%
Constellations	72.92%	43.74%	90.36%	85.71%				
SMP	81.60%	80.73%						

集群计算机根据研制理念的不同，可以分为 NOW 类型集群（追求高速通信，进行全局资源管理，采用时钟周期"窃取"技术来利用空闲计算机的资源）和 Beowulf 类型集群（尽可能使用现成的硬件、免费系统软件、基于 TCP/IP 建立通信库、不考虑"窃取"时钟周期）。广义地讲，由 SMP 节点构成的集群（称为 CLUMPS 或 Constellations）、ASCI 机以及元计算网格，都可称为集群。美国最有影响的集群计算机系统是 Berkeley 大学 1997 年推出的 NOW 系统。它由 100 个 SUN 工作站、以速率为 160MB/s 的 Myrinet 连接而成，峰值速率为每秒 330 亿次浮点运算。集群计算机系统的应用面非常广，除了科学计算，还可以用于事务处理，如用作 Web 服务器、网络文件服务器、超级邮件服务器以及海量廉价存储系统等。集群计算机的基本结构如图 6-1 所示。

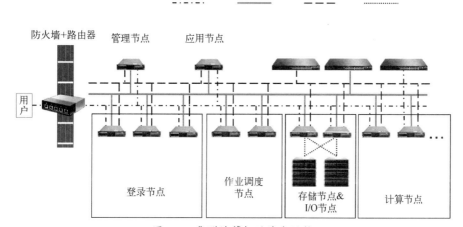

图 6-1　集群计算机的基本结构

根据性能特性，集群计算机可以分为三类：

① 高可用性（High Availability）集群，简称 HA 集群。这类集群致力于提供高度可靠的服务——利用集群系统的容错性对外提供 7×24 小时的不间断服务，如高可用的文件服务器、数据库服务等关键应用。

② 负载均衡（Load Balance）集群。这类集群可以使任务在集群中尽可能平均地分摊到不同的计算节点处理，充分利用集群的处理能力，提高对任务的处理效率，如 LVS（Linux Virtual Server，Linux 虚拟服务器）。

③ 高性能计算（High Performance Computing，HPC）集群，简称 HPC 集群，也称为计算集群。这种集群上运行的是专门开发的并行应用程序（如 MPI、Hadoop、Spark 等），它可以把一个问题的计算任务分配到多个计算节点上，利用这些计算节点的资源来完成任务，从

而完成单机不能胜任的工作（如果问题规模太大，单机计算速度太慢）。这类集群致力于提供单个计算机所不能提供的强大的计算能力，如天气预报、石油勘探与油藏模拟、分子模拟、生物计算等。

在实际应用中，这几种集群可能混合使用，以提供更稳定的服务，如在一个使用网络流量负载均衡的集群中会包含高可用的网络文件系统、高可用的网络服务。本章主要讲解 HPC 集群。现在广泛应用的云计算、大数据和智能计算系统，其底层的硬件系统也是由集群构成的，只是由于应用和场景对计算网络、存储甚至管理方式的需求不同而呈现不同的特点，这些部分会在后面详细介绍。

我国在研制高性能计算机方面，已经取得很多成就。这些高性能计算机主要分为如下三大类：

① PVP 向量型超级计算机，如国防科技大学 1983 年研制的银河Ⅰ（1 亿次/秒）、1994 年研制的银河Ⅱ（10 亿次/秒）。

② MPP 大规模并行处理超级计算机，如中国科学院计算技术研究所 1995 年研制的曙光 1000（25 亿次/秒）、国防科技大学 1997 年研制的银河Ⅲ（130 亿次/秒）和 2009 年研制的天河一号（4701 万亿次/秒）、中国国家并行计算机工程技术研究中心 2016 年研制的神威太湖之光（12.5 亿亿次/秒）。

③ 集群计算机，清华大学 1999 年研制的 THNPSC-1（320 亿次/秒）、中国科学院计算技术研究所 1999 年研制的曙光 2000-Ⅱ（1117 亿次/秒）、上海大学 2000 年研制的自强 2000（4500 亿次/秒）、国防科学技术大学 2013 年研制的天河二号（10.07 亿亿次/秒）。

6.2 集群系统的软硬件组成

集群系统作为一个大型多机整体（见图 6-1 所示），包含负责对集群进行监控和管理等的管理节点、负责完成计算任务的计算节点、负责存储数据的集群存储系统、负责节点间互连的高速网络。下面依次介绍这些组成部分。

6.2.1 计算节点

计算节点是集群系统中数量最多的节点，用来完成用户提交的计算任务。集群的性能取决于所有计算节点的性能及其发挥情况。因此，计算节点需要有强大的性能。计算节点的性能不仅取决于计算性能，还取决于存储性能和通信性能，是一个系统整体的综合表现。计算性能涉及所配置 CPU 的核数、主频及相应的加速部件等。这些计算部件的峰值性能总和就是计算节点的最大峰值性能，但是计算性能发挥的效率和实际能达到的计算性能与具体的应用有关。不同应用对于系统的计算、存储和通信的需求不同，性能的发挥也受到计算节点内存大小、计算部件性能以及网卡性能等因素的限制。

随着各种加速部件（特别是 GPU）的发展，在计算节点上配置多块 GPU 或者其他加速部件来提高浮点计算性能等成了大势所趋。从 TOP 500 近几年的变化情况就会发现，大量上榜的系统配置了各种加速部件，特别是 GPU。显然，应用的需求促进了硬件的发展，而硬件的发展又促进了应用的升级，因为软件的设计要适应硬件、充分利用硬件发挥系统的整体性能。

6.2.2 网络

集群系统一般有三套网络：一套 IPMI 网络用于底层硬件管理，主要负责集群节点远程开关机、备份还原等底层系统维护；一套高速互连网络用于操作系统管理，主要负责集群节点在操作系统层面上的远程管理、软件安装、资源监控等系统维护；一套高速计算互连网络，主要负责计算软件在计算时集群节点之间的数据通信。除了计算网络，另两套网络对网络性能要求不高，一般使用性价比高的以太网。

三套网络中的计算网络是十分重要的，因为集群系统的节点比较多，使得数据在两个节点之间流动需要经过多个交换机。这导致计算网络延迟高，网络的高延迟在需要频繁通信的应用中会形成性能瓶颈。如果使用如图 6-2 所示的网络，这些网络复杂的拓扑结构会带来线路、设备的可靠性、安全性问题，这些问题都需要由通信协议及其实现的通信软件和网络服务来解决。集群计算所需的通信方式是多样化的，例如点到点通信、多播通信等。在一般操作系统中，套接字方式可以在消息传递方式里用来进行进程间通信。但是，在一些追求高性能的集群计算机中，使用专用网络的通信协议提供快速而可靠的节点间数据通信。它往往使用轻量级通信协议（如 RDMA）来减少操作系统对通信性能的影响。其中，比较有代表的是 Myrinet、InfiniBand、OPA（Omni-Path Architecture）等。

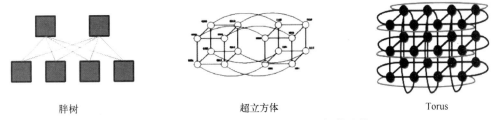

图 6-2　胖树、超立方体、Torus 网络拓扑结构

目前，RDMA 网络大致有三类，分别是 InfiniBand、RoCE、iWARP。其中，InfiniBand（简称 IB）是一种专为 RDMA 设计的网络，从硬件级别保证可靠传输；而 RoCE 和 iWARP 都是基于以太网的 RDMA 技术。在性能上，InfiniBand 网络最好；但就性价比而言，还是 RoCE 和 iWARP 比较好。

InfiniBand 支持 RDMA 网络协议。由于这是一种新的网络技术，因此需要支持该技术的网卡和交换机。OPA 也是一种与 InfiniBand 类似的网络。

InfiniBand 的基本带宽是 2.5Gb/s，这是 InfiniBand 1.x。InfiniBand 是全双工的，因此在两个方向上的理论最大带宽都是 2.5Gb/s，总计 5Gb/s。如果要获取比 InfiniBand 1.x 更大的带宽，只要增加更多缆线就行。InfiniBand 1.0 规范于 2000 年 10 月制定，支持一个通道内多个连接的网络，数据速率可提高 4 倍（10Gb/s）和 12 倍（30Gb/s），也是双向的。现在，400Gb/s 的产品已经开始商用。InfiniBand 既可以使用普通的双绞铜线连接（其支持的连接距离为 17 米），也可以使用光纤连接（其支持的距离可达数千米甚至更远）。图 6-3 显示了 128 个节点的 InfiniBand 网络拓扑。该网络能实现 128 个节点的点对点通信时都有专用通道，从而保证了通信的带宽和延迟。InfiniBand 的网络性能很高，但是网络拓扑较复杂，导致集群的成本上升、集成难度相应提高，特别时当主机数超过一台交换机能支持的主机数时，为了保证无阻塞交换，交换机和网线的数量将大大增加。

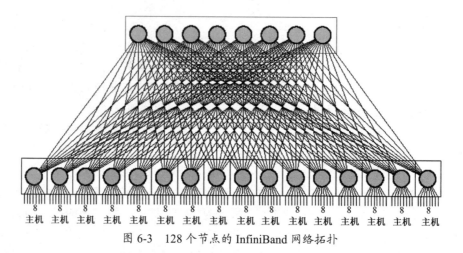

图 6-3　128 个节点的 InfiniBand 网络拓扑

RoCE 是一个支持在以太网上执行 RDMA 的网络协议。它能在标准以太网交换机上使用 RDMA，只要采用支持它的网卡即可。

iWARP 是一个支持在 TCP 上执行 RDMA 的网络协议。InfiniBand 和 RoCE 中存在的功能在 iWARP 中不受支持。iWARP 同样支持在标准以太网交换机上使用 RDMA，只要采用支持它的网卡即可；也可以用 CPU 模拟 iWARP 网卡，但是这样无法获得使用 RDMA 协议应有的性能优势。

以太网由于廉价、通用性强被广泛应用，在主板的集成度不断上升，万兆甚至更高速的以太网口在主板上会越来越常见，网口数量也越来越多。云计算系统中的节点数量往往非常庞大，如果使用如图 6-3 所示的胖树结构的 InfiniBand 网络，则需要大量昂贵的专用网卡、专用网线和交换机；而 RDMA 技术使得使用廉价设备的以太网也能具有接近 InfiniBand 的高性能。因此，在云计算领域中，因为成本因素广泛使用以太网，使 RDMA 技术在以太网中得到大力发展。

6.2.3　存储节点

存储节点也是集群计算机系统的一个重要组成部分，其功能相当于 PC 中的硬盘，负责保存数据。集群系统中存在大量节点，如果将数据在各个节点的硬盘上存储，既浪费硬盘空间，又会造成复杂的数据管理和同步问题，数据的安全性也很难保证。因此，在集群系统中把数据集中起来，通过一个存储系统提供数据管理和读写服务。

存储系统由文件系统和存储设备组成。根据不同存储容量和读写性能要求，可以采用不同的文件系统和存储设备。文件系统可以采用 NFS（Network File System，网络文件系统）或者并行文件系统。小型集群的存储设备可以采用配置较好且支持配置大量硬盘的服务器。大型集群可以采用专用的存储设备，这些设备一般由机头（存储专用的计算机）和磁盘柜等组成。每个机头可以管理几十块甚至更多硬盘组成的磁盘柜。通过调整磁盘阵列中的磁盘类型，如固态硬盘和机械硬盘搭配，可以构造大容量的 Cache，提高读取带宽。存储节点通过网络（如以太网、光纤、InfiniBand 等）和文件系统（如 NFS、GPFS、Lustre 等）向集群中的其他节点提供同步、高速的数据读写服务。下面将介绍一些常用的集群存储系统。

图 6-4 所示的是采用 NFS 的集群。NFS 即网络文件系统，是文件系统之上的一个网络抽象，它允许网络中的计算机之间共享资源。本地 NFS 的客户端应用可以透明地读写位于远端 NFS 服务器上的文件，就像访问本地文件一样。可以在集群中选择一个配置较好且支持配置

大量硬盘的服务器作为 I/O 节点，这种方式简单、价格低廉，但是存储性能低。也可以如图 6-4 所示使用专用存储阵列，并挂载在 I/O 节点（服务器）下。存储阵列的存储容量更大、性能更好。通过 NFS 将存储空间挂载到 I/O 节点的一个或多个目录下。存储节点可以将这些目录设置为共享目录，提供给集群使用。集群中的其他节点可以像使用本地磁盘一样挂载目录、读写文件，存储节点会处理其他节点的读写请求。

图 6-4 采用 NFS 的集群

使用 NFS 最显而易见的好处有：实现存储空间的网络共享、节省本地存储空间，将常用的数据存放在一台 NFS 服务器上且可以通过网络访问，这样，本地终端可以减少自身存储空间的使用。例如，用户不需要在网络中的每台计算机上都建有 Home 目录，Home 目录可以放在 NFS 服务器上且可以在网络上被访问使用。

NFS 软件已经非常成熟，很容易实现。但是，由于只有一个 I/O 节点提供存储访问服务，因此网络带宽会限制 NFS 的性能，产生瓶颈。为了满足应用对存储性能的要求和以后系统扩展对存储的更高要求，可以使用并行存储系统。

图 6-5 所示的是采用并行存储系统的集群。该并行存储系统由并行文件系统和并行存储硬件组成。并行存储系统需要使用并行文件系统才能充分发挥大量存储设备的性能。并行文件系统有开源的 Lustre、商用的 GPFS、ParaStor 等。这些并行文件系统一般包括索引模块和数据管理模块，将这些模块部署在多个通用服务器上，配置成相应的 I/O 节点，实现并行存储统一管理和通过多个 I/O 节点对后端存储节点的并行访问。显然，并行存储系统的性能和 I/O 节点的数量有关。

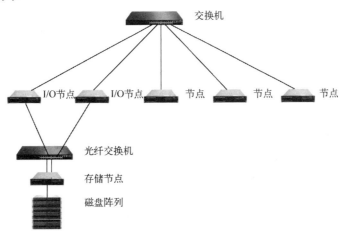

图 6-5 采用并行存储系统的集群

例如，GPFS（General Parallel File System，通用并行文件系统）是 IBM 公司的商用并行文件系统。GPFS 自从 4.1 版本以后，更名为 IBM Spectrum Scale，并入 IBM Spectrum 产品线。GPFS 是一个并行的磁盘文件系统，它保证在资源组内的所有节点可以并行访问跨越多个节点和多组磁盘的整个文件系统；而且，针对此文件系统的服务操作，可以同时安全地在使用此文件系统的多个节点上实现。GPFS 允许客户共享文件，而这些文件可能分布在不同节点的不同硬盘上，这使得 GPFS 可以超越单一节点和单一文件系统的性能极限。此外，GPFS 通过日志和复制的方式提高数据的可靠性。

具体来说，GPFS 将各节点的本地磁盘添加到全局的命名空间，形成网络共享盘（NSD）。其中，NSD 将保存数据分为多种类型，主要是用于检索的元数据（meta）和用于存储数据。GPFS 将各节点提供的 NSD 盘按照不同的需求生成多个或单个共享磁盘，供节点挂载到本地进行数据存储，同时保证并发操作。

后端的专用存储一般由机头和磁盘柜组成。机头内配置了大容量 Cache，以加快访问的速度。每个存储柜可以支持大量磁盘，通过对内部大量磁盘的并行访问可以提供很快的访问速度，这个速度取决于磁盘的数量和磁盘本身的速度。如图 6-5 所示的并行存储系统具有一定的可扩展性，可以通过扩充 I/O 节点、机头数量和磁盘柜数量来提高存储性能、扩大存储容量。其中，网络的性能、Cache 的大小和采用磁盘或者 SSD 存储介质对性能的影响也很大。

随着并行文件系统的发展，出现了另一种廉价但是高性能的解决方案，就是采用多台能配置大量硬盘的服务器作为存储节点，在这些节点上安装并行文件系统，例如 GPFS。通过并行的方式提高存储性能，但是没有采用专用的存储设备，因此性价比很高。

6.2.4 管理节点

管理节点的主要功能是通过各种软件对集群系统进行安装、维护、运行状态监控、资源管理和作业管理等。例如，作业管理就是将用户提交的计算任务按照预设的调度方法通过管理节点调度到计算节点上进行计算，并对作业的运行情况进行监控和管理。对于小型集群，可以将这些功能软件安装在一台计算机上，但是考虑到系统的性能和安全，一般会把这些软件安装在单独的服务器上，特别是管理软件和作业调度软件，一般都安装在独立的服务器上，甚至还需要进行热备份，这些就是集群中的管理节点和作业调度节点。这几年，随着计算机核数增加、内存增大、性能提高，有些软件安装在容器内。容器效率高、具有隔离性，因此会把一些具有管理功能的软件安装在一起，建立多机的基于容器的热备份，减少管理节点的总数，降低集群构建费用。

1. 集群系统的管理和监控系统

集群系统一般都由大量的功能不同的计算机构成，管理工作量随着计算机数量的增多而大大增加，需要管理系统来提高系统的管理和维护效率。例如，系统的安装、远程开关机和系统日志的获取，一般都是基于系统主板的 IPMI 接口实现的。安装系统既需要将存储系统中的镜像克隆到远程主机上，并根据预设参数修改主机名和 IP 等配置信息，也需要将远程主机的系统镜像抓取并保存在存储系统上。这样可以根据需要把不同版本的系统进行镜像保存和恢复，大大提高系统维护的效率和集群系统的灵活性。管理员可以利用备份的各种镜像版本在几分钟内按要求克隆好需要的环境，快速运行用户程序。为了便于管理，还需要对节点进行分组，以组为单位实现对系统的批量管理，提高管理效率。各个集群提供商一般都有自己的集群管理软件，例如，惠普公司的 HPE-Insight 集群管理程序（CMU）就是推出较早、功能较强的集群管理系统。各厂商的管理软件功能有所不同，但是都具备一些基本功能。系统的自动克隆和已安装系统镜像的获取非常重要，并不是每个厂商都能做得很好，甚至有些厂商的管理系统只能恢复出厂的预装系统。集群管理软件对管理员很重要，可以大大减少管理工作量。

用于集群性能监控的软件有很多，如早期比较著名的开源软件 Ganglia，商用的有并行科技的 ParaPoral，ParaData，Paramon 等。监控软件一般可以对所有服务器的进程、CPU、GPU、内存、网络、磁盘使用情况等信息进行抓取和显示。随着技术的进步，现在一些监控软件也可以监控容器的相关参数。

2. 集群的作业管理系统

集群的主要功能是完成各种计算任务，各种计算任务在大量计算节点上运行时需要进行调度和管理，因此作业管理系统也是很重要的。它的主要功能是作业提交、资源监控、调度规则设置、计算节点设置、任务调度、结果返回等。集群作业管理系统可以根据用户的需求，统一管理和调度集群的软硬件资源，保证用户作业按照一定调度规则公平合理地共享集群资源，提高系统利用率和吞吐率。为了便于管理和提高效率，集群作业管理系统一般把用户分成不同组，把资源分成若干资源池统一进行管理和分配。集群作业管理系统是高性能计算机领域的一个研究热点，出现了几十种软件，它们在目标、结构、功能和实现上各有千秋。一般而言，它由三部分组成：

① 用户服务器。它允许用户向一个或多个队列提交一定数量的作业，设置每个作业的资源需求，从队列中删除一个作业、询问一个作业或一个队列的状态信息。

② 作业调度器。它根据作业类型、资源需求、资源可用性以及调度策略来进行作业调度和排队。

③ 资源管理器。它监控和分配资源、收集记账相关日志信息、实现作业迁移和检查点等操作。

常用的作业管理系统有 PBS，condor，LSF，slurm 等，此外还有各个集成商提供的软件（如曙光的 Gridview 等）。PBS（Portable Batch System）最初由 NASA 的 Ames 研究中心开发，目的是为了提供一个能满足异构计算网络需要的软件包，特别是满足高性能计算的需要。它力求提供对批处理的初始化和调度执行的控制，允许作业在不同主机调度和运行。PBS 目前包括 OpenPBS，PBS Pro 和 Torque 三个主要分支。其中，OpenPBS 是最早的作业管理系统之一，由于是开源软件，而且使用简单，因此获得了广泛的应用。国内一些商用的作业管理系统就是基于 OpenPBS 开发的。OpenPBS 成功地获得推广和应用后，后续开发就停止了，其商业版本 PBS pro 被推出。PBS pro 修正了开源版本的问题，而且功能丰富，广泛应用于企业、学校和研究机构中。Torque 是 Clustering 公司接过 OpenPBS 并给予后续支持的一个开源版本。

图 6-6 所示的是 OpenPBS 安装示意图。OpenPBS 主要包含三种守护进程：PBS_server，PBS_mom，PBS_sched。其中，PBS_server 和 PBS_sched 在集群中各安装一份，一般装在一个作业调度节点上。PBS_mom 需要在每个计算节点上安装。PBS_server 提供基本的批处理服务，如接收用户提交的作业、创建一个批处理作业、修改作业、在系统崩溃时保护作业、指定

PBS_mom 执行作业等。PBS_sched 从 PBS_server 获取作业的状态，从 PBS_mom 中获取资源状态信息，然后决定如何调度作业，决定什么时候在哪些计算节点上运行作业。PBS_mom 运行在每一个计算节点上，根据 PBS_server 的指令来启动、监控和终止作业。OpenPBS 运行时，必须成功运行 PBS_server 和 PBS_sched。在 PBS_server 中有每个计算节点的配置信息，包括每个计算节点的主机名、允许运行的最大作业数等。PBS_mom 运行成功后，系统会标记该节点可以使用，能通过命令查询该计算节点的状态和运行任务情况。对于 PBS_mom 运行不成功的节点，PBS_sched 不会分配计算任务。OpenPBS 使用简单，但是也有不少缺点：无法动态添加新计算节点，必须修改 PBS_server 配置，在重启 PBS_server 后新节点才能加入系统。OpenPBS 系统中监控的计算节点的资源使用情况并不是系统的实际使用情况，OpenPBS 只统计通过 PBS_mom 递交的任务，这可能造成和实际情况不符，从而影响计算效率。

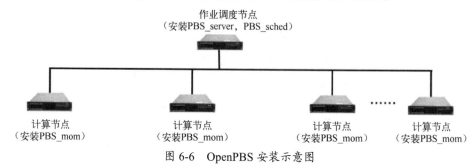

图 6-6 OpenPBS 安装示意图

Condor 作业调度系统是 Wisconsin-Madison 大学的一个研究项目，目的是充分利用计算机的空闲时间进行计算，而不是只使用一个用于高性能计算的专用集群，这些计算机可能分属于不同地域、属于不同个人。这种方法能充分利用网络上空闲的计算机，减少集群购置费用。Condor 管理的机群由网络中的计算机组成，这些计算机可以自愿加入或退出。Condor 监测网络中所有计算机的状态，一旦认为某台计算机空闲，便把它纳入到资源池中。系统会给资源池中的计算机分配任务，以完成计算任务。

LSF（Load Sharing Facility，负载管理系统）是由加拿大 Platform 软件公司研制与开发的商用软件。在使用范围上，LSF 不仅用于科学计算，也用于企业事务处理。除了一般的作业管理，它还有负载平衡、系统容错、检查点操作、进程迁移等功能。由于功能强大、效率高，它得到了广泛的应用。随着 LSF 的持续开发，目前已经可支持容器，并具有支持智能计算的功能。

SLURM（Simple Linux Utility for Resource Management，资源管理 Linux 小程序）是开源的、具有容错性和高度可扩展性的集群管理和作业调度系统，对于超大集群和小型集群都适用。SLURM 被世界范围内的超级计算机和一般集群广泛采用，例如，天河二号上便使用了 SLURM。SLURM 维护着一个待处理工作的队列并管理资源分配。它可以根据情况用一种共享或非共享的方式管理可用的计算节点，供用户执行任务。SLURM 会为任务队列合理地分配资源，并监控作业至其完成。

6.2.5 MPI 并行编程

MPI（Message Passing Interface，消息传递接口）是 1994 年 5 月发布的一种消息传递接

口，用于实现基于多进程的并行编程。MPI 的效率很高，得到了广泛的应用。MPI 是基于 FORTRAN 或者 C/C++的一个实现进程间通信的库，而不是一门新编程语言，因此和学习新编程语言相比大大降低了学习成本。但是，并行编程和串行编程的编程模型不一样，这是初学者感觉最困难的地方。只要具有 FORTRAN 或者 C/C++编程基础，掌握并行编程思想并会使用 MPI 的通信函数，就能编出并行程序。

1. MPI 基本函数

虽然 MPI 定义的函数总量庞大，但实际上常用的 MPI 函数数量并不多，初学者只要掌握这些函数就能完成并行编程任务。下面是最基本的 MPI 函数。

① MPI_Init()：初始化 MPI 环境。
② MPI_Comm_size()：获取进程数量。
③ MPI_Comm_rank()：获取本进程进程号。
④ MPI_Finalize()：退出 MPI 环境。
⑤ MPI_Send()：点对点发送数据。
⑥ MPI_Recv()：点对点接收数据。
⑦ MPI_Bcast()：广播。
⑧ MPI_Reduce()：规约。
⑨ MPI_Gather()：收集。
⑩ MPI_Scatter()：散发。
⑪ MPI_Barrier()：同步。

下面以 C 语言的 MPI 接口为例，介绍这些基本函数及所需的参数。

（1）MPI_Init (int* argc, char** argv[])

MPI_Init 并不一定是程序中第一个执行的语句，甚至不一定放在 main 函数中。但是，该函数应该是第一个被调用的 MPI 函数，作用是初始化并行环境。其余所有的 MPI 函数都应该在其后被调用。

MPI 将通过 argc 和 argv 得到命令行参数，也就是说，main 函数必须带参数，否则会出错。

（2）MPI_Comm_size (MPI_Comm comm, int* size)

该函数的作用是获得通信域 comm 中规定的 group 包含的进程的数量。

MPI_Comm comm：指定一个通信域，也指定了一组共享该空间的进程，这些进程组成该通信域的 group（组）。

（3）MPI_Comm_rank (MPI_Comm comm, int* rank)

该函数的作用是得到本进程在通信空间中的 rank 值，即在组中的逻辑编号（该 rank 值为 0 到进程总数-1 间的整数，相当于并行进程的 ID）。这个编号类似于人的名字。现实工作中，我们根据人名进行任务分配；MPI 编程时主要通过这个编号对进程进行区分和任务分配。

（4）MPI_Finalize (void)

该函数的作用是退出 MPI 系统，释放占用的资源，所有进程正常退出时都应该调用它，表明并行代码的结束，结束除主进程外的其他进程。

（5）MPI_Send(buf, count, datatype, dest, tag, comm)

该函数的作用是将从 buf 开始的 count 个数据发送给进程编号为 dest 的进程。

buf：需要发送的数据的地址。

count：需要发送的数据的个数（注意，不是长度。例如要发送一个 int 整数，这里就填写 1；如要是发送"China"字符串，这里就填写 6。C 语言中字符串末有一个结束符，需要多一位）。

datatype：需要发送的 MPI_Datatype 数据类型。MPI_Datatype 是 MPI 定义的数据类型，可在 MPI 文档内找到常用数据类型和 MPI 定义的数据类型对应表。

dest：目标进程号。需要发送给哪个进程，就填写目标进程号。

tag：数据标签。接收方需要有相同的消息标签才能接收该数据。

comm：通信域。表示需要向哪个组发送数据。

（6）MPI_Recv(buf, count, datatype, source, tag, comm, status)

该函数的作用是将接收到的数据保存在 buf 里。

buf：保存接收到的数据的地址。

count：接收数据的个数。它是接收数据长度的上界，具体接收到的数据长度可通过调用 MPI_Get_count 函数得到。需要注意的是，MPI 中发送和接收的数据数量可以不等，发送数据数量可以大于等于接收数量，但是如果准备接收数据的数量大于发送数据数量会造成死锁。

datatype：要接收的 MPI_Datatype 数据类型。

tag：数据标签，需要与发送方的 tag 值相同的数据标签才能接收该数据。

comm：通信域。

status：MPI_Status 数据状态。接收函数返回时，将在这个参数指示的变量中存放实际接收数据的状态信息，包括数据的源进程标识、数据标签等。

（7）MPI_Bcast(buf, count, datatype, rank, comm)

该函数的作用是由进程 rank 向所有进程发送数据类型为 datatype、从 buf 开始的 count 个数据。

（8）MPI_Reduce(sendbuf, recvbuf, count, datatype, op, rank, comm)

该函数的作用是所有进程对从 sendbuf 开始的 count 个元素做 op 运算，并依次存放在进程 rank 上 recvbuf 开始的缓冲区。其中，op 运算如下：

种类	操作
MPI_MAX	最大值
MPI_MIN	最小值
MPI_SUM	求和
MPI_PROD	求积
MPI_LAND	逻辑与
MPI_BAND	按位与
MPI_LOR	逻辑或
MPI_BOR	按位或
MPI_LXOR	逻辑异或
MPI_BXOR	按位异或
MPI_MAXLOC	最大值且相应位置

| MPI_MINLOC | 最小值且相应位置 |

（9）MPI_Gather(sendbuf, sendcount, sendtype, recvbuf, recvcount, recvtype, rank, comm)

该函数的作用是进程 rank 向所有进程（包括自己）收集数据，每个进程从地址 sendbuf 开始向进程 rank 发送 sendcount 个数据。进程 rank 将接收的数据按进程号存放到从地址 recvbuf 开始的缓冲区，对应每个进程接收缓冲区的大小为 recvcount。

（10）MPI_Scatter(sendbuf, sendcount, sendtype, recvbuf, recvcount, recvtype, rank, comm)

该函数的作用是从进程 rank 上将数据散发给所有进程（包括自己）。sendbuf 和 recvbuf 分别是发送和接收地址。sendcount 是每个进程收到的数据个数，因此 sendbuf 至少需要 sendcount×numprocs 个数据，否则一些进程将收到一些随机数据。

（11）MPI_Barrier(comm)

该函数的作用是同步所有进程。该函数会阻塞通信域中所有调用了本函数的进程，直到所有的调用者都调用了它，进程中的调用才可以返回。

MPI 有很多功能强大的函数，初学者只要掌握上述函数就能进行 MPI 并行编程。这些函数的效率也很高，其中 5 和 6 是点对点通信，7~10 是组通信。注意，组通信函数是一个组的进程都需要执行的。

2. MPI 编程示例

下面用一个示例来展示 MPI 函数在多进程编程中的使用方法。

```
1.  #include <stdio.h>
2.  #include <string.h>
3.  #include "mpi.h"
4.  void main(int argc, char* argv[])
5.  {
6.      int numprocs, myid, source;
7.      MPI_Status status;
8.      char message[100];
9.      MPI_Init(&argc, &argv);
10.     MPI_Comm_rank(MPI_COMM_WORLD, &myid);
11.     MPI_Comm_size(MPI_COMM_WORLD, &numprocs);
12.     if (myid != 0) {   //非0号的其他进程发送数据
13.         strcpy(message, "Hello World!");
14.         MPI_Send(message, strlen(message) + 1, MPI_CHAR, 0, 99,
15.             MPI_COMM_WORLD);    //其中0代表发给0号进程
16.     }
17.     else {   // myid == 0, 即0号进程接收数据
18.         for (source = 1; source < numprocs; source++) {
19.             MPI_Recv(message, 100, MPI_CHAR, source, 99,
20.                 MPI_COMM_WORLD, &status);
21.             printf("接收到第%d号进程发送的消息: %s\n", source, message);
22.         }
23.     }
24.     MPI_Finalize();
25. } /* end main */
```

注意 Send/Recv 的用法，特别是必须做到"有发就要收"，小心死锁；收的次数不能

大于发的次数。在初学 MPI 编程时，Send 和 Recv 要一一对应，收发数据的长度要相同。图 6-7 显示的是启动 4 个进程时的程序运行过程示意图。可以看到，当开启 4 个进程时，1～3 号进程发送数据，0 号进程接收到数据并打印。需要指出的是，并行计算之美在于每次运行的状态不同。每个进程是独立运行的，但是有时需要进行进程间通信，进程的执行环境可能不同，即使在相同环境下，进程分配到的资源和执行情况也会不同，因此导致进程的执行速度会随机变化。这会给 MPI 程序的编写和调试带来困难，也与串行编程最大的不同。

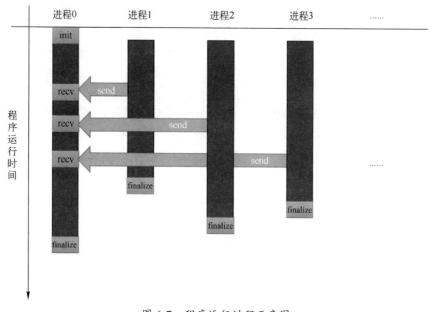

图 6-7　程序运行过程示意图

6.3　集群系统的设计和维护

6.3.1　集群系统的设计

集群系统的设计很重要，一台集群系统的生命周期一般在 5～10 年，其中基础设施建设、设备、软件、人员等的投入和系统的规模有关。在使用期间逐渐积累的经验、用户、数据等非常有价值，对当地的科研和企业非常重要。如果集群只是一次性的投资，则会在超过维保后因系统老化难以持续提供计算服务，也会因为硬件性能等下降减少对用户的吸引力。集群系统的关闭使基础设施和软件投入都浪费了，最关键的是长时间积累的用户和经验也会丢失。因此，集群系统的投入一般是个长期的过程，需要考虑系统的定期迭代更新和模块化。集群系统的更新施工可能长达数周，如果设计不好，期间需要停机，会严重影响用户计算，因此在系统设计时就考虑迭代更新和模块化设计可以最大限度避免这些问题。将整个系统分成相对独立的区块和模块，把电力、网络、空调等设计成互不影响、可以独立使用的，可以保证区块独立施工，不影响其他区块提供计算服务。

集群系统的设计有较高的技术门槛，包括集群计算系统的设计和机房设计。一般由客户提出需求，并考虑以后需求变化导致的系统扩展，然后和厂商或者集成商进行测算，得出集群系统的相关指标（如计算、网络和存储性能等）。根据性能，可以计算出机器的数量，并设计出整个计算系统。计算系统规模确定后，就可以进行机房的相关设计了。机房是集群稳定运行的基础和前提，必须由有相关资质的单位进行设计，并充分考虑相关参数的余量和对环境的影响。

1. 集群计算系统的设计

集群计算系统的设计主要涉及计算机、存储系统、网络三部分。

（1）计算机

集群系统由一个个独立的商用服务器节点组成，这些节点提供了强大的计算能力和对集群的管理等功能。一个集群一般包含计算节点、登录节点、管理节点、调度节点、I/O 节点等。大型集群中节点的分工更细、冗余量更大。这些节点负责不同的工作，需要进行服务器的选型和系统配置的确定。以下是设计时通常需要考虑的：

① 节点数量。其中，计算节点数量比较多，系统的配置既要考虑性能，还要考虑性价比等。例如，计算节点从性价比考虑一般选择双 CPU 节点，但是随着计算机的发展，一些四 CPU 服务器的性价比已经高于双 CPU。

② CPU 种类、核数和主频。目前可供选择的 CPU 类型有很多，如 Intel、AMD、ARM 等。选择 CPU 种类时，需要考虑性能、软件生态、价格、能效比、与原系统的兼容性等因素。在选择 CPU 时，还需要考虑主要的应用在哪一种 CPU 的主机上运行速度快。核数和主频也需要综合考虑：核数多的 CPU 价格相对贵，一般选择性价比高的 CPU；主频高的 CPU 价格也贵，但由于主频高，CPU 会在相当长的时间内不至于性能太差。目前 CPU 通过换代和增加核数来提高性能，但是主频维持在一定区间。从性价比角度考虑，不应选择主频太高的 CPU；但是从长远角度考虑，可以选择主频高一些的 CPU，特别是有些应用必须选择主频高的 CPU，这样运算速度快。如果系统设计以计算性能为指标，那么 CPU 核数和主频的选择也会影响节点的数量。

③ 加速部件。加速部件包括 GPU（或者用来加速智能计算的 TPU 等各种 PU）、FPGA 等。加速部件能够大幅拉高系统的峰值，但是通用性、利用率和性能发挥是需要综合考虑的。GPU 中目前应用最广泛的是 Nvidia 的产品，生态也较好。目前，国产的 GPU 也在发展，如曙光的 DCU。现在，有些服务器已经能支持 16 个甚至更多的 GPU，但是集成度高有个缺点：单节点功耗很大，对散热要求高，出故障概率高；另外，如果系统出问题，那么 16 个 GPU 都不能提供服务。对于小型系统，可以考虑 2U 机架式服务器配置 2~4 个 GPU。

④ 内存大小和访存速度。访存速度和内存大小对主机性能发挥影响很大。因此，内存不能太小。早期，内存参考 CPU 核数配置，如 2013 年自强 4000 集群设计采用的是 8 核 CPU，以每核 4GB 标准配置内存，每台机器 2 个 CPU，这样每台机器的内存是 64GB。现在，CPU 核数达到 64，甚至更高，通常结合 CPU 内存通道数配置内存。例如，2 个 CPU 共 12 通道，一般按 12×8=96GB 或者 12×16=192GB 配置内存，即每个内存通道上插一根 8GB 或者 16GB 内存，这样内存可以以最高频率运行，从而达到最高性能。

⑤ 刀片/机架式/高密度机型。刀片服务器具有自带的交换模块（用于数据交换网络及管理网络）和管理模块，高密度服务器具有管理模块以及简单的交换模块（用于管理网络及低

速数据交换网络），机架式服务器无管理模块及交换模块。机架式服务器具有高扩展性，有很高的普适性，但是散热及供电效率较低，一般价格相对刀片服务器便宜些。相同规模情况下，机架式服务器的线缆数量多，管理工作量大。高密度服务器具有一定的扩展性，可以适用于一些高性能计算及大数据计算的场景，具有较好的散热及供电效率。刀片服务器具有极高的散热及供电效率，适合大规模部署。刀片和高密度服务器的密度高，功耗也大，因为散热原因，一个 42U 的标准机柜一般并不会插满服务器。

⑥ 网卡。一般主板上除了支持 IPMI 的网卡，至少还有两块网卡。服务器可以根据需要配置更高速的网卡，如 100Gb/s 或者更高速的以太网卡，也可以配置 IB 等专用网卡。以太网卡通用性比较强，也推出了 100Gb/s、200Gb/s、400Gb/s 网络，但是同等情况下 IB 的延迟低、带宽大，IB 网卡、网线和交换机都贵一些。IB 的网线分光纤和铜缆两种，光纤比较细，容易集成，价格贵，支持的距离长；铜缆比较粗，支持的距离短，但是价格便宜。刀片服务器也可以根据需要配置相应的网络模块。

因此，要综合考虑计算部件选型（CPU，GPU 等型号）、主板选择（一定要支持 IPMI 远程管理）、网卡数量和种类（除以太网网卡外，是否使用高速网络专用卡和光纤网络卡）、节点的本地存储大小（理论上，包括存储节点的本地存储仅需满足操作系统的需要即可，如果经费充足，可以配两块，做 RAID，这样可以减少宕机的时间）、电源（满足单节点最大功耗）、散热（若散热方式为液冷，需要注意防漏液等安全性问题）。

确定计算节点配置后，根据计算能力要求确定计算节点、管理节点数量。集群系统中的功能性节点，如登录节点、管理节点、I/O 节点等，配置的数量一般大于等于 2，以提高集群系统的健壮性，避免因单点失效导致系统崩溃。当然，设计集群系统还要根据经费情况统筹考虑计算机、存储、网络等，尽量做到满足应用需要，没有瓶颈。

（2）存储系统

存储系统的设计也是集群系统设计中很重要的一环，需要事先考查应用的特点，估算集群运行可能的带宽、延迟、存储容量等，并考虑以后的扩展，对参数进行一定的放大后根据经费情况进行存储设备选型。大型集群或者经费充足，可以采用商用文件系统（或者厂商提供的文件系统）和专用存储阵列。专用存储阵列的配置包括存储机头选型（厂商），并根据 RAID 级别和需求的存储大小确定磁盘数量和机头数量；机头数一般大于等于 2，具体的数量根据需求确定。如果集群不大、经费不足，可以选用系统自带的 NFS 作为文件系统，用通用服务器作为存储设备。如果对性能有一定要求但经费不足，可以选用并行文件系统（开源的 Lasture 或者商用的 GPFS）和几台配置大量磁盘的通用服务器构建存储系统。

（3）网络

集群一般有三套网络：计算网络、管理网络、IPMI 网络。管理网络和 IPMI 网络一般采用以太网，服务器主板上都集成了千兆甚至更高速的以太网。计算网络对集群的计算性能影响比较大，因此需要针对应用确定使用性价比高的以太网还是昂贵的高速专用网络。高速专用网络能通过轻量级的通信协议和网络拓扑结构提供更高的带宽和更低的延迟，并能支持数量庞大的计算节点。网络选型后，需要确定交换机、网卡及网线的型号和数量，根据网络拓扑设计网络的连接方式。此外，还需要根据用户访问量进行防火墙和路由器的选型。

2. 机房设计

很多人不重视机房的设计，但是机房是集群最重要的基础设施，机房设计不好，轻则可能造成系统不稳定，重则可能导致重大事故。集群机房设计需要考虑的事情很琐碎，包括机房选址、电力系统、空调、机柜、机房布局设计、承重、机房监控、消防、防尘等。

机房选址很重要，需要考虑以下几点：

① 该处是否能提供足够的电，沿路配电站是否能满足需求，能否提供双路供电，现有机房供电是否充足，是否需要重新为机房拉设新电缆。集群耗电量比较大，一般都需要重新规划输入电路。而对于超大规模的集群，机房选址更要慎重，甚至要考虑配置变电站。超大规模的集群用电成本非常高，所以需要考虑当地的环境温度。例如，一些公司将数据中心放在寒冷或者电力资源丰富且廉价的地方，目的就是减少系统运营费用中的电费。还需要考虑是否对当地环境造成影响，例如噪声等。机房大小必须满足集群及其一定规模扩展的空间需求。机房内承重要符合要求。机房外要有足够的空间安放空调外机等设备。从承重和空调外机安置角度考虑，机房一般适合位于建筑物的底层（甚至地下室）或者顶层。如果机房靠近海边，还需要考虑盐分等对机器的腐蚀。

② 电力系统设计需要考虑机房电源、UPS、强弱电路、防静电等。机房电源包括输入市电和变电设施等，除了要满足集群设备的需要，还要满足空调等设备的需要。设计电源和电路的时候，要注意使各个区或者功能模块独立且留有扩展余地，由不同的空气开关隔开，能独立供电和独立调试，不要耦合在一起，这样便于维护、调试和扩展。例如，UPS 调试时不能影响空调供电。由于供电不稳定导致集群重启的代价很大，因此集群设计首要要保证电源稳定。

③ UPS 具有清洁电源和断电时自动切换电路、通过电池保证一定时间供电的功能，可以避免因意外断电导致的集群关机，并为管理员争取到保存数据、关闭集群系统的时间。需要计算被保障的设备总功耗和保障时间，确定 UPS 需要达到的功率和配置的电池数量。随着集群技术的发展，集群规模不断扩大。为了节省经费和空间，有些集群在设计 UPS 的功率和电池容量时都只考虑关键节点：登录节点、管理节点、存储节点、网络、防火墙等。UPS 的功耗、电池供电时间是分别决定 UPS 主机和电池价格的重要指标。注意，配置的 UPS 功率要足够大，容量要适当，具有断电报警、自动关闭集群等功能。UPS 产品有不同类型，其中，机柜式可扩展模块化 UPS 产品便于维护和扩充，但是价格比非模块化的贵。另外，UPS 的电池有使用寿命，管理不善可能导致电池漏液，甚至引起火灾。为确保安全，UPS 要放在通风的单间中，防止电池漏液等故障危及集群系统；也需要监控 UPS 的环境指标，如温度等。

④ 强弱电放在一起会有干扰，必须用配线架分开。而且，强弱电线路数量很多，分好几个种类，需要仔细设计室内的配线架大小、走向、间距和如何进入机柜。机柜内的 PDU 数量，插座型号，哪些 PDU 由 UPS 供电、哪些直接由市电供电，交换机的数量和安放位置等都需要详细设计和计算，而这和前期的集群计算系统设计相关。每个机柜的供电功率是有限制的，这会影响计算机等设备在机柜中如何安放，而且还要考虑三项电的平衡供电。在机房和机柜中如何走线，哪些机柜需要电池供电，设计多少 PDU 插座，插座是什么标准的，都需要根据集群的参数进行详细设计。整个机房要注意防静电处理。

⑤ 设计机房空调时，需要考虑机房内所有设备的发热、机房面积、机房维护人员及其使用的设备的发热，推算一个足够大的制冷功率，而且要留有足够的余量。进行空调选型时，首先要确定采用风冷、水冷还是液冷。风冷最便宜，安装简单。水冷的制冷功率更大、更省电，但是需要安装水塔；如果长时间停水需要关机，冬季需要注意防冻。液冷使用的制冷媒介是有特殊功能的专用液体，例如，曙光的液冷可以将主板整个浸没在液体中，做到板级制

冷，制冷液受热后相变成气体后带走热量，整个循环系统不需要电动机等设备产生压力，这样的空调系统很稳定，能使机器很稳定地工作。但是液冷价格比较贵。选型还要确定采用行级、机柜级还是板级制冷。板级制冷由于制冷直接作用在机器主板上，因此效率最高，但是价格比较贵。从目前发展趋势来看，不少系统采用了水冷，甚至有些系统使用了板级的水冷。大系统一般需要两套独立系统或者关键部分进行冗余设计，防止系统单点失效带来的影响，也便于空调维护，这样维护期间集群系统不用停机。现在，集群系统的空调都是机柜式的，空调柜和机柜集成在一起。例如，有的集群机柜排列成冷/热池。

⑥ 机房布局设计需要根据前期设计参数和机房大小进行机柜、空调柜、列头柜（用于配电管理式布线传输的机柜，一般位于机柜一头）等的布局，还需要考虑配线架、参观通道和维修通道的布局。有些集群还进行了展示功能设计，通过大屏或者投影展示集群相关参数、运行状态等。

⑦ 主机柜、空调柜、UPS柜、电池柜等机柜都非常重。在承重设计中，需要计算这些部件的重量，然后对比建筑物的承重指标。机房如果在楼上，则需要考虑楼板承重，往往需要用钢槽加固，钢槽需要架设在大楼横梁上。

⑧ 灰尘对于集群系统危害重大，设计和使用机房时需要考虑这一点。机房需要密闭、隔热，减少人员出入，安放净化设备。这是一种减少机房内灰尘的有效策略，能延长集群寿命、降低故障率。

⑨ 在机房监控方面，需要配置环控设备来监测机房温度，防止因空调失效导致的高温损坏集群系统；通过监控系统控制相关设备来调节湿度、温度等，减少机器的损耗；需要安装视频监控，在系统报警时通过网络为管理员提供第一手现场资料。

⑩ 由于机房内有大量电器设备，因此需要使用气体消防系统。气体消防系统的安装和使用必须按照国家规定进行，否则容易造成事故。此外，气瓶内存储的气体有保质期，需要及时更换。

6.3.2 集群系统的维护

集群系统的维护很重要，是集群提供持续计算服务的基本保障。在设计和建设集群的时候就需要考虑维护的问题，例如，招标时要求提供5年或者7年的上门维保，超大型集群可以要求配备一定时期的现场工程师。为了便于维护，集群一般使用同一个厂商的产品或者由集成商提供后续的维保服务。集群的维护工作包括对集群运行环境的维护和对集群计算系统的软硬件维护。

1. 系统支撑软硬件的日常维护

系统支撑软硬件主要包括节点机、存储系统、网络设备、集群管理软件及数据库等基础软硬件设施。

（1）节点机的维护

节点机是指计算节点、管理节点、I/O节点等集群内部所有的服务器。具体维护内容包括：
① 节点机硬件状态检查、硬件安装与调整。
② 节点机系统镜像备份、批量镜像还原，批量软件安装、更新和卸载。
③ 节点机设备日志记录及操作系统维护。要求对节点机的各种日志文件进行记录、保存，

以备维护、维修人员查询。对节点机的操作系统中的进程与服务进行检查，清理僵尸进程；对本地磁盘剩余空间进行检查，为系统运行留足空间；发现和修补系统漏洞；清理垃圾文件等。

④ 节点机性能监控。要求对各个节点机的 CPU 使用率、内存使用率、磁盘读写时间、网络使用带宽、GPU 等加速卡使用率及其板载存储使用情况进行监控，并记录在集群管理数据库中。

⑤ 记录与报告。对包括但不局限于以上内容的维护操作按规章制度进行记录与报告。

（2）存储系统的维护

存储系统主要包括并行文件系统、磁盘阵列等。具体维护内容包括：

① 并行文件系统配置与管理。

② RAID 状态检查。

③ 专用存储交换机日常状态检查、维护。

④ 存储设备日志记录。

⑤ 磁盘阵列维护。要求在新磁盘加入磁盘阵列和损坏磁盘退出磁盘阵列后，重建 RAID 等。

⑥ 记录与报告。对包括但不局限于以上内容的维护操作按规章制度进行记录与报告。

（3）网络设备的维护

网络设备维护的目标是：通过网络、安全系统管理服务，降低网络设备故障率，提高网络设备的运行性能，为集群提供稳定可靠的内部网络和安全的对外端口。具体维护内容如下：

① 网络故障排查。

② 网络设备硬件状态检查。

③ 网络流量监测。

④ 安全策略配置及配置优化。

⑤ 网络设备配置管理。

⑥ 网络使用状况趋势分析及建议。

⑦ 记录与报告。对包括但不局限于以上内容的维护操作按规章制度进行记录与报告。

（4）集群管理软件及其数据库的维护

集群管理软件包括集群管理的软件、脚本以及保存各种日志数据的数据库，其维护内容主要包括：

① 软件的配置与更新。

② 集群用户账户的管理与同步。

③ 日志数据的收集与入库。

④ 数据库表单更新。

⑤ 数据库备份检查。

2. 应用系统的日常维护

通过对应用系统的维护，分析用户不断更新的需求，分析应用系统对服务平台性能的要求，提出系统优化或者扩容解决方案，保障应用系统的处理服务性能。主要维护内容包括：

① 对集群的软件进行定期的更新、维护，对防病毒软件的防护状态与更新情况进行每天检查。

② 业务数据维护和备份。

③ 业务系统日常维护。

④ 对业务管理系统健康状态进行检查与分析。

⑤ 对系统用户信息进行维护和修改，添加系统用户，更改系统用户信息、权限，调整系统的管理人员、操作人员、监督人员以及同步数据。

3. 机房环境的日常维护

机房环境的日常维护主要包括对电源和线路、空调、UPS 等的维护。主要维护内容包括：

① 电源和线路的日常检查和维护。保证电源稳定，检查电箱温度等参数，检查线路和开关是否正常。例如，是否有异味和线路焦黑等情况。

② 保障机房温度和湿度在正常的区间。使温度和湿度稳定在适合服务器运行的水平。湿度太低对降温不利，也容易产生静电，导致机器损坏。需要注意的是，环境温度的急剧变化对系统的稳定运行影响很大，环境温度的不均衡也会影响系统的速度和稳定性。随着服务器质量的提升和对能耗的重视，一些厂商推出了能在较高温度环境下正常工作的服务器，这对于节省能耗和增加系统的健壮性有帮助。

③ 空调的日常检查和维护。检查空调参数是否正常、是否制冷、冷/热池温度是否正常等。

④ UPS 的日常检查和维护。检查 UPS 的参数是否正常、温度是否过高、电池是否变形和漏液、是否有刺激性气体泄漏等。

⑤ 保持机房相对封闭，以减少灰尘对于机器的影响。检查是否有鼠害等异常情况。

⑥ 在注意防尘的同时，也要适当对机房进行换气，防止有害气体聚集。例如，UPS、电池可能挥发有害气体。

6.4 集群系统的性能测试

6.4.1 性能评价和测量

用户总希望能以最小的代价最有效地利用系统的一切资源，使之具有尽可能高的信息处理能力，以满足需要。因此，用户总是不断地追求计算机系统的性能价格比，迫切需要了解单台计算机或者整个计算机系统（例如集群系统）的性能评价结果。设计人员也要不断地提高计算机系统的性能价格比，不断地对计算机系统的性能进行评价和测量。计算机性能评价是指采用测量、模拟、分析等方法和工具对计算机系统性能进行量化分析，计算机性能测量是指采用基准测试程序包来度量计算机系统的性能。

1. 性能评价的指标

长期以来，衡量计算机系统性能的主要指标是计算机速度。随着计算机系统结构的发展和复杂化，仅用计算机速度来反映计算机系统性能已经不合适了。只有对计算机系统的硬件、软件等各个方面进行更为准确的评价，才能全面反映计算机系统的性能。但是，计算机速度仍然是衡量计算机系统性能最直接和最主要的指标之一。

在计算机系统中，CPU 的主频往往决定了机器周期的长短，从某种意义上说，它能反映计算机的速度。CPU 的主频可以是 1.6GHz，2.0GHz，3.0GHz 等，如果其他配置相同，主频越高的计算机运行的速度就越快。但是如果计算机的配置不同，CPU 的主频就不一定能反映出计算机的真正运行速度了。因此，开始用指令运行速度来表示计算机的速度。由于指令种类很多、执行时间不一样，在程序中各类指令的使用频度也存在很大的差异，因此出现了好多种评价的方法。

① 计量单位常用的有每秒运算百万次的定点整数指令 MIPS（Million Instruction Per Second）和每秒运算百万次的浮点指令 MFLOPS（Million FLOating-point instruction Per Second）。随着计算机性能的提高，上述计量单位也在增加，现在常用的有 G，T，P。

② 早期采用加法指令的运算速度来衡量计算机的速度，因为那时指令系统的指令种类少且大致运算速度差距不大，加法指令又是指令系统中使用频度很高的指令，有一定的代表性。

③ 随着指令系统的发展，仅用加法指令的运算速度已不能很好地反映计算机速度了，这时出现了"等效指令速度法"。它是通过取各类指令在程序中的比例（ω_i）进行折算来获得的。若每类指令的执行时间为 t_i，则等效指令的执行时间 T 为：

$$T=\Sigma \omega_i t_i$$

机器的等效指令速度 V 为：

$$V=1/T$$

④ 等效指令速度法的比例（ω_i）因选取的程序应用场合不同、程序本身性质不同会有很大差别。同时，它忽视了软件、外部设备等其他方面，不能全面反映计算机的速度。现在性能评测多采用所谓的"基准测试程序法"标准，如 SPEC Mark 和 Linpack 等，选用最频繁使用的核心程序段（包括编译、I/O 操作等的典型程序段），甚至人为地编制能涉及各方面操作的考核程序，将它们混合起来作为评价计算机速度的指标。

尽管这样，要令人满意地、直观地、完全确切地反映真实的计算机速度还是有一定难度的。

2. 性能的描述

计算机系统的性能主要反映了一个系统的使用价值，即性能价格比。广泛的性能含义包括系统处理能力、响应速度、工作效率、可靠性、可使用性、可维护性等。这些性能既有可定量的指标，也有不可定量的指标；既有可客观测定的，也有很大程度上取决于评价者主观性的，而且，与系统的应用环境、工作负载、求解问题规模的大小密切相关；当然，系统的价格也是绝不能忽视的重要因素。所以，在讨论计算机系统的性能时不能脱离实际条件。

3. 性能评价的对象

性能评价的对象是整个计算机系统，但计算机系统包括硬件、软件等复杂的系统，又与工作环境、工作方式、应用对象等有密切的关联，所以要明确地划清计算机系统的环境（边界环境），其中最主要的是工作负载。所谓工作负载，就是加到系统上的服务需求量，它可以是一个作业对 CPU 工作时间、存储空间、I/O 工作以及软件资源的需求量等。工作负载模型可以是自然负载模型，也可以是研究者建立的负载模型。精确建立的负载模型可以节约评价时间和开销。实际上，进行性能评价最困难的工作是选定有代表性的工作负载模型。

4. 性能评价的手段

在选定工作负载后，就要利用评价手段收集有关系统性能的数据了，这需要用评价技术来实现，现在主要有测量技术（有实际系统存在并可从系统直接测得数据）和模型技术（只能从模型测得数据）。

性能测量的主要任务是测量内容的确定、测量工具的选择、测量实验的设计、测量结果的解释和结果的可视化表示。

模型技术可以分为模拟模型和数学分析模型。由于模型技术有某种假设条件，因此从模型上获得的数据可信度取决于模型的精确度，而且有待到真实系统上去验证。模型技术的主要任务是形式化描述模型、实现模型、设计模拟实验、正确性校验、执行实验并测得和分析数据。在分析中最常用的是排队模型。

5. 性能的评价

究竟怎样的系统结构是最好的？一般来说，系统结构的执行速度是用户最关心的，因此产生了很多针对不同目的的基准测试程序（Benchmark），用来测量计算机实际运行时的最高性能。厂商也通过对基准测试程序的软件优化来充分发挥其硬件计算性能，达到展示系统性能的目的。为此，很多厂商针对自己的产品优化推出了很多软件，例如 Intel 的 icc 编译器和数学核心函数库（Math Kernel Library，MKL），这些软件针对每个不同的 CPU 版本都有性能优化的同步版本，大大提高了用户编程效率和计算效率，对推广厂商的产品和增强用户黏度起到了积极作用。但是，性能不应只以标准程序执行速度来度量，而应该用实际解题效率来度量。标准程序执行速度容易度量且可量化，方便形成标准；实际解题效率很难形成统一标准，也不方便度量，因此标准程序执行速度被广泛地使用。在进行专业性讨论时，用实际解题效率往往更能说明问题。例如，国际标准的 Linpack 基准程序成为集群性能测试的公认标准，但是该程序主要测试的是内存充足情况下 CPU 和网络的性能，而当一个用 Linpack 测试性能很高的集群系统运行某个对 I/O 性能要求比较高的应用程序时，系统性能会很差。机器学习得到广泛应用后，用 Linpack 来测试也不适合。机器学习计算时往往对计算精度要求不高，在计算时会通过降低精度来提高计算部件内部的指令计算并行度，进而大幅提高计算速度。因此，性能评价是随着需求和软硬件的变化而发展变化的，一个能满足所有需求的性能评价方法是不存在的。

6.4.2 Linpack 测试

Linpack 全称为 Linear Equations Package，是一种较为常用的计算机系统性能测试线性方程程序包，其中包括求解稠密矩阵运算、带状的线性方程、求解最小平方问题以及其他各种矩阵运算。它最早由来自 Tennessee 大学的超级计算专家 Jack Dongarra 提出，程序用 FORTRAN 编写，在此基础上还有 C 和 Java 等版本。Linpack 使用线性代数方程组，利用高斯消去法在分布式内存计算机上按双精度（64 位）算法测量求解稠密线性方程组所需的时间。Linpack 的结果以每秒浮点运算次数（flops）表示。第一个 Linpack 测试报告出现在 1979 年的 Linpack 用户手册上。最初，Linpack 包并不是要制定一个测试计算机性能的统一标准，而是提供了一些很常用的计算方法的实现程序。集群系统应用于高性能计算时，用户也需要进行性能测试。高性能计算中存在大量的矩阵求解问题，因此这一程序包被广泛使用。这就为通过运行 Linpack 程序来比较不同计算机的性能提供了可能，从而发展出一套完整的 Linpack

测试标准。通过对高性能计算机采用高斯消去法求解稠密线性代数方程组，评价高性能计算机的浮点性能。

Linpack 最初版本的问题规模为 100×100 的矩阵。在该测试中，不允许对 Linpack 测试程序进行任何修改，哪怕是注释行也不行，所有的优化工作只能在编译器里完成。在随后的版本中，问题规模增加到 1000×1000 的矩阵。在该测试中，要求有所放宽，允许对算法和软件进行修改或替换，并尽量利用系统的硬件特点，以达到尽可能高的性能，因此该测试也叫"面向峰值性能的测试"。但是，所有的优化都必须保持和标准算法如高斯消去法相同的相对精度，而且必须使用 Linpack 的主程序进行调用。

HPL（High Performance Linpack，高性能 Linpack）是针对现代并行计算机提出的测试方式，用户在不修改任何测试程序的基础上，可以通过调节问题规模大小 N（矩阵大小）、进程数等测试参数，使用各种优化方法来执行该测试程序，以获取最佳的性能。HPL 测试结果是 TOP 500 排名的重要依据。HPL 软件包需要在配备 MPI 环境的系统中运行，还需要底层的线性代数子程序包 BLAS 的支持。HPL 软件包不仅提供了完整的 Linpack 测试程序，还进行了全面细致的计时工作，最后可以得到求解的精确性和计算所花费的总时间。HPL 在系统上所能达到的最佳性能值是和很多因素有关的。

6.5 高性能集群计算机系统实例

上海大学 2000 年自主研制的第一代集群式高性能计算机系统"自强 2000"（如图 6-8 所示）共有 218 个 CPU，峰值速度达到每秒 4500 亿次，是当时国内民口单位研制的峰值速度最快的高性能超级计算机系统。该系统具有里程碑意义，之后国内对于集群系统的研制和建设规模大幅增加。该系统公布后，美国对于出口中国的高性能计算系统的限制大幅放宽。该系统使用自己组装的双 CPU PC 机，有两套网络——一套 100Mb/s 以太网，将所有节点互连起来，另一套 2Mb/s Myrinet 网络，将 16 个胖节点互连起来。

图 6-8 "自强 2000"集群式高性能计算机系统

2004 年，上海大学与 HP 合作研制建设完成的第二代集群式高性能计算机系统"自强 3000"

（如图 6-9 所示）共有 192 个节点机、384 个单核 CPU，使用了 1U 和 2U 的机架式服务器。在世界 TOP 500 中排名第 126 位，在国内高校中名列第 2 位。该系统使用高速 IB 网络作为计算网络，配置了当时最大的 288 口 IB 交换机，并采用了冷热区域隔离的制冷方式。

图 6-9 "自强 3000"集群式高性能计算机系统

2013 年建成的第三代集群式高性能计算机系统"自强 4000"（如图 6-10 所示）共有 162 个节点机，使用了刀片服务器、2480 个计算核。

图 6-10 "自强 4000"集群式高性能计算机系统

其主要包括：5 个登录/管理节点；140 个计算节点，内存按每核 4GB 进行配置；2 个胖节点；11 个 GPU 节点；4 个 I/O 节点；1 套存储系统；1 套 InfiniBand 计算网络；2 套以太网管理网络等。

系统总运算峰值约 70 万亿次/秒（70Tflops），其中 CPU 双精度浮点运算峰值为 57152Gflops，GPU 双精度浮点运算峰值为 14410Gflops，系统总体 Linpack 效率约为 85%。

6.6 网格

6.6.1 网格概述

网格（Grid）技术是 20 世纪 90 年代中期随着计算机网络技术和分布式计算技术的不断发展而诞生的一种全新技术。它以高速网络为依托，借助一套完善的网格中间件的支持，将分布于网络上的各种资源加以整合，为使用者提供一套完善、使用方便的支持环境。在此基础上，网格使用者可以方便地对网格中的各种资源加以动态的有效利用，解决各个不同领域中的科学、工程、商业等问题。在科学与工程领域，以网格中间件的支持为基础，研究者可以建立各种"虚拟组织"，打破行业、机构、地域的限制，开展大规模的合作研究。与传统的研究模式相比，基于网格系统进行合作研究具有组织结构灵活、信息传送迅速、研究协作高效、不受地理位置限制等优势，能够有效地促进研究合作，提高研究水平，方便研究成果共享，避免重复研究，提高研究资金使用效率等。除了面向科学与工程领域的应用，网格系统还在商业、信息服务等领域得到重视。

自从网格技术出现以后，网格相关的各种研究在全世界范围内得到了广泛的重视。美国、欧盟、日本等纷纷斥巨资支持对网格相关技术的研究，大规模的网格相关研究项目已经有上百个，其中比较有影响力的有 Globus Project，NPACI，NCSA，NASA IPG，Global Information Grid，e-Science，Data Grid，Tera Grid 等。网格技术已经成为对国家科技进步、国民经济发展、综合国力提高和国家安全具有重要意义的关键技术。在这种形势下，我国也认识到了网格的巨大作用。863 高科技计划启动了网格专项研究，在网格节点建设、网格应用等方面开展研究。同时，国家自然科学基金等国家、社会基金也开始对网格的相关研究加以支持，教育部启动了"中国教育科技网格"（China Grid），中科院计算所启动了"织女星网格"（Vega Grid），上海市教委启动了"上海高校网格"（Shanghai Grid）等。

6.6.2 网格技术简介

网格技术是一种通过高速网络来统一管理各类不同物理位置的资源（超级计算机、大型数据库、存储设备、各种仪器设备、知识库等）并运用系统软件、工具和应用环境使其成为互相协调的先进计算设施的技术。

1．网格体系结构研究

网格体系结构研究是研究网格技术和构建网格系统的关键。网格体系结构由三部分构成：网格分层、各层所提供的网格服务和为了提供这些网格服务所必须遵循的网格协议，如开放网格服务体系结构（Open Grid Service Architecture，OGSA）。

2．网格资源访问规范

网格系统是建立在各种各样不同类型、不同平台、不同用途的资源基础之上的，这些资源需要以不同的手段、遵循不同的协议来访问。作为网格系统的基础，通用网格资源访问接口的作用就是为这些不同类型、不同平台、不同用途的网格资源提供一套统一的访问接口，通过此接口，各种资源对网格系统呈现一个统一的标准协议，从而为进一步整合网格系统中的资源提供基础。

3. 网格资源索引机制

网格资源索引系统为网格的用户提供资源索引服务，是网格能够作为一个整体加以运行的关键，资源的分类与描述是资源索引的基础。网格资源分类法是以资源的语义特性为基础的，它需要维护一个标准的、可扩展的语义特性树，进而定义网格资源分类法则完成网格资源的索引。

4. 网格数据管理规范

数据服务是网格系统的一个主要功能。在网格系统中存在大量的数据服务，为了把这些服务更好地提供给网格用户，网格系统需要提供可靠的、高效的数据管理机制，包括数据复制、数据缓冲、数据一致性、数据存储管理等各种功能。通过这些功能，网格系统在网格用户和网格资源之间提供一个可靠、高效的数据通道。

5. 网格服务质量

网格系统的运行过程实质上就是各种服务被不断使用的过程。描述网格服务质量就是对一个资源进行评价与计量，包括资源的质量如何、资源的数量如何体现等。在通用网格中，由于资源类型的不确定性，建立一套完整的、适合一切类型资源的通用网格资源评价与计量体系是很困难的。

6. 网格安全与网格用户管理机制

网格安全包括数据存储和传输的安全、资源访问的安全、各种应用和相关数据的安全、用户信息的安全等。针对网格系统中对安全造成威胁的因素加以分析并研究相应的防范手段，最终为网格系统提供一套具有运行稳定、使用灵活、单点登录等优良特性的网格安全服务解决方案。网格用户管理技术要实现网格用户的认证与授权等功能。

7. 网格应用支持工具与开发环境

网格应用支持工具与开发环境为网格系统的用户提供一套能够比较简单、有效地使用网格系统的各种资源来完成应用开发的工具与编程环境，包括事务处理服务、故障处理服务、MPI编程接口等。

8. 应用网格中的理论、模型、方法和算法研究

以网格的方式来解决应用系统的问题，必须解决应用过程中需要面对的各种理论、模型、方法和算法问题，必须研究在网格条件下用于解决资源优化和安全保证等问题的各种理论和模型，并在此基础上研究新的方法和算法，如非线性优化算法、超大型线性规划算法、大型系统模型的分解算法等，这些方法和算法将能够更好地利用网格的特征、发挥网格的优势，解决传统方法不能或难以解决的问题。

网格技术有很多先进的理念，但是由于需要协调不同单位，管理不同归属的设备、软件和数据，合理定价和支付，并且要保证网格的服务质量，因此很难大规模推广和应用。不过，该技术在同一个单位内部容易实现和应用。

6.7 云计算

云计算（Cloud Computing）是一种计算模式，还是一种商业模式，在学术界和业界存在不同的意见，因此对于云计算的定义也有很多版本。但是云计算已经到来，并正在不断地改变大家的生活。"云计算"成为计算机技术发展中最响亮的名词之一已经是不争的事实。

在各种计算机技术架构图中常用一个云团来表示互联网，所以云计算可以理解为一种基于互联网的计算模式。显然，云计算谈不上是一种完全崭新的计算机技术。使用"服务"来包装，使云计算易于应用和推广，并由此发展成极为吸引人的商业模式。云计算就是一种来自网络的资源，使用者可以随时按需申请并获取"云"上的资源，并且可以按需扩展，只要按使用量付费即可。"云"就像自来水厂一样：我们可以随时取用，并且不限量，按照自己家的用水量付费给自来水厂就可以了。

6.7.1 云计算概述

1. 云计算的定义

云计算虽然获得了广泛的应用，但是要确切定义云计算是很困难的。下面是云计算的一些定义。

① 百度百科：云计算是分布式处理（Distributed Computing）、并行处理（Parallel Computing）和网格计算（Grid Computing）的发展，或者说是这些计算机科学概念的商业实现。云计算的基本原理是将计算分布在大量的分布式计算机上，而非本地计算机或远程服务器中，企业数据中心的运行将更与互联网相似，这使得企业能够将资源切换到需要的应用上，根据需求访问计算机和存储系统。

② 维基（Wikipedia）百科：云计算是分布式计算技术的一种，其最基本的概念是通过网络将庞大的计算处理程序自动分拆成无数个较小的子程序，再交由多台服务器所组成的庞大系统经搜寻、计算分析之后将处理结果回传给用户。

③ 伯克利（Berkeley）白皮书：云计算包含互联网上的应用服务及在数据中心提供这些服务的软/硬件设施。互联网上的应用服务一直被称为软件服务（Software as a Service，SaaS），所以我们使用这个术语。而数据中心的软/硬件设施就是云。当云以即用即付的方式提供给公众时，称其为"公共云"，这里出售的是效用计算（Utility Computing）。当前典型的效用计算有 Amazon 的 Amazon Web Services、Google 的 Google AppEngine 和 Microsoft 的 Azure 等。不开放的企业或组织内部数据中心的资源称为"私有云"。因此，云计算就是 SaaS 和效用计算，但通常不包括私有云。

④ 中国云计算专家委员会：云计算是一种基于互联网的计算方式，通过这种方式，共享的软硬件资源和信息可以按需提供计算机和其他设备。

⑤ 美国国家标准与技术研究院（NIST）：云计算是一种按使用量付费的模式，这种模式提供可用的、便捷的、按需的网络访问，进入可配置的计算资源共享池（资源包括网络、服务器、存储、应用软件、服务等），这些资源能够被快速提供，只需投入很少的管理工作或与服务提供商进行很少的交互。

⑥ 网上常见的说法：云计算是一种资源交付和使用模式，指通过网络获得应用所需的

资源（硬件、软件、平台）。云计算将计算从客户终端集中到"云端"，作为应用通过互联网提供给用户，计算通过分布式计算等技术由多台计算机共同完成。用户只关心应用的功能，而不关心应用的实现方式，应用的实现和维护由其提供商完成，用户根据自己的需要选择相应的应用。云计算不是一个工具、平台或者架构，而是一种计算的方式。

在长期的发展过程中，云计算的内涵和外延不断发展。对于到底什么是云计算，不同时期、不同领域的人都有不同的理解，因此对云计算的定义有多种说法。云计算是网络技术、分布式及并行计算、虚拟化等技术和信息产业蓬勃发展背景下的产物，也是时代的产物。在云计算发展的不同阶段，云计算的核心服务和服务方式也在不停地发展变化。云计算最初应用在大规模并行检索和计算中，其中的代表是 Google 公司的 Hadoop 及后来的 Spark，主要是针对大规模的数据并行计算提供高效、廉价的计算框架，而该技术在近几年的智能计算中又被大量应用。随着虚拟化技术的发展，分布式计算资源可以统一进行管理、按需隔离和分配，然后将计算、存储、网络等资源以租用服务的方式提供给用户，大大提高了计算机的使用效率；同时，用户也摆脱了硬件构建、软件安装和配置等烦琐工作，可以更高效地专注于自己的工作领域。这使得云计算不单单应用在大企业中，也被广泛应用于中小企业甚至个人。各种云服务的推出，大大降低了使用门槛，例如 Openstack 可以为私有云和公有云提供云计算服务，这使得用户不用拥有和管理大量软硬件，从而大大节省资金和提高工作效率。因此，针对云计算有一个有趣的比喻：当需要的时候，扭开水龙头，水就来了，用户只需要交水费，而不用建设和管理水厂！原来的虚拟机技术虽然提高了系统利用率和管理效率，但是虚拟机技术本身带来了额外的性能损耗，在虚拟机的发展演变过程中也不断着提高虚拟指令的执行速度。需要指出的是，这些损耗是这种技术不可避免的。而随着技术的迭代更新，虚拟化技术，特别是容器的发展，通过运用隔离实现的原生化虚拟技术使虚拟化的效率几乎等于不使用虚拟化技术的效率，因此上述这两种不同的云计算技术有融合的趋势，甚至有些云平台提供高性能计算的服务。

在云计算模式中，用户所需的应用程序并不运行在用户的个人计算机、手机等终端设备上，而是运行在互联网上大规模的服务器集群中；用户所处理的数据也并不存储在本地，而是保存在互联网上的数据中心里。提供云计算服务的企业负责管理和维护这些数据中心的正常运转，保证足够强的计算能力和足够大的存储空间供用户使用，而用户只需要在任何时间、任何地点，用任何可以连接至互联网的终端设备访问这些计算或者存储服务即可。

云计算得到广泛应用，与传统的网络应用模式相比，具有如下特点。

（1）超大规模及廉价性

云计算在国内外有相当的规模，例如阿里、百度、腾讯、360、Google、Amazon、IBM、微软、Yahoo 等的"云"均拥有数以万计的服务器，而且在不断更新和扩展。一些企业私有云也拥有数百甚至上千台服务器。由于云计算的特殊容错措施，可以采用极其廉价的节点来构成云，企业通过大量采购和定制化大大降低了硬件成本；通过智能化、自动化管理和部署降低管理成本；高效的管理策略也进一步降低管理和维护开销，例如大量节点机逐年阶梯式地定时迭代更换；通过对虚拟化资源进行高效的调度和管理获得极高的租用收益，例如分配给用户的虚拟资源远大于系统实际资源的"超分"。这些都大大地提高了系统的利用率，降低了用户的使用成本，使云计算具有廉价性。而廉价也是云供应商主要的竞争力之一。厂商通常通过选择地价低廉地区降低建设成本，通过选择低电价和寒冷地区降低用电成本，通过各种软件技术提高系统利用率和减少能耗，通过高效管理方法降低管理和维护成本，这些都使云计算更廉价。对用户来说,"云"的自动化集中式管理使大量用户企业无须负担日益高昂的数据中心的建设、管理和烦琐的软件安装等成本,"云"的通用性使资源的利用率较传统系统大幅提升,因此用户可以充分享受"云"的低成本优势,经常只要花费几百元、几天时间就能完成以前需要数万元、数月时间才能完成的任务。

(2) 虚拟化

云计算将计算、存储、网络等资源进行虚拟化和池化共享,可以根据策略进行分配和调度,对不同用户间的服务进行隔离,使其不会相互影响,并支持用户在任意位置、使用各种终端获取应用服务。所请求的资源来自"云端",而不是固定的有形的实体。应用在"云"上运行,用户无须了解、也不用担心应用运行的具体位置。只需要一台笔记本或者一个手机,就可以通过网络服务来实现用户需要的一切,甚至完成类似超级计算、智能计算这样的任务。

(3) 高可靠性

云计算使用数据多副本容错、计算节点同构可互换等措施来保障服务的高可靠性,使用云计算比使用本地计算机更可靠。

很多人觉得数据只有保存在自己看得见、摸得着的计算机里才最安全。然而,用户的计算机可能会因为不小心被损坏,或者被病毒攻击,从而导致硬盘上的数据无法恢复;有机会接触用户计算机的不法之徒也可能利用各种机会窃取用户数据。

云计算可以轻松实现不同设备间的数据与应用共享。在云计算的网络应用模式中,数据只有一份,保存在"云端",用户的所有电子设备只需要连接互联网,就可以同时访问和使用同一份数据。这一切都是在严格的安全管理机制下进行的,只有对数据拥有访问权限的人,才可以使用或与他人分享这份数据。

(4) 通用性

云计算不针对特定的应用,在"云"的支撑下可以构造出千变万化的应用,同一个"云"可以同时支撑不同的应用运行。

(5) 高可扩展性(弹性)

"云"的规模可以动态伸缩,可以通过虚拟化技术将新的计算机加入原有的"云"中,以满足应用和用户规模增长的需要。

(6) 按需服务

"云"资源通过虚拟化形成一个庞大的资源池,用户可以按需购买计算、存储和网络资源。云计算平台能够根据用户的需求快速部署软件,配备计算能力及资源,并像自来水、电、煤气那样进行计费。

2. 云计算的系统结构和服务类型

云计算的系统结构分为四层:物理资源层、资源池层、管理中间件层和 SOA(Service-Oriented Architecture,面向服务的系统结构)构建层。

物理资源层包括计算机、存储设备、网络设施、数据库和软件等。

资源池层将大量资源转化为同构或接近同构的资源库,如计算资源池、数据资源池等。

管理中间件层负责资源管理、任务管理、用户管理和安全。资源管理负责对资源的使用情况进行监控、统计,检测节点的故障,恢复或屏蔽节点;任务管理负责执行用户或应用提交的任务,包括用户任务映象(Image)部署和管理、任务调度、任务执行、任务生命期管理等;用户管理包括账号管理、用户环境配置、交互接口和计费等;安全包括身份认证、授权、审计等。

SOA 构建层将云计算功能封装到标准 Web 服务中，并集成到 SOA 中进行管理和使用，例如服务注册、查找、访问和服务工作流构建等。

云计算服务分为以下三类。

（1）IaaS（Infrastructure as a Service，基础设施即服务）

IaaS 是把硬件设备等资源封装成服务通过网络对外提供，并根据用户对资源的实际使用量或占用量进行计费的一种服务模式。在这种服务模式中，普通用户不用自己构建数据中心等硬件设施，而是通过租用的方式，利用互联网从 IaaS 服务提供商处获得计算机基础设施（包括服务器、存储设备和网络设备等）服务。用户可以在各种设备上通过浏览器等客户端界面访问这些服务，能够部署和运行任意软件，包括操作系统和应用程序，但不需要管理或控制网络、服务器、操作系统、存储设备等任何云计算基础设施。

（2）PaaS（Platform as a Service，平台即服务）

PaaS 对资源的抽象层次更进了一步，它提供用户应用程序的运行环境。PaaS 通过全球互联网为开发、测试和管理软件应用程序提供按需开发环境。客户不需要管理或控制底层的云基础设施，包括网络、服务器、操作系统、存储设备等，但可以控制部署的应用程序，也可以控制运行应用程序的托管环境配置。

（3）SaaS（Software as a Service，软件即服务）

SaaS 平台供应商将某些特定应用软件功能封装成服务，统一部署在自己的服务器上，客户可以根据实际需求，通过互联网向其订购所需的应用软件服务，按订购的服务数量和时长向其支付费用。

图 6-11 显示了云计算服务模式。传统模式下，用户需从购买硬件开始构建系统；IaaS、PaaS、SaaS 分别从硬件层、操作系统层、应用层提供不同层次的云服务。这三种云计算服务有时称为云计算堆栈，因为它们像堆栈一样，位于彼此之上。需要指出的是，随着云计算的深化发展，不同云计算解决方案之间互相融合，同一种产品往往横跨两种以上的类型。而随着云计算技术的发展，基于云计算庞大的客户端数据收集和计算能力，云安全技术也得到了发展，大量采集到的病毒和木马等代码汇集到云计算平台后，通过大规模统计和分析，能更准确地识别和过滤有害代码，计算机的安全问题从此得到有效控制。

图 6-11 云计算服务模式

6.7.2 云计算的关键技术

云计算得到迅速发展得益于一些关键技术的发展，下面将介绍这些技术。

1. 虚拟化技术

虚拟化是云计算最重要的核心技术之一，它为云计算服务提供基础架构层面的支撑，可以说，没有虚拟化就没有云计算服务。但是，虚拟化是云计算的重要组成部分，而不是全部。

虚拟化技术是利用软件或者固件管理程序构成虚拟化层，把物理资源映射为虚拟资源，以虚拟资源为用户提供服务的计算形式，旨在聚合计算资源并在此基础上合理调配计算机资源，使其更高效地提供服务。它把系统中硬件间的物理隔离打破了，通过虚拟化实现软硬件的解耦及架构的动态化，实现物理资源的集中管理和使用，从而增强系统的弹性和灵活性，降低成本、改进服务、提高资源利用效率。

从表现形式上看，虚拟化又分为两种应用模式：一是将一台性能强大的服务器虚拟成多个独立的服务器，服务不同的用户；二是将多个服务器虚拟成一个强大的服务器，完成特定的功能。这两种模式的核心都是统一管理、动态分配资源、提高资源利用率。在云计算中，这两种模式都有比较多的应用。

目前，云计算平台常用的虚拟化技术有虚拟机（Virtual Machine）和容器（Container）两种。

虚拟机技术是虚拟化技术的一种，指通过软件模拟的具有完整硬件系统功能的运行在一个完全隔离环境中的完整计算机系统。该技术能更加高效地利用底层硬件，基本思想是将单个计算机（CPU/GPU、内存、磁盘、网卡等）的物理硬件抽象给虚拟机运行，每个虚拟机都有其各自的虚拟 CPU/GPU、内存、磁盘驱动、网络接口等，所以会让用户感觉每个独立的运行环境都像在自己的计算机上面一样。较为流行的虚拟机软件有 VMware 和 VirtualPC 等，它们都能在 Windows 等系统上模拟出多个计算机，用于安装 Linux，OS/2，FreeBSD 等其他操作系统。

相对虚拟机来说，容器是更轻量级的虚拟化技术，其原理是在原有系统基础上实现进程隔离，目的是为进程提供独立的运行环境，使其无法访问容器外的其他资源。区别于虚拟机的系统级隔离，容器技术的思想是使相互独立的进程通过容器引擎直接共享宿主机系统和内核等，从而极大地减少虚拟化开销，实现更轻量级的虚拟化。容器的概念始于 1979 年的 UNIX chroot。chroot 是 UNIX 操作系统上的一个系统调用，用来将一个进程及其子进程的根目录改变到文件系统中的一个新位置，让这些进程只能访问到该目录，其想法是为每个进程提供独立的磁盘空间，从而实现进程间的隔离。随着计算机软硬件多年的发展，特别是计算能力的飞速提高，很多计算机的利用率并不高。为了充分利用系统资源，虚拟化和云计算得到了广泛的研究和应用。容器技术也被广泛应用于服务器和集群领域，它能够帮助开发者实现应用打包、发布以及跨平台的快速部署。例如，Docker 是目前最具人气且应用最为广泛的容器管理系统，它引入了一整套容器相关的生态系统；华为开源的 iSulad 项目，iSulad 是轻量化的容器引擎，目标是成为通用的端、边、云平台一体的容器引擎，可提供统一的架构设计来满足云、物联网、边缘计算等多个场景的应用。

显然，容器和虚拟机之间的主要区别在于虚拟化层的位置和操作系统资源的使用方式。虚拟机需要安装操作系统，系统会将虚拟硬件、内核以及用户空间打包在新虚拟机中，利用"虚拟机管理程序"运行在物理设备上。容器不需要安装操作系统，而是通过目录和命名空间的隔离直接在宿主机系统上运行。容器可以看成是按需装好一组特定应用的虚拟机，直接利用了宿主机的内核，抽象层比虚拟机更少，更加轻量化，启动速度更快。虚拟机已经是比较成熟的技术了，而容器技术作为下一代虚拟化技术，代表着未来的发展方向。

2．分布式存储技术

云计算的另一大优势就是能够快速、高效地处理海量数据。云计算采用分布式存储技术，将数据存储在大量的计算节点中。这种模式不仅摆脱了硬件设备的限制，同时扩展性更好，能够快速响应用户需求的变化。

分布式存储与传统的集中式存储不同。集中式存储系统是在一套由一个或多个节点组成的存储系统中存储所有数据，系统所有的功能均由这些节点集中处理。集中式存储强调将存储集中部署和集中管理。集中式存储虽然有技术成熟、可用性高等优点，但面对海量数据，其缺点也越来越明显，如扩展性差、成本高等。集中式存储便于管理，但同时也会因集中而导致有限的网络和存取速度成为系统性能的瓶颈，不能满足大规模存储应用的需要。分布式存储系统采用可扩展的系统结构，利用分布的数量众多的服务器分担访问存储时的网络和存取的负荷。图6-12显示的是分布式存储系统示意图。分布式存储不但提高了系统的可靠性、可用性和存取效率，还易于扩展。分布式存储有多种实现技术，如HDFS，Ceph，GFS，GPFS，Swift等。不过，在实际工作中，为了更好地引入分布式存储技术，需要了解各种分布式存储技术的特点以及适用场景。

图6-12 分布式存储系统示意图

Hadoop分布式文件系统（HDFS）被设计成适合运行在商用硬件（Commodity Hardware）上的分布式文件系统。它和现有的分布式文件系统有很多共同点。同时，它和其他分布式文件系统的区别也是很明显的。HDFS是一个具有高度容错性的系统，适合部署在廉价的机器上。HDFS能提供高吞吐量的数据访问，非常适合大规模数据集上的应用。HDFS放宽了一部分POSIX约束来实现流式读取文件系统数据的目的。HDFS在最开始是作为Apache Nutch搜索引擎项目的基础架构而开发的，是Apache Hadoop Core项目的一部分。

HDFS采用了主/从（Master/Slave）结构模型，一个HDFS集群是由一个NameNode和若干个DataNode组成的。其中，NameNode作为主服务器，管理文件系统的命名空间和客户端对文件的访问操作；集群中的DataNode管理存储的数据。集群中只有一个NameNode，这简化了系统的体系结构。NameNode是仲裁者和所有HDFS元数据的仓库，用户的实际数据不经过NameNode处理。

HDFS对外开放文件命名空间并允许用户数据以文件形式存储。HDFS将一个文件按系统预设参数（例如64MB）分割成相同大小的块。这些块被存储在一组DataNode中。NameNode用来管理文件系统命名空间，维护文件系统所有文件和目录，如打开、关闭、重命名等。它同时确定块与DataNode的映射。DataNode负责来自文件系统用户的读写请求。DataNode同时还要执行块的创建、删除和来自 NameNode 的块复制指令。

需要注意的是，HDFS 规定了文件操作必须经过 NameNode，因此即使用户已经知道自己需要的文件所有的块在哪些节点的磁盘上，也无法直接从磁盘得到文件。

HDFS 通过复制相同的数据块实现容错，用户可以在创建文件时或者之后修改复制因子。一般情况下，复制因子为 3。当复制因子为 3 时，HDFS 的副本放置策略是将第一个副本放在本地节点，将第二个副本放到本地机架上的另外一个节点，将第三个副本放到不同机架上的节点。这种方式减少了机架间的写流量，从而提高了写的性能。机架故障率远小于节点故障率。这种方式并不影响数据可靠性和可用性，但是减少了读操作的网络聚合带宽。文件的副本不是均匀地分布在机架当中，而是 1/3 在同一个节点上，1/3 副本在同一个机架上，另外 1/3 均匀地分布在其他机架上。这种方式提高了写的性能，并且不影响数据的可靠性和读性能。

NameNode 负责处理所有的块复制相关的决策。它周期性地接受集群中 DataNode 的心跳和块报告。一个心跳的到达表示这个 DataNode 是正常的。一个块报告包括该 DataNode 上所有块的列表。

一个 DataNode 周期性地发送一个心跳包到 NameNode。网络断开会造成一组 DataNode 子集和 NameNode 失去联系。NameNode 根据缺失的心跳信息判断故障情况。NameNode 将这些 DataNode 标记为死亡状态，不再将新的 I/O 请求转发到这些 DataNode 上，这些 DataNode 上的数据将对 HDFS 不再可用，可能会导致一些块的复制因子降低到指定的值。NameNode 检查所有需要复制的块，并开始复制它们到其他 DataNode 上。重新复制在有些情况下是不可或缺的，例如 DataNode 失效、副本损坏、DataNode 磁盘损坏或者文件的复制因子增大等。

3．分布式并行编程模式

从本质上讲，云计算是一个多用户、多任务、支持并发处理的系统。高效、简捷、快速是其核心理念，它旨在通过网络把强大的服务器计算资源方便地分发到终端用户手中，同时保证低成本和良好的用户体验。计算能力就像电能一样重要，用户希望获得计算能力就像获得电能一样简单，而且能做到随时和按需。在这个过程中，编程模式的选择至关重要。在云计算项目中，分布式并行编程模式被广泛采用。分布式并行编程模式创立的初衷是更高效地利用软、硬件资源，让用户快速、便捷地使用应用或服务。在分布式并行编程模式中，后台复杂的任务处理和资源调度对用户来说是透明的，这大大提升了用户体验。

分布式计算框架 MapReduce 是当前云计算的主流并行编程模式之一，是 Google 公司提出的一个软件架构，用于大规模数据集的数据并行计算，这些数据集必须可以分解成许多小的数据集，而且每一个小数据集都可以完全并行地进行处理。MapReduce 的主要思想就是分而治之，把一个复杂的任务（大量数据）划分为大量简单的任务（大量数据块），然后将这些任务尽量调度到存储了该数据块的主机上进行并行处理。MapReduce 框架将任务自动分成大量子任务，通过 Map 和 Reduce 两步实现任务在大规模计算节点中的自动分配。在分配时，系统尽量将子任务分配在存储该小数据集的节点上，而底层的 HDFS 分布式文件系统在默认情况下每个数据块会在三个不同的节点上有相同备份，因此保证大量的计算和存储分配在同一个节点上。如果少数任务分配的节点上没有需要计算的数据集，系统会将数据集复制到该节点，而由于数据是以一定策略冗余分布的，因此大大避免了网络拥堵。通过上述方法，

MapReduce 框架和 HDFS 分布式存储实现了计算跟着存储走,大大降低了访存的开销。显然,当针对大数据集进行并行计算时,计算跟着存储走的方式更加高效。由于 MapReduce 有函数式和矢量编程语言的共性,因此特别适合非结构化和结构化的海量数据的搜索、挖掘、分析与智能计算等。

下面简单介绍 MapReduce 作业的运行过程:

① MapReduce 运行后系统会自动把输入文件划分成大量一定大小的数据块(数据块大小可以设置),这些数据块会按设定(例如 3 个副本)高效地分发到各台计算机上,并存储在本地硬盘中,然后启动各台计算机中的相关程序。

② 一台计算机运行的是主控程序 Master,其他计算机运行的是计算程序 Worker;Master 选择空闲的 Worker 来执行 Map 或 Reduce 任务,下文简称为 Map Worker 或 Reduce Worker。

③ Map Worker 读取相应的数据块,并处理输入数据,然后将分析出的<key,value>对传递给 Map 函数,并将中间结果存储在本地硬盘上。中间结果的位置信息会发回 Master,然后 Master 把这些位置信息发给 Reduce Worker。

④ Reduce Worker 从 Map Worker 的本地磁盘读取这些数据,读入全部数据之后,按照键进行排序,使相同键的数据排列在一起。然后,将每个键及其对应的值传递给用户的 Reduce 来生成一个最终的输出文件。

⑤ 当 Map/Reduce 任务全部完成之后,Master 唤醒用户程序。

4. 大规模数据管理

处理海量数据是云计算的一大优势,如何处理则涉及很多层面的东西,因此高效的数据处理技术也是云计算不可或缺的核心技术之一。对于云计算来说,数据管理面临巨大的挑战。云计算不仅要保证数据的存储和访问,还要能够对海量数据进行特定的检索和分析。由于云计算需要对海量的分布式数据进行处理、分析,因此数据管理技术必须能够高效地管理大量的数据。

Google 的 BigTable(BT)数据管理技术和 Hadoop 团队开发的开源数据管理模块 HBase 是比较典型的大规模数据管理技术。BigTable 是建立在 GFS,Scheduler,Lock Service 和 MapReduce 之上的一个大型的分布式数据库,与传统的关系数据库不同,它把所有数据都作为对象来处理,形成一个巨大的表格,用来分布存储大规模结构化数据。BigTable 的设计目的是可靠地处理 PB 级别的数据,并且能够部署到上千台机器上。

HBase 是 Apache 的 Hadoop 项目的子项目,定位于分布式、面向列的开源数据库。不同于一般的关系数据库,HBase 是一个适合于非结构化数据存储的数据库。另一个不同是,HBase 基于列而不是基于行。作为高可靠性分布式存储系统,HBase 在性能和可伸缩性方面都有比较好的表现。利用 HBase 技术,可在廉价的 PC 服务器上搭建起大规模结构化存储集群。

5. 云计算平台管理、调度和计费

云计算资源规模庞大,服务器数量众多并分布在不同的地点,同时运行着数百种应用,如何有效地管理这些服务器,保证整个系统提供不间断的服务是巨大的挑战。云计算系统的平台管理技术,需要高效调度大量服务器等资源,使其更好地协同工作。其中,方便地部署和开通新业务,快速发现并且恢复系统故障,通过自动化、智能化手段实现大规模系统的可

靠运营，是云计算平台管理技术的关键。

对于提供者而言，云计算可以有三种部署模式，即公共云、私有云和混合云。三种模式对平台管理的要求大不相同。对于用户而言，由于企业用户对 ICT 资源共享的控制、对系统效率的要求以及对 ICT 成本投入的预算不尽相同，企业所需要的云计算系统规模及可管理性能也大不相同。因此，云计算平台管理方案要更多地考虑到定制化需求，满足不同场景的应用需求。

云计算平台聚合平台内部的各种计算资源（例如 CPU、GPU、FPGA 等）、存储资源和网络资源，面向个人和企业用户提供各种层次的收费服务，需要一个高效灵活的收费系统支持各种动态收费业务。该系统需要进行大量的使用数据记录、分析和费用计算，需要随着系统的迭代更新和维护、资源的动态变化和用户服务的变化快速高效地进行计费和结算等。

6．信息安全

云计算安全也不是新问题，传统互联网存在同样的问题。只是云计算出现以后，安全问题变得更加突出。在云计算体系中，安全涉及很多层面，包括网络安全、服务器安全、软件安全、系统安全等。因此，云安全产业的发展，将使传统安全技术进入一个新的阶段。

现在，不管是软件安全厂商还是硬件安全厂商，都在积极研发云计算安全产品和方案。包括传统杀毒软件厂商、软硬防火墙厂商、IDS/IPS 厂商在内的各个层面的安全供应商都已加入云安全领域。相信在不久的将来，云安全问题将得到很好的解决。

7．绿色节能技术

云计算平台机器数量庞大，能耗极高。能耗也是云计算厂商的主要成本之一。云计算的优势在于能够利用虚拟化等技术提高资源的利用率、减少物理服务器的数量，从而达到大大降低运营成本的目的。从硬件和配套设施的角度分析，云计算数据中心节能技术需要考虑机房选址、IT 设备选型、电源系统优化、制冷系统设计、应用场景的选择等多方面因素；从资源整合和任务调度的角度分析，需要合理预测负载大小、研究低能耗资源配置算法、建立合理的任务调度策略、有效提高云数据中心的节点利用率、完善数据部署机制等。随着智能计算的发展，智能计算也应用到了云计算平台的管理中。云计算平台中有大量的参数需要通过动态调节来实现高效计算。这些复杂的工作不适合人工处理，需要运用人工智能的方法来调优。绿色节能技术已经成为云计算中必不可少的技术，未来越来越多的节能技术还会被引入云计算。

6.7.3　OpenStack 开源虚拟化平台

OpenStack 是由 NASA（美国国家航空航天局）和 Rackspace 合作研发的项目，且通过 Apache 许可证授权开放源码。OpenStack 既是一个社区，也是一个项目和一个开源软件。OpenStack 是一个可以管理拥有大量计算、存储和网络资源等的数据中心的云计算平台操作系统，通过仪表板为管理员提供所有的管理控制功能，通过 Web 界面为用户提供云计算资源等服务。开发者可以通过 API 访问云计算资源和创建云应用，可以为公有云、私有云等不同规模的云提供可扩展的、灵活的云计算。

OpenStack 的主要服务有以下几个。

1. 计算服务 Nova

Nova 是 OpenStack 最核心的服务，是云计算架构的控制器，负责维护和管理云环境的计算资源，处理云内实例的生命周期所需的所有活动。OpenStack 作为 IaaS 的云操作系统，虚拟机生命周期管理也是通过 Nova 来实现的。Nova 的架构比较复杂，包含很多组件，这些组件以服务的形式运行，可以分为以下几类：

API Server（Nova-API）是一个与云基础设施交互的接口，也是外部可用于管理基础设施的唯一组件。管理者可以通过这个接口来管理内部基础设施，也可以通过这个接口向用户提供服务。当然，基于 Web 的管理也通过这个接口进行，然后向消息队列发送消息，实现资源调度的功能。

Scheduler（Nova-Scheduler）把 Nova-API 调用映射为 OpenStack 功能的组件，调度器也是一个守护进程，通过预设的调度算法从可用资源池获得一个相应的服务。

Message Queue（Rabbit MQ Server）是一个消息队列，为各个组件传送消息，实现资源调度。Nova 包含众多组件，这些组件之间需要相互协调和通信。一般程序的调用都是采用异步调用进行的，而 Nova 各组件间的协同工作是通过消息队列来实现的。

Compute Workers（Nova-Compute）用于管理实例生命周期，接收 Message Queue 的各种管理请求，并执行相关工作。

Network Controller（Nova-Network）相当于云计算系统内部的一个路由器，承担 IP 地址的划分、VLAN 的配置和安全组的划分等工作。

Conductor（Nova-Conductor）负责支持数据库访问。Compute Workers 经常需要更新数据库，比如更新和获取虚拟机的状态。出于安全性和伸缩性的考虑，Compute Workers 并不会直接访问数据库，而是通过 Nova-Conductor 访问。

Volume Workers（Nova-Volume）用于管理基于 LVM（Logical Volume Manager，逻辑卷管理）的实例卷。Volume Workers 具有卷的相关功能，例如新建卷、删除卷、为实例附加卷、为实例分离卷。卷为实例提供一个持久化存储空间，因为根分区是非持久化的，当实例终止时对它所做的任何改变都会丢失。当一个卷从实例分离或者实例终止（这个卷附加在该终止的实例上）时，这个卷保留着存储在其上的数据。当把这个卷再附加到相同实例或者不同实例上时，这些数据依旧能被访问。

2. 对象存储服务 Swift

Swift 是 OpenStack 开源云计算项目的子项目之一，是一个对象存储系统，具有强大的可扩展性、冗余性和持久性。Swift 采用完全对称、面向资源的分布式存储架构设计，所有组件都可扩展，元数据是均匀随机分布的，元数据也会存储多份，避免了因单点失效影响整个系统运转的情况；通信方式采用非阻塞式 I/O 模式，提高了系统吞吐和响应能力。新增机器进行扩容时，系统会自动完成数据迁移等工作，使存储系统重新达到平衡状态。这使得系统的可扩展性非常好，数据存储容量可以不断扩展，而性能可以线性提高。

3. 镜像服务 Glance

Glance 提供了一个镜像仓库，允许用户发现、注册和检索虚拟机镜像，提供了一系列的 REST API，用来管理、查询虚拟机镜像。这些镜像应用于 Nova 的组件中，Glance 为 Nova 提供镜像查找，Swift 为 Glance 提供实际的存储服务。Glance 的镜像存储支持本地存储、NFS、

Swift、Ceph 等。

4．认证服务 Keystone

Keystone 为所有的 OpenStack 组件提供认证和访问策略服务，主要对 Nova，Swift，Glance 等进行认证与授权。

5．网络服务 Neutron

传统的网络管理方式很大程度上依赖于管理员手工配置和维护各种网络硬件设备；而云环境下的网络已经变得非常复杂，特别是在多租户场景里，用户随时都可能需要创建、修改和删除网络，网络的连通性和隔离无法通过手工配置来保证服务质量和响应速度。快速响应业务的需求对网络管理提出了更高的要求，传统的网络管理方式已经很难胜任这项工作。软件定义网络（Software-Defined Networking，SDN）的灵活性和自动化优势使其成为云计算网络管理的主流。OpenStack 网络中的 SDN 组件就是 Quantum，后因为版权问题而改名为 Neutron。Neutron 充分利用了 Linux 系统上的各种网络相关的技术，实现"网络即服务"（Networking as a Service），网络管理员和云计算操作员可以通过程序来动态定义虚拟网络设备。

6．块存储服务 Cinder

块存储服务 Cinder 是虚拟基础架构中必不可少的组件，为云平台虚拟机提供持久性的块存储服务。

7．仪表盘 Horizon

Horizon 是一个 Web 接口，云平台管理员以及用户可以通过它管理不同的 OpenStack 资源以及服务。

OpenStack 自诞生以来就备受关注，具有非常活跃的开源社区，是全球发展最快的开源项目之一，被世界 100 强企业中的大量企业采用，开发者、用户遍及全球。需要指出的是，很多有实力的云厂商开始采用的也是 OpenStack，但随着规模增大和商业化的需要，在技术上进行了快速迭代，其 OpenStack 逐步被自研系统替代。

6.8 大数据

数据是对客观事物的符号表示，是用于表示客观事物的素材，如数字、字母、图形符号等。在计算机科学中，数据是指能输入到计算机并被计算机程序处理的所有符号的总称。数据的重要作用已经得到大家的共识，传统的方法是通过创建数据库系统对重要的数据进行存储、管理、检索和计算，并及时获得需要的信息。但是传统数据库能够处理的数据量和数据类型有限，由于软硬件技术的限制，很多数据无法得到处理甚至存储，而这些数据也是很有价值的。近 20 年来存储技术、计算技术（CPU 及各种加速部件）、网络技术等的发展，使数据产生、数据收集、数据存储、数据分析、数据传输的能力大大提高，分布式存储和云计算等并行计算的发展解决了超大规模数据存储、管理和计算的问题，为突破传统数据库技术的限制打下了基础。大数据技术就是突破这一限制进行数据处理的技术总称，这些技术从各种各样类型的大量数据中快速高效地获得有价值的信息。

大数据本身是一个抽象的概念，通常指通过传统的数据库软件无法在可接受的范围内进行获取、存储、管理和计算的巨大的数据集，这些数据来源于人们社会生活的方方面面，例如互联网、传统行业、音/视频、移动设备、监控设备等。

大数据具有 4V 特征。

1．Volume（大量）

大数据的特征首先就体现为"大"。随着信息技术的高速发展，数据开始爆发性增长。社交网络（抖音、微博、QQ、微信等）、工业控制等各种途径产生的音/视频等，都成为数据的来源。存储数据量从过去的 GB 级别达到 TB 乃至 PB 级别。数据量的爆发性增长是因为：（1）信息技术的发展，使数据的获取更廉价和方便了，例如各种廉价的传感器得到广泛使用；手机和监控摄像头的分辨率不断提高，价格不断下降。（2）存储软硬件的发展使存储成本大大降低、存取速度大大提高。硬盘、SD 卡等的容量逐年增加，价格不断下跌。很多厂商根据市场需求研发的存储软硬件向市场提供了容量巨大的各种高性价比的存储产品。（3）通信速度的提高和价格的下跌促进了数据的集中化和大型数据中心的建立，而突破传统存储技术的分布式存储技术的成熟为高效和廉价地存储和管理大量数据奠定了技术基础。

2．Variety（多样）

大数据的数据类型繁多。随着不同厂家和标准的传感器、智能设备和互连网络的发展，数据类型变得更加复杂。广泛的数据来源，决定了数据形式的多样性，不仅包括传统的结构化数据，例如数字、字符，还包括非结构化数据，例如视频、音频、图片等。处理非结构化数据的难度和复杂度远远高于结构化数据。大数据处理必须面对各种复杂的数据类型，从各种类型的数据中快速获得有价值的信息。

3．Velocity（高速）

大数据的处理速度快。在数据处理速度上有个著名的"1 秒定律"，即要在秒级时间内给出分析结果，否则数据就会失去价值。数据无时无刻不在产生。数据产生快，数据处理也必须及时。谁速度更快，谁就更有优势。此外，互联网上每天会产生大量的数据，这些数据必须及时处理，否则会产生大量存储开销。很多平台一般只保存几天或者一个月之内的数据，因此大数据对处理速度有非常严格的要求，服务器中大量的资源都用于处理和计算数据，很多平台都需要做到实时分析。

4．Value（价值）

价值密度低。大数据需要在大量的各种类型数据中挖掘有价值的信息，相对于传统数据库价值密度低、处理难度高。但是，通过分布式存储和并行计算等技术可以大大提高效率，获得有价值的信息。例如，1 小时的监控视频中，有用数据可能仅有一两秒。通过强大的智能算法和合理的处理系统架构，就能迅速找到需要的数据。

大数据技术突破了传统数据库的限制，能在超大规模的多机系统和分布式存储平台上进行数据处理。但是，大数据技术仍然是将社会生活中的数据传输到大数据计算平台进行集中处理，进而获得需要的信息的。而现实世界中的数据就像浩瀚的海洋，软硬件技术的进步只是使人们能深入到更广泛的数据领域，依然有大量的数据无法长时间存储、快速计算、及时传输。例如，数量庞大的终端设备会产生大量监控音/视频和传感数据，这些数据如果传送到计算平台，则会产生大量的存储和传输开销，而这些数据的价值密度却非常低。技术的发展总是在螺旋上升的，一些技术分分合合地发展，对于这些应用又发展出新的侧重在端的分布式处理技术，即边缘计算。边缘计算是指在靠近物或数据源头的一侧，融合网络、计算、存储、应用等核心能力的开放平台，就近提供最近端服务，其应用程序在边缘侧发起，产生更快的网络服务响应，满足行业在实时业务、应用智能、安全与隐私保护等方面的基本需求。边缘计算处于物理实体和工业连接之间，或处于物理实体的顶端。

边缘计算与云计算形成互补关系。云计算聚焦非实时、长周期数据的大数据分析，能够为业务决策提供依据；边缘计算则聚焦实时、短周期数据的分析，能更好地支撑本地业务的实时智能化处理与执行；云计算具有远远超过边缘端的更强的计算能力和存储能力，数据首先经过边缘端的处理，然后传输到云计算平台进行更高级的分析，以获取有价值的信息。

6.9 小结

本章首先介绍了集群的基本概念、集群计算机的分类、集群系统的节点组成及其相关技术、集群的设计、集群的维护和集群系统的性能评价。然后，介绍了网格技术的基本概念，接着介绍了云计算的概念及其关键技术，并介绍了 OpenStack 平台。最后，介绍了大数据的概念。

集群（Cluster）计算机系统能够以较短的研制周期集成最新技术、汇集多台计算机的力量，达到较高的性能价格比，其技术发展在国际上受到重视。它通过高速互连网络把通用计算机（如高档计算机、工作站或 PC）连接起来，采用消息传递机制（MPI 和 PVM 等）向最终用户提供单一并行编程环境和计算资源。

集群计算机可以从狭义和广义角度进行划分。狭义地讲，根据构成节点的不同，集群计算机可以分为 PC 集群和工作站集群；根据研制理念的不同，集群计算机可以分为 NOW 类型集群和 Beowulf 类型集群。广义地讲，由集群本身作为节点构成的集群（称为 Hypercluster）、由 SMP 节点构成的集群（称为 CLUMPS 或 Constellations）、ASCI 机以及元计算网格，都可称为集群。

根据性能特性，集群计算机可以分为三类：高可用性（High Availability）集群、负载均衡（Load Balance）集群、高性能计算（High Perfervidmance Computing，HPC）集群。

集群系统作为一个大型多机整体，包含负责对集群进行监控和管理等工作的管理节点、负责完成计算任务的计算节点、负责存储数据的集群存储系统、负责节点间互连的高速网络。

MPI 是 1994 年 5 月发布的一种消息传递接口，用于实现基于多进程的并行编程。MPI 的效率很高，得到了广泛的应用。MPI 是基于 FORTRAN 或者 C/C++的一个实现进程间通信的库，而不是一门新编程语言。

集群设计主要涉及计算机、存储系统、网络三部分。集群机房设计需要考虑的事情很琐碎，包括机房选址、电力系统、空调、机柜、机房布局设计、承重、机房监控、消防、防尘等。

集群系统的维护很重要，是集群提供持续计算服务的基本保障。集群的维护工作包括对集群运行环境的维护和对集群计算系统的软硬件维护。

计算机性能评价是指采用测量、模拟、分析等方法和工具对计算机系统性能进行量化分析，计算机性能测量是指采用基准测试程序包来度量计算机系统的性能。Linpack 全称为 Linear Equations Package，是一种较为常用的计算机系统性能测试线性方程程序包，其中包括求解稠密矩阵运算、带状的线性方程、求解最小平方问题以及其他各种矩阵运算。

网格技术是一种通过高速网络来统一管理各类不同物理位置的资源（超级计算机、大型数据库、存储设备、各种仪器设备、知识库等）并运用系统软件、工具和应用环境使其成为互相协调的先进计算设施的技术。

云计算（Cloud Computing）是一种计算模式，还是一种商业模式，在学术界和业界存在不同的意见，因此对于云计算的定义也有很多版本。云计算可以理解为一种基于互联网的计算模式，使用者可以随时按需申请并获取"云"上的资源，并且可以按需扩展，只要按使用量付费即可。

习题

一、术语解释

高可用集群　　负载均衡集群　　高性能计算集群　　infiniBand
OpenStack　　SaaS　　　　　　PaaS　　　　　　　网格
计算节点　　　管理节点

二、问答题

1．集群系统有什么特点？
2．简述容器技术和虚拟机技术实现原理和特点上的区别。

三、填空题

1．云计算的系统结构分为物理资源层、_____、_____和构建层。
2．集群的设计主要涉及_____、_____和_____三方面。
3．集群系统的日常维护包括_____、_____、_____和集群管理软件及其数据库的维护等。
4．将基础设施作为服务的云计算类型为 IaaS，其中的基础设施包括_____、_____和_____等服务。
5．云计算的部署模式包括_____、_____和_____三种。
6．大数据的特征为_____、_____、_____和价值。

四、综合题

1．基于 MPI 编程库对下列要求给出并行程序的代码，在代码关键之处给出注释，并简述该程序如何做到并行性。
（1）2 个 n 阶方块矩阵的加法。
（2）2 个 n 阶方块矩阵的乘法。
（3）对无穷数列 1，1/2，1/4，1/8，1/16 …求和。
2．集群机房的设计需要考虑哪些方面？请调研国内外成熟的集群机房设计方案，并以此为例进行说明。

参 考 文 献

[1] 金兰，等. 并行处理计算机结构. 北京：国防工业出版社，1982.
[2] 苏东庄. 计算机系统结构. 西安：西安电子科技大学出版社，1984.
[3] 李学干. 计算机系统结构（第二版）. 西安：西安电子科技大学出版社，1996.
[4] 李勇，等. 计算机体系结构. 长沙：国防科技大学出版社，1988.
[5] 郑纬民，等. 计算机系统结构（第一版）. 北京：清华大学出版社，1992.
[6] 郑纬民，等. 计算机系统结构（第二版）. 北京：清华大学出版社，1998.
[7] 李三立，等. RISC单发射与多发射体系结构. 北京：清华大学出版社，1993.
[8] 陆鑫达. 计算机系统结构. 北京：高等教育出版社，1996.
[9] 张吉锋，等. 计算机系统结构. 北京：电子工业出版社，1997.
[10] 徐炜民，等. 计算机系统结构（第三版）. 北京：电子工业出版社，2010.
[11] 黄铠，等. 可扩展并行计算——技术、结构与编程. 北京：机械工业出版社，2000.
[12] 张昆藏. 计算机系统结构教程. 北京：国防工业出版社，2001.
[13] 布雷. Intel微处理器. 金惠华，等，译. 北京：机械工业出版社，2010.
[14] 詹姆斯·赖因德斯，等. 高性能并行珠玑——多核和众核编程方法. 张云泉，等，译. 北京：机械工业出版社，2020.
[15] 帕切克. 并行程序设计导论. 邓倩妮，等，译. 北京：机械工业出版社，2013.
[16] Intel Broadwell微架构. https://en.wikichip.org/wiki/intel/microarchitectures/broadwell_(client).
[17] Intel Skylake微架构. https://en.wikichip.org/wiki/intel/microarchitectures/skylake_(server).
[18] AMD Zen微架构. https://en.wikichip.org/wiki/amd/microarchitectures/zen.
[19] 库克. CUDA并行程序设计：GPU编程指南. 苏通华，等，译. 北京：机械工业出版社，2014.
[20] Kai Hwang. Advanced Computer Architecture—Parallelism Scalability Programmability. McGraw-Hill, Inc，1993.
[21] 黄铠. 高等计算机系统结构——并行性、可扩展性、可编程性. 王鼎兴，等，译. 北京：清华大学出版社，1995.
[22] William Stallings. Computer Organization and Architecture—Design for Performance. Prentice Hill，1996.
[23] Kai Hwang, Zhiwei Xu. Scalable Parallel Computing—Technology, Architecture, Programming. McGraw-Hill,Inc，1999.
[24] 黄铠，徐志伟. 可扩展并行计算——技术、结构与编程. 陆鑫达，等，译. 北京：机械工业出版社，2000.
[25] 拉库马·布亚. 高性能集群计算：结构与系统（第一卷）. 郑纬民，等，译. 北京：电子工业出版社，2001.
[26] 拉库马·布亚. 高性能集群计算：编程与应用（第二卷）. 郑纬民，等，译. 北京：电子工业出版社，2001.
[27] 都志辉. 高性能计算并行编程技术——MPI并行程序设计. 北京：清华大学出版社，1992.
[28] 都志辉，等. 网格计算. 北京：清华大学出版社，2002.

[29] 肖睿,等. Docker容器与虚拟化技术. 北京:水利水电出版社,2017.

[30] John L. Hennessy,David A. Patterson.Computer Architecture—A Quantitative Approach (Third Edition). Morgan Kaufmann,2002.

[31] 休林,等. 计算机系统设计与结构(第二版). 邹恒明,等,译. 北京:电子工业出版社,2005.

[32] Rob Williams. Computer Systems Architecture—A Networking Approsch (Second Edition). Pearson Education,2006.

[33] 威廉斯. 计算机系统结构(第二版). 赵学良,等,译. 北京:机械工业出版社,2008.

[34] GPFS通用并行文件系统浅析. https://wenku.baidu.com/view/3f2aae136edb6f1aff001f1c.html.

[35] GPFS. https://github.com/nfs-ganesha/nfs-ganesha/wiki/GPFS.

[36] 云计算技术之虚拟化技术. https://blog.csdn.net/aron_conli/article/details/88379200.

[37] 虚拟化与云计算小组. 虚拟化与云计算. 北京:电子工业出版社,2009.

[38] 林昊翔,秦君. 虚拟化技术. https://www.ibm.com/developerworks/cn/linux/l-cn-vt/index.html.

[39] MapReduce工作原理图文详解. https://www.cnblogs.com/hadoop-dev/p/5894911.html.

[40] 马哈默德·帕瑞斯安. Hadoop/Spark大数据处理技巧. 苏金国,等,译. 北京:中国电力出版社,2016.

[41] 李棒. 云计算数据中心节能关键技术分析. 电子测试,2017(16):61-62.

[42] 刘鹏,等. 云计算(第三版). 北京:电子工业出版社,2015.

[43] 陆平,等. 云计算基础架构及关键应用. 北京:机械工业出版社,2016.

[44] 刘黎明,等. 云计算时代——本质、技术、创新、战略. 北京:电子工业出版社,2014.

[45] 凯文·L. 杰克逊,斯科特·戈斯林. 云计算解决方案架构设计. 陆欣彤,译. 北京:清华大学出版社,2020.

[46] 绿色节能云资源整合和任务调度关键技术报告. https://www.sohu.com/a/245117135_100006100.

[47] 汤姆·怀特. Hadoop权威指南:大数据的存储与分析(第四版). 王海,等,译. 北京:清华大学出版社,2017.

[48] 刘鹏,等. 大数据. 北京:电子工业出版社,2017.

[49] 云计算的核心技术全解读. https://blog.csdn.net/simon2014/article/details/80667754.

[50] OpenStack构架知识梳理. https://www.cnblogs.com/kevingrace/p/5733508.html.

[51] OpenStack组件. https://www.openstack.org/software/project-navigator/openstack-components#openstack-services.

反侵权盗版声明

电子工业出版社依法对本作品享有专有出版权。任何未经权利人书面许可，复制、销售或通过信息网络传播本作品的行为；歪曲、篡改、剽窃本作品的行为，均违反《中华人民共和国著作权法》，其行为人应承担相应的民事责任和行政责任，构成犯罪的，将被依法追究刑事责任。

为了维护市场秩序，保护权利人的合法权益，本社将依法查处和打击侵权盗版的单位和个人。欢迎社会各界人士积极举报侵权盗版行为，本社将奖励举报有功人员，并保证举报人的信息不被泄露。

举报电话：（010）88254396；（010）88258888
传　　真：（010）88254397
E-mail：dbqq@phei.com.cn
通信地址：北京市海淀区万寿路173信箱
　　　　　电子工业出版社总编办公室
邮　　编：100036